단체급식

김미혜·서계순·이선혜

창지사

머 리 말

우리나라는 급격한 산업사회를 거쳐 정보화 사회를 넘어 나노사회로 빠르게 전환되고 있어, 1인 가족화, 편의 지향적 생활 추구 등으로 식사의 맞춤형 사회화가 급속히 이루어지고 있다. 이에 단체급식은 ESG(Environment, Social, Governance)를 고려한 친환경 식단과 프리미엄 메뉴, IT 기술의 발전과 데이터 분석을 통한 맞춤형 식단 등 새로운 개념의 상품과 서비스를 제공하면서 국민의 식생활에서 중요한 위치를 차지하고 있다.

실제 우리나라 국민은 영유아보육시설에서 만 1세부터 단체급식을 먹기 시작하여 유치원, 초, 중, 고교 학교급식을 거쳐, 군대나 대학급식, 직장 내 구내식당, 노인급식 그리고 병원급식 등 국민의 대다수가 단체급식을 경험하게 된다. 이에 따라 단체급식은 우리나라 국민 식생활의 매우 중요한 부분을 차지하기 때문에 적절한 관리는 국민의 영양 상태와 건강관리에 지대한 영향을 미칠 수 있다.

이처럼, 단체급식은 국민영양 및 건강증진에 기여하고, 식생활교육을 통한 바람직한 식습관을 형성하고, 자원을 효율적이고 경제적으로 활용하며 특히 급식을 제공하는 조직이 그 조직 본연의 목적을 달성할 수 있도록 지원하는 후생 복지에 기여한다는 점에서 그 의의를 찾을 수 있다.

이 책에서는 단체급식이 가진 본연의 의의를 실질적으로 실현시킬 수 있도록 현재 또는 미래의 급식관리자들에게 필수적인 전문 지식과 실무 능력을 갖출 수 있도록 각 장의 내용을 구성하였다. 이 책은 총 8장으로 구성되어 있다. 구체적으로 살펴보면 1장 단체급식의 이해, 2장 식단계획 및 메뉴관리, 3장 재무 및 정보관리, 4장 급식 구매관리, 5장 급식 생산관리, 6장 위생관리, 7장 작업관리 그리고 8장 시설 및 설비관리로 구성되어 있다. 특히, 단원의 내용과 관련된 '실습서'를 각 단원에서 소개하여 단체급식 실무에 대한 간접적인 경험을 가능케 함으로써 해당 실무와 관련된 기술을 효과적으로 배양할 수 있도록 하였다.

이 책은 식품영양학과에서 다년간 단체급식을 강의한 저자들이 단체급식에 대한 전공지식과 실무 경험을 바탕으로 관련 종사자들이 본 학문을 보다 쉽게 이해하고 보다 효과적으로 실제 현장에 활용할 수 있도록 함을 목적으로 집필되었다.

향후에도 끊임없이 변화하는 단체급식 학문의 특성에 발맞추어 새로운 자료를 지속적으로 보완할 것이며, 이와 관련된 정보제공과 조언을 기꺼이 수렴하여 보다 좋은 교재로 거듭날 수 있도록 노력할 것이다.

이 책을 출판하기까지 수고해 주신 창지사의 김기섭 대표님과 김영식 상무님을 비롯한 여러 관계자 여러분께 깊은 감사를 드린다. 또한 이 책을 선택해 주신 단체급식 관계자분들께 진심으로 감사를 드린다.

저자 일동

차 례

C·H·A·P·T·E·R 01

단체급식의 이해

학습목표

1. 단체급식의 정의 및 의의를 설명할 수 있다.
2. 단체급식 조직을 이해하고 단체급식 관리의 개념을 설명할 수 있다.
3. 단체급식 관리자의 역할을 설명할 수 있다.
4. 단체급식의 역사와 최근 현황을 설명할 수 있다.
5. 단체급식 운영 형태별 유형과 운영 특성을 설명할 수 있다.
6. 단체급식 대상별 유형을 분류하고 현황을 설명할 수 있다.

1. 단체급식의 개념

1) 단체급식의 정의

단체급식(Institutional foodservice)이란 기숙사, 학교, 병원, 사회복지시설, 산업체, 공공기관 등 특정한 단체에 소속된 다수에게 영리(이윤추구)가 아닌 후생복지를 목적으로 지속적으로 음식물을 공급하는 것이라 정의할 수 있다. 즉, 단체급식은 식품위생법 제2조에서 정의하고 있는 '집단급식소'의 개념을 근간으로 파생되었다.

하지만, 1990년대 이후 집단급식소를 설치·운영하는 자와의 계약에 따라 그 집단급식소에서 음식류를 조리하여 제공하는 전문적 영업인 위탁급식업체가 등장하면서 단체급식이 비영리라는 통념이 사라지고, 이윤 창출이나 효율적 급식경영, 급식 서비스의 개념이 적극 도입되면서 급식과 외식의 경계가 점점 사라지고 있다. 위탁급식은 산업체 급식의 위탁을 시작으로 2003년 식품위생법 시행령이 개정되어 식품접객업 내 위탁급식업종이 신설되어 전체 급식 분야로 확산되었다.

• **식품위생법 제2조(정의) 12.** "집단급식소"란 **영리를 목적으로 하지 아니하면서 특정 다수인에게 계속하여 음식물을 공급하는** 다음 각 목의 어느 하나에 해당하는 곳의 급식시설로서 대통령령으로 정하는 시설을 말한다. 가. 기숙사 나. 학교, 유치원, 어린이집 다. 병원 라. 「사회복지사업법」 제2조제4호의 사회복지시설 마. 산업체 바. 국가, 지방자치단체 및 「공공기관의 운영에 관한 법률」 제4조 제1항에 따른 공공기관 사. 그 밖의 후생기관 등

• **식품위생법 시행령 제2조(집단급식소의 범위)** 「식품위생법」(이하 "법"이라 한다) 제2조제12호에 따른 집단급식소는 1회 50명 이상에게 식사를 제공하는 급식소를 말한다.

• **식품위생법 시행령 제21조(영업의 종류)** 법 제36조제2항에 따른 영업의 세부 종류와 그 범위는 다음 각 호와 같다. 8. 식품접객업 마. 위탁급식영업: 집단급식소를 설치·운영하는 자와의 계약에 따라 그 집단급식소에서 음식류를 조리하여 제공하는 영업

출처: 법제처 국가법령정보센터 www.law.go.kr

2) 단체급식의 의의

단체급식은 국민영양 및 건강증진에 기여하고, 식생활 교육을 통한 바람직한 식습관을 형성하고, 자원을 효율적이고 경제적으로 활용하며 특히 급식을 제공하는 조직이 그 조직 본연의 목적을 달성할 수 있도록 지원하는 후생복지에 기여한다는 점에서 그 의의를 찾을 수 있다.

실제 우리나라 국민들은 영유아보육시설에서 만 1세부터 단체급식을 먹기 시작하여 유치원, 초, 중, 고교 학교급식을 거쳐, 군대나 대학급식, 직장 내 구내식당, 노인급식 그리고 병원급식 등 국민들의 대다수가 단체급식을 경험하게 된다. 이처럼 단체급식은 우리나라 국민 식생활의 매우 중요한 부분을 차지하기 때문에 단체급식의 적절한 관리는 국민들의 영양 상태와 건강관리에 지대한 영향을 미칠 수 있다.

국민의 영양 및 건강 증진을 도모하고 삶의 질 향상에 이바지하는 것을 목적으로 제정된 국민영양관리법에는 국가 및 지방자치단체의 의무로써 올바른 식생활 및 영양관리에 관한 정보를 국민에게 제공하여야하며, 단체급식 관리자인 영양사는 국민영양개선 및 건강증진을 위하여 지속적으로 노력하여야 한다고 하였다.

- **국민영양관리법 제3조(국가 및 지방자치단체의 의무)** ① 국가 및 지방자치단체는 올바른 식생활 및 영양관리에 관한 정보를 국민에게 제공하여야 한다. ② 국가 및 지방자치단체는 국민의 영양관리를 위하여 필요한 대책을 수립하고 시행하여야 한다. ③ 지방자치단체는 영양관리사업을 시행하기 위한 공무원을 둘 수 있다.

- **국민영양관리법 제4조(영양사 등의 책임)** ① 영양사는 지속적으로 영양지식과 기술의 습득으로 전문능력을 향상시켜 국민영양개선 및 건강증진을 위하여 노력하여야 한다. ② 식품·영양 및 식생활 관련 단체와 그 종사자, 영양관리사업 참여자는 자발적 참여와 연대를 통하여 국민의 건강증진을 위하여 노력하여야 한다.

출처: 법제처 국가법령정보센터 www.law.go.kr

3) 단체급식 조직

단체급식은 국민영양 및 건강증진에 기여하고, 자원을 효율적이고 경제적으로 활용하며, 급식을 제공하는 조직 본연의 목적을 달성할 수 있도록 지원하는 것을 그 고유의 목적으로 하기 때문에, 단체급식 조직은 이러한 단체급식 목적 달성의 효율성과 효과성을 극대화할 수 있도록 구성되어야 한다.

단체급식 조직 목적을 이루기 위하여 각자의 위치와 서로 간의 관계를 정립하여야 하는데, 공식적인 위치와 관계를 도식화한 것이 조직도이다. 단체급식 조직의 책임자는 조직화(organizing) 과정을 통하여 구성원들의 직무를 적절하게 설계하고 배분하여 조직도를 완성하게 된다. 급식소 조직도의 예는 [그림 1-1]과 같다.

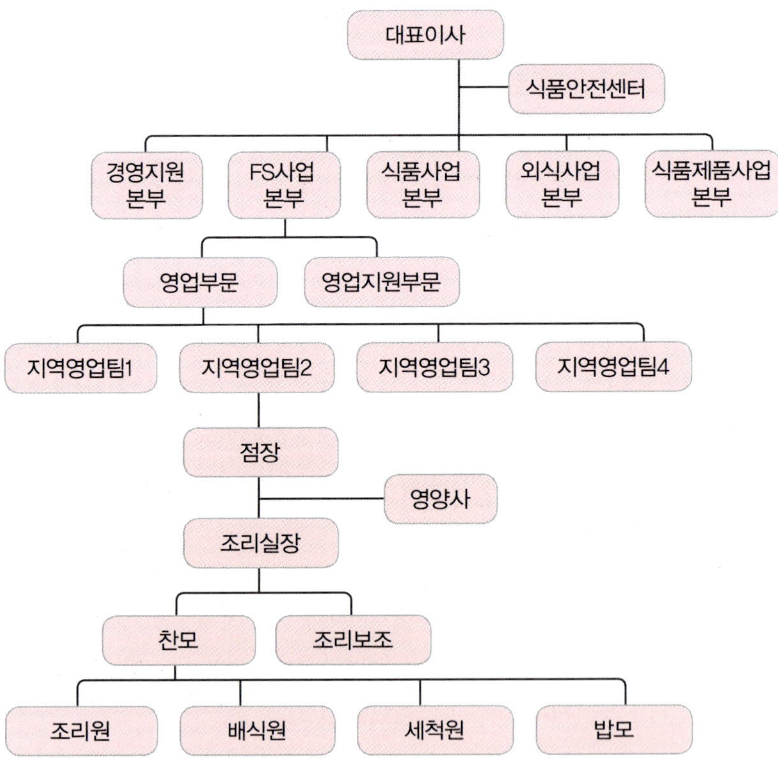

[그림 1-1] 단체급식소 조직도의 예시(산업체 위탁급식소)

단체급식 경영자는 급식 관리를 통하여 급식조직을 운영하게 되는데, 급식소의 급식활동을 계획(plan), 실행(do), 평가(see)하는 일련의 과정이 단체급식관리 활동이라 할 수 있다. 이러한 단체급식 관리는 식단 계획 및 메뉴관리, 재무 및 정보관리, 구매관리, 생산관리, 위생관리, 작업관리 및 시설 및 설비관리 등으로 구성된다.

식단 계획 및 메뉴관리 (2장)	원가 및 마케팅 관리 (3장)	구매관리 (4장)	생산관리 (5장)	위생관리 (6장)	작업관리 (7장)	시설 및 설비관리 (8장)	고객관리 손익관리
Plan→Do→See	Plan→Do→See	Plan→Do→See	Plan→Do→See	Plan→Do→See	Plan→Do→See	Plan→Do→See	Plan→Do→See
Plan		→	Do		→		See
↺			←				↩

[그림 1-2] 단체급식 관리의 구성요소

2. 단체급식 관리자

단체급식 업무는 조직 내에서 다양한 기능을 하는 여러 업무가 하나의 시스템을 이루기 때문에, 이러한 시스템을 전반적으로 책임지고 관리하는 급식 관리자를 필요로 한다.

1) 영양사

한국표준직업분류(2017)에 따르면 영양사(세분류 244)는 대분류 2 전문가 및 관련 종사자, 중분류는 24 보건·사회복지 및 종교 관련직에 속한다. 영양사는 '건강증진 및 질병치료를 목적으로 개인 및 단체에 균형 잡힌 음식물을 공급하기 위하여 식단을 계획하고 조리 및

[그림 1-3] 영양사

공급을 감독하는 업무를 수행하는 전문인'으로 정의된다. 세분류 244 영양사는 24401 임상영양사, 24402 일반영양사, 24403 영양교사로 세세분류 된다. 영양사의 직업 예시로는 임상영양사, 급식경영 영양사, 산업보건 영양사, 보건 영양사, 관리 영양사, 식품위생 영양사, 영양교사, 상담 영양사 등이 있다.

임상영양사(24401)는 영양문제가 있거나 잠재적 위험요인을 지닌 개인 및 집단을 대상으로 질병의 예방과 관리를 위하여 임상영양치료를 전문적으로 수행한다. 영양문제 수집·분석 및 영양요구량 산정 등 영양을 판정한다. 주요 업무로는 영양상담 및 교육을 실시하고, 영양관리상태 점검을 위한 영양모니터링 및 평가, 영양불량상태 개선을 위한 영양 관리 및 임상영양에 대하여 자문 및 연구를 하며 그 밖에 임상영양과 관련된 업무를 한다.

일반영양사(24402)는 개인 및 단체에 균형 잡힌 급식 서비스를 제공하기 위해 식단을 계획하고 조리 및 공급을 감독하는 등 급식을 담당하며, 산업체에서 급식관리 업무 외에 영양교육 및 상담, 영양지원 등 영양서비스를 관리하는 업무를 수행하는 자를 말한다. 건강증진 및 환자를 위하여 영양·식생활 교육 및 상담을 한다. 주요 업무로는 식품의 영양정보를 제공하고 식단 작성, 검식(檢食) 및 배식을 관리, 구매식품에 대한 검수 및 관리를 하며 급식시설을 위생적으로 관리, 집단급식소의 운영일지를 작성하며 종업원에 대한 영양지도 및 위생교육을 한다.

영양교사(24403)는 학교에서 급식대상자의 기호·영양가·조리능력·비용 등을 기초로 하여 급식을 준비하며, 식단을 계획하고 작성하는 자를 말한다.

• 한국표준직업분류(Korean standard classification of occupations) 대분류 2 전문가 및 관련 종사자, 중분류 24 '보건, 사회복지 및 종교 관련직', 세분류 244 영양사(Dietitians), 세세분류는 임상영양사(Clinical Dietitians, 24401), 일반영양사(General Dietitians, 24402), 영양교사(School Nutrition Teachers, 24403)

출처: 한국표준직업분류 7차 개정(통계청고시 제2017-191호) www.law.go.kr

식품위생법에서는 학교, 병원, 사회복지시설, 공공기관 및 그 밖에 후생기관 등의 1회 급식인원이 50명 이상(산업체는 100명 이상)인 집단급식소에는 의무적으로 영양사를 고용하도록 하고 있다. 영양사의 직무는 식단 작성, 검식 및 배식관리, 구매식품의 검수 및 관리, 급식시설의 위생적 관리, 집단급식소의 운영일지 작성, 종업원에 대한 영양 지도 및 식품위생교육으로 규정하고 있다.

• **식품위생법 제52조(영양사)** ①집단급식소 운영자는 영양사(營養士)를 두어야 한다. 다만, 다음 각 호의 어느 하나에 해당하는 경우에는 영양사를 두지 아니하여도 된다. 1. 집단급식소 운영자 자신이 영양사로서 직접 영양 지도를 하는 경우 2. 1회 급식인원 100명 미만의 산업체인 경우 3. 제51조제1항에 따른 조리사가 영양사의 면허를 받은 경우 ② 집단급식소에 근무하는 영양사는 다음 각 호의 직무를 수행한다. 1. 집단급식소에서의 식단 작성, 검식(檢食) 및 배식관리 2. 구매식품의 검수(檢受) 및 관리 3. 급식시설의 위생적 관리 4. 집단급식소의 운영일지 작성 5. 종업원에 대한 영양 지도 및 식품위생교육

• **국민영양관리법 제17조(영양사의 업무)**영양사는 다음 각 호의 업무를 수행한다. 1. 건강증진 및 환자를 위한 영양·식생활 교육 및 상담 2. 식품영양정보의 제공 3. 식단작성, 검식(檢食) 및 배식관리 4. 구매식품의 검수 및 관리 5. 급식시설의 위생적 관리 6. 집단급식소의 운영일지 작성 7. 종업원에 대한 영양지도 및 위생교육

출처: 법제처 국가법령정보센터 www.law.go.kr

국민영양관리법에는 임상영양사에 관하여 규정되어 있는데, 국민들의 건강관리를 위하여 영양판정, 영양상담, 영양소 모니터링 및 평가 등의 업무를 수행하는 영양사로 보건복지부장관이 자격을 인정하는 자이다.

• **국민영양관리법 제23조(임상영양사)** ① 보건복지부장관은 건강관리를 위하여 영양판정, 영양상담, 영양소 모니터링 및 평가 등의 업무를 수행하는 영양사에게 영양사 면허 외에 임상영양사 자격을 인정할 수 있다. ② 제1항에 따른 임상영양사의 업무, 자격기준, 자격증 교부 등에 관하여 필요한 사항은 보건복지부령으로 정한다. ③ 제2항에 따라 자격증을 교부받은 사람은 다른 사람에게 그 자격증을 빌려주어서는 아니 되고, 누구든지 그 자격증을 빌려서는 아니 된다. ④ 누구든지 제3항에 따라 금지된 행위를 알선하여서는 아니 된다.

출처: 법제처 국가법령정보센터 www.law.go.kr

학교급식법 시행령 제8조에는 영양교사의 직무에 대하여 식단 작성, 식재료의 선정 및 검수, 위생, 안전, 작업관리 및 검식, 식생활 지도, 정보 제공 및 영양상담, 조리실 종사자의 지도, 감독, 그 밖에 학교급식에 관한 사항으로 규정하고 있다.

• **학교급식법 시행령 제8조(영양교사의 직무)** 법 제7조제1항에 따른 영양교사는 학교의 장을 보좌하여 다음 각 호의 직무를 수행한다. 1. 식단작성, 식재료의 선정 및 검수 2. 위생·안전·작업관리 및 검식 3. 식생활 지도, 정보 제공 및 영양상담 4. 조리실 종사자의 지도·감독 5. 그 밖에 학교급식에 관한 사항

출처: 법제처 국가법령정보센터 www.law.go.kr

<표 1-1> 영양사 면허 등록 현황(2002-2019년)

년도	소계(명)	남성(명)	여성(명)
2002	89,008	2,590	86,418
2003	92,927	2,677	90,250
2004	97,295	2,819	94,476
2005	100,808	2,923	97,885
2006	104,874	3,076	101,798
2007	108,480	3,224	105,256
2008	112,778	3,374	109,404
2009	116,283	3,521	112,762
2010	121,679	3,749	117,930
2011	124,924	3,821	121,103
2012	128,807	3,957	124,850
2013	132,663	4,120	128,543
2014	137,407	4,325	133,082
2015	141,836	4,528	137,308
2016	145,638	4,694	140,944
2017	149,944	4,939	145,005
2018	153,901	5,217	148,684
2019	158,025	5,558	152,467

출처:식품의약품안전처(2021, 식품의약품통계연보)

2) 조리사

[그림 1-4] 조리사

한국표준직업분류에 따르면 조리사는 대분류 4 서비스 종사자에 해당하며, 중분류 44 조리 및 음식 서비스직이며, 조리사(441), 식음료 서비스 종사자(442)로 소분류 된다.

조리사(441)는 호텔, 한식당, 중식당, 일식집, 레스토랑 등에서 국, 찌개, 국물요리, 찜, 조림, 무침, 육류, 생선류, 면류 등의 다양한 음식을 조리하며,

한식 조리사(4411), 중식 조리사(4412), 양식 조리사(4413), 일식 조리사(4414), 기타 조리사(4419)로 구성되어 있다.

식음료 서비스 종사자(442)는 식음료 서비스 종사자는 상업적으로 운영하는 요식업소, 클럽, 선상 및 열차 내에서 음식과 음료를 제공하며, 바텐더(4421), 웨이터(4422), 기타 음식 서비스 종사원(4429)로 구성되어 있다.

• **한국표준직업분류(Korean standard classification of occupations)** 대분류 4 서비스 종사자, 중분류 44 조리 및 음식 서비스직(CookingandFoodServiceOccupations), 세분류 (441, 조리사 Cooks)–한식 조리사, 중식 조리사, 양식 조리사, 일식 조리사, 음료 조리사, 기타 조리사, (442, 식음료 서비스 종사자, Food and Beverage Service Workers)–바텐더, 웨이터, 기타 음식 서비스 종사원

출처: 한국표준직업분류 7차 개정(통계청고시 제2017-191호) www.law.go.kr

식품위생법 제51조에는 집단급식소 운영자와 식품접객업자는 조리사를 고용해야 하며(1회 급식인원이 100명 미만인 산업체는 제외), 집단급식소 조리사 직무는 집단급식소에서의 식단에 따른 조리업무, 구매 식품의 검수지원, 급식설비 및 기구의 위생, 안전 실무, 그 밖에 조리실무에 관한 사항이다.

• **식품위생법 제51조(조리사)** ① 집단급식소 운영자와 대통령령으로 정하는 식품접객업자는 조리사(調理士)를 두어야 한다. 다만, 다음 각 호의 어느 하나에 해당하는 경우에는 조리사를 두지 아니하여도 된다. 1. 집단급식소 운영자 또는 식품접객영업자 자신이 조리사로서 직접 음식물을 조리하는 경우 2. 1회 급식인원 100명 미만의 산업체인 경우 3. 제52조제 1항에 따른 영양사가 조리사의 면허를 받은 경우 ② 집단급식소에 근무하는 조리사는 다음 각 호의 직무를 수행한다. 1. 집단급식소에서의 식단에 따른 조리업무[식재료의 전(前)처리에서부터 조리, 배식 등의 전 과정을 말한다] 2. 구매식품의 검수 지원 3. 급식설비 및 기구의 위생·안전 실무 4. 그 밖에 조리 실무에 관한 사항

출처: 법제처 국가법령정보센터 www.law.go.kr

3. 단체급식의 발전

1) 우리나라 단체급식의 역사

단체급식은 50인 이상의 특정 다수의 조직 구성원들에게 지속적으로 식사를 제공하는 것이라 정의 될 수 있다. 따라서 사람들의 조직적 관리가 필요했던 기관에서는 지속적인 식사제공이 필수였고 단체급식의 역사도 함께 시작되었을 것이다. 하지만, 단체급식에 관한 구체적 기록을 찾기 힘들고 정리되어 있지 않아, 단체급식 역사에 관한 추가적인 연구가 필요하다.

우리나라 단체급식의 시초는 조선시대 성균관(태조 7년)에서 유생을 교육시키기 위해서 식사를 제공한 것이라 할 수 있다. 조선왕조실록에 의하면 성균관 유학생들은 동, 서재에 기숙하고 아침, 저녁 식사를 양현고(養賢庫)에서 제공하는 식사를 하면서 공부하였고, 식당에는 도기(到記)라는 학생 출석부가 비치되어 학생들이 서명하였다. 세종실록에는 성균관 대사성이 성균관 학생들의 식사 반찬이 나물붙이뿐이기 때문에 오랫동안 기숙하는 자들의 영양 불량을 염려하여 상서문을 통하여 국가지원을 요청하고 있다(1433년 8월 22일). 성종실록에는 성균관 유생이 학문하기를 싫어해 아침 식사 때는 겨우 10여 명, 저녁 식사 때는 많아야 40~50명 식사를 하고 흩어져 버린다고 아뢰며 대책을 논의하고 있다(1491년 3월 6일).

[그림 1-5] 성균관 양현고

출처: 한국민족문화대백과사전//encykorea.aks.ac.kr

근대 이전 전통사회에서의 대표적인 단체 급식은 국가체제 유지를 위한 군대급식과 인재양성을 위한 사설 및 공공 교육기관 기숙사급식 등이 대표적이라 할 수 있다. 근대화가 진행되면서 신식 의료기술이 보급되었고, 1885년 우리나라 최초의 왕립병원 광혜원이 설립되었으며, 광혜원은 행랑채 등 한옥을 개조하여 만든 병원이었으나 외래 진찰소, 수술실, 약국, 병실을 고루 갖춘 국립 의료 기관이었고, 치료뿐만 아니라 학생들을 뽑아 의학실습 교육도 하게 되었다. 광혜원은 이후 정부는 서울에 대한의원을 설립하고 전국 각지에 자혜의원을 세워 국민들의 건강을 돌보고 신식 의료기술을 보급하였다. 초기 병원에 어떤 급식이 제공되었는지 정확히 알 수는 없으나 환자들을 위한 병실이 있었으므로 급식이 제공되었을 것이라 짐작할 수 있다.

[그림 1-6] 구한말 광혜원과 대한의원

출처: 우리역사넷. //contents.history.go.kr

한국전쟁 이후 절대 결핍의 시대를 맞아 영양실조가 급증한 상태에서 1953년 국제연합아동기구(UNICEF)를 중심으로 외국 원조 급식 양곡 지원에 의한 학교급식이 시작되었다. 학교급식의 시작은 주로 빵 배급과 우유와 분유 급식이었다. 1950년대는 6.25전쟁의 막심한 피해와 연평균 10% 이상의 인플레이션으로 인한 물가고 그리고 화폐개혁의 실패 등으로 말미암아 대다수의 국민들이 보릿고개를 겪던 절대 빈곤의 시대였다. 당시 인플레이션으로 인한 식료품값의 폭등은 음식값 대폭 인상으로 이어져 서민들의 고충은 더욱 심화되었으며, 이러한 물가 폭등을 잡기 위하여 정부 차원에서 강력한 절미운동(絕米運動)을 벌이게 되었다. 1950

년대 미잉여농산물 대량 도입에 따른 저곡가 정책으로 농촌은 더욱 궁핍해졌고, 저임금에 따른 노동력을 바탕으로 도시의 공업화는 가속화되었다. 전쟁 이후 군대의 급격한 팽창으로 식품 냉장기술, 식품 진공포장 기술, 식품 가공기술 등 군대급식의 산업화가 촉진되었다. 가공식품의 발전 중 가장 두드러진 것은 대량 생산이 가능하고 오래 저장할 수 있는 통조림 가공 산업이었다.

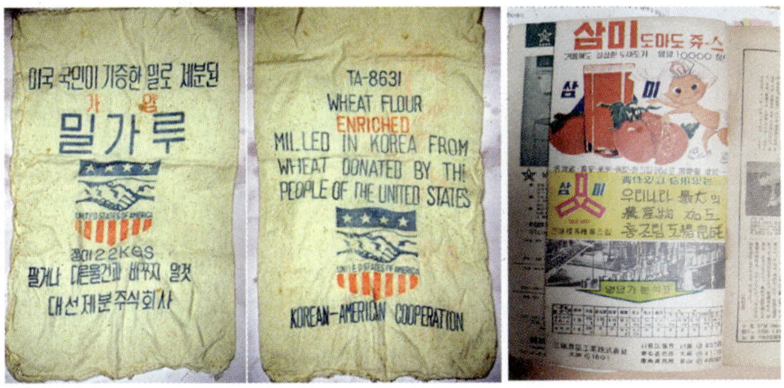

[그림 1-7] 미국에서 원조한 밀가루 부대와 대량 생산되는 통조림 식품

1950년대의 급식은 주로 외국으로부터의 구호 식량에 의존하였으며, 유엔 아동기금의 발표에 의하면, 미국 정부로부터 4천만 파운드(약 1,800톤)의 탈지분유가 지원되어 아동들에게 매일 150만 컵의 분유가 급식으로 제공되었다. 1963년에는 국제 원조 구호 기구와 보사부가 1년간 193만 명의 국민학교 아동의 급식으로 5,800여만 파운드의 곡물을 지원하는 급식공동구호사업에 대한 협정을 맺었고, 1964년 초부터 원조된 곡물로 만든 식빵을 각 국민학교에 배급했다. 1966년부터는 아동의 체력 향상을 위해 140만 명이었던 배급 대상을 전체 국민학교 학생의 반수 이상인 280만 명으로 확대하여, 지역에 따라 빵이나 수제비·국수가 격일제로 배급되었다. 1977년 문교부의 발표에 의하면, 국민학교 급식은 전체의 23%인 약 130만 명에 실시되었고, 그중 약 50만 명이 무상으로 급식을 제공받았다. 무상급식은 도서벽지의 학생이나 타 지역의 극빈 학생을 대상으로 하였다. 그런데, 1977년 9월, 학교 급식을 먹은 서울 시내 국민학교 아동 7,862명이 집단 식중독을

일으키는 사고가 일어났으며, 원인 식품은 슈크림 빵이었고, 해당 식품에서는 포도상구균이 검출되었다. 이 사고로 학생 1명이 사망하였고, 그 여파로 급식은 전면 중단되고 유상급식은 폐지되었다.

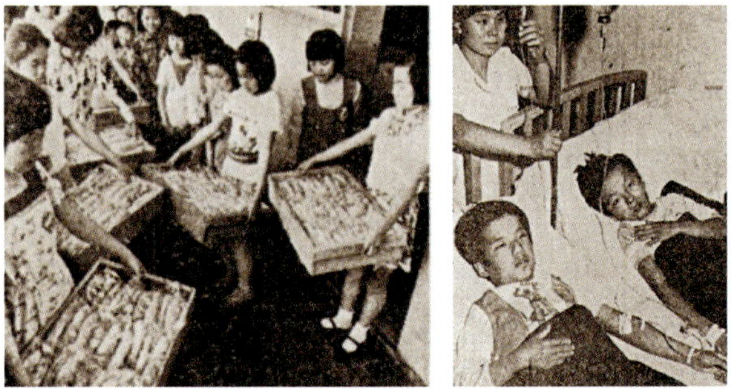

[그림 1-8] 1977년 7,800여 명 식중독 사고를 일으켰던 학교 빵급식

출처: 동아일보 1977년 9월 17일자

<표 1-2> 우리나라 단체급식 역사 속 주요 이슈들

년도	유형	대상	주요 내용	비고
1433년	대학급식	성균관(양현고)	기숙사 급식(조식, 석식)	조선왕조실록 기록
1885년	병원급식	광혜원	기숙사 급식, 병실 환자 급식	병원급식 시초
1953년	학교급식	대도시	UNICEF지원 (빵, 우유, 분유급식)	학교급식 시초
1964년	학교급식	국민학교	193만명/년간, 식빵 급식	구호 급식기
1966년	학교급식	국민학교	280만명/년간, 빵, 수제비, 국수 급식	USAID(미국국제개발처)원조
1966년	산업체급식	태창방적	사내 직원 급식(기숙사, 공장 등)	산업체급식 시초
1977년	학교급식	서울시	서울 7,862명 빵 급식 집단 식중독 사건	학교급식 전면중단
1978년	학교급식	전국	학교 시범급식 실시, 영양사 배치	자립급식 실험기
1981년	학교급식	전국	학교급식법 제정	한국형 학교급식실시
1988년	산업체급식	주)서울 캐터링	산업체 급식 대규모화	위탁급식 시초
1997년	산업체급식	전국	영양사 의무 고용 폐지	IMF 외환위기
2006년	학교급식	서울시	위탁급식학교 대규모 식중독 발생	위탁급식 직영 전환추진
2013년	산업체급식	전국	영양사 의무고용제도 부활	식품위생법 52조

2) 단체급식의 최근 동향

최근 식품 산업 현황은 코로나19로 인한 경제 위기에도 불구하고 꾸준히 성장하는 추세를 보이고 있다. 2020년 식품 생산액은 143.87조 원으로 전년 대비 2.66% 증가하였고, 수출액은 9.42조 원으로 전년 대비 5.23%, 수입액은 32.17조 원으로 전년 대비 0.42% 증가하였다. 식품산업 전체 시장 규모는 166.63조 원이며, 최근 5년간 연평균 성장률은 2.85%를 보이고 있다.

<표 1-3> 식품산업현황

출처:식품의약품안전처(2021, 식품의약품통계연보)

식품	생산액	수출액		수입액		시장규모
	(조원)	(조원)	(억$)	(조원)	(억$)	(조원)
2016	128.76	7.03	60.58	27.20	234.38	148.93
2017	132.56	7.94	70.20	28.23	249.72	152.86
2018	138.41	8.15	74.03	30.09	273.37	160.35
2019	140.15	8.95	76.73	32.04	274.73	163.24
2020	143.87	9.42	79.79	32.17	272.62	166.63
전년 대비증가율	2.66%	5.23%	3.99%	0.42%	-0.77%	2.08%
연평균성장율	2.81%	7.58%	7.13%	4.29%	3.85%	2.85%

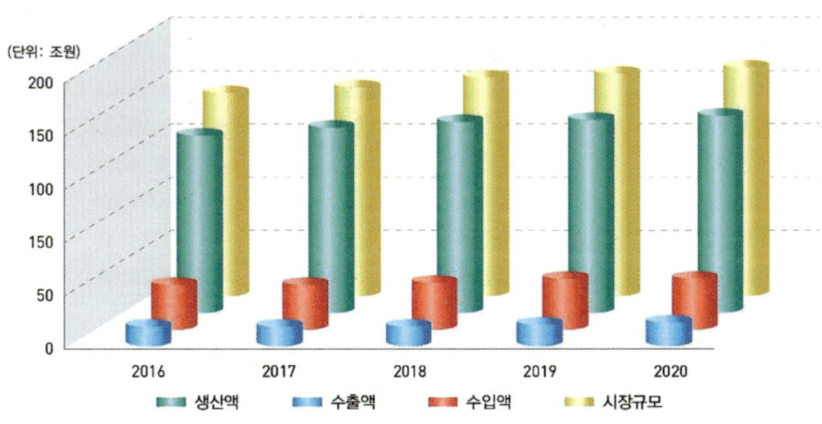

[그림 1-9] 최근 식품산업현황

출처:식품의약품안전처(2021, 식품의약품통계연보)

1999년부터 2020년까지 식품접객업체 현황을 살펴보면 1999년 648,442개소였으나 2020년 914,934개소로 지난 20년간 41%가 증가하였다. 업종별 특성은 제과점, 단란주점, 유흥주점은 증감을 반복하며 20년 전과 비슷하거나 오히려 감소하는 양상을 보였으나, 주로 다류, 아이스크림류 등을 조리, 판매하거나 패스트푸트점, 분식점 형태의 영업 등 음식류를 조리, 판매하는 영업인 휴게음식점영업이 1999년 51,284개소였던 것이 2020년 176,267개소로 243% 급증하였고, 위탁급식영업 또한 2005년 6,317개소였던 것이 2020년 10,948개소로 73% 증가하였다(표 1-4).

<표 1-4> 업종별 식품접객업체 현황(1999-2020)

출처:식품의약품안전처(2021, 식품의약품통계연보)

구분	총계	휴게음식점	제과점	일반음식점	단란주점	유흥주점	위탁급식영업
1999	648,442	51,284	19,078	535,801	22,706	19,573	0
2000	657,392	50,025	19,143	545,032	20,812	22,380	0
2001	687,319	50,897	19,113	572,253	19,888	25,168	0
2002	709,148	50,693	19,383	592,150	19,165	27,757	0
2003	727,843	50,723	19,135	609,991	18,442	29,552	0
2004	731,466	53,227	19,289	611,063	18,030	29,857	0
2005	720,387	54,159	14,776	598,280	17,195	29,660	6,317
2006	711,006	55,257	14,708	587,814	16,593	29,616	7,018
2007	709,342	56,844	14,210	585,025	15,921	29,905	7,437
2008	712,310	59,915	13,983	584,368	15,867	30,326	7,851
2009	723,292	66,021	15,170	587,897	15,700	30,466	8,038
2010	809,033	77,640	17,950	652,778	17,049	34,305	9,311
2011	733,064	63,571	15,980	597,233	15,502	32,376	8,402
2012	776,409	86,813	16,142	615,903	15,473	33,043	9,035
2013	796,384	108,846	15,997	614,649	14,953	32,511	9,428
2014	809,201	102,240	16,606	633,631	14,776	32,294	9,654
2015	774,533	101,759	16,030	604,223	13,916	29,171	9,434
2016	832,960	123,021	17,691	638,404	14,132	29,409	10,303
2017	851,893	136,348	17,784	644,125	13,925	29,135	10,576
2018	867,834	148,064	18,107	648,670	13,605	28,742	10,646
2019	892,825	164,251	18,348	657,727	13,418	28,265	10,816
2020	914,934	176,267	18,480	669,050	12,805	27,384	10,948

1999년부터 2020년까지 집단급식소 현황을 살펴보면 1999년도 13,444개소였던 것이 2019년 47,002개소로 250% 증가하였다. 반면 코로나19 팬데믹 여파로 2020년 집단급식소는 43,939개소로 감소한 것으로 나타났다.

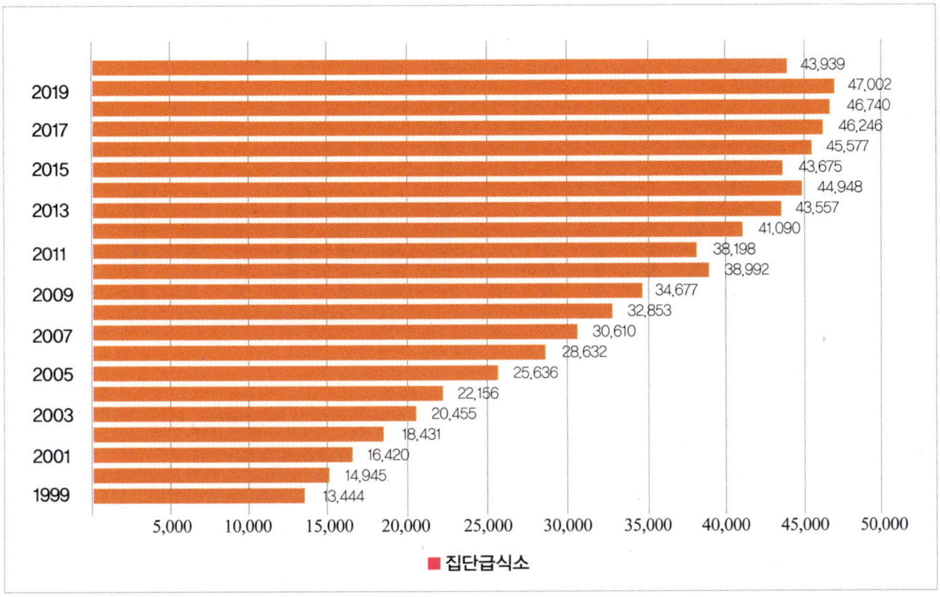

[그림 1-10] 시대별 집단급식소 현황(1999년~2020년)

출처:식품의약품안전처(2021, 식품의약품통계연보)

식품의약품안전처 통계에 따르면 시도별 전국 집단급식소는 2020년 46,939개소이며, 경기도가 11,386개소로 가장 많고, 서울 6,179개소, 경남 3,513개소, 부산 2,940개소, 인천 2,858개소, 경북 2,823개소, 충남 2,634개소, 전남 2,112개소 순으로 나타나고 있다. 시도별 위탁급식영업 현황은 경기도가 2,760개소로 가장 많고, 서울 1,285개소, 인천 941개소, 경남 865개소, 충남 788개소, 경북 706개소, 부산 701개소 순으로 나타났다(그림 1-11).

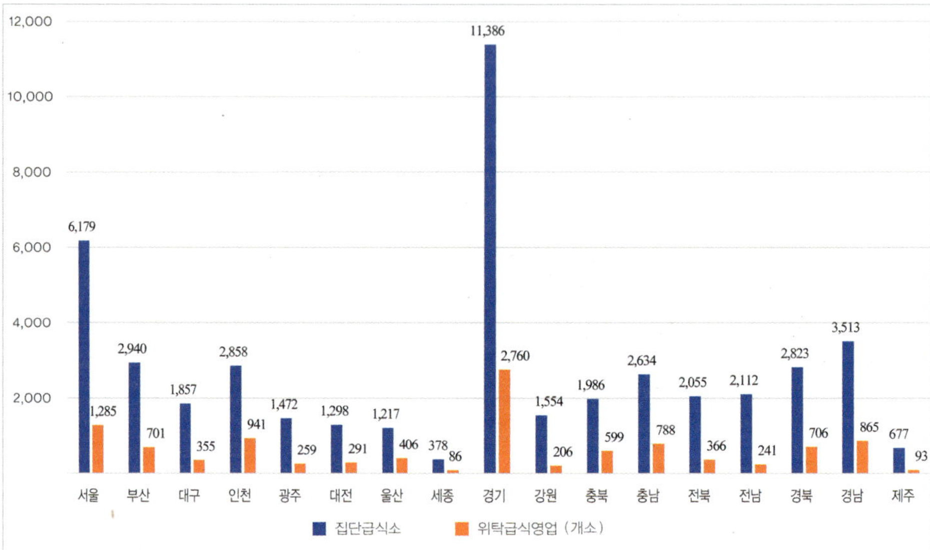

[그림 1-11] 시 · 도별 집단급식소 및 위탁급식영업 시설 현황

출처: 식품의약품안전처(2021, 식품의약품통계연보)

산업의 전문화 추세에 맞춰 등장한 위탁급식업은 급식 경영 합리화를 추구하고자 하는 사회적 요구에 부응하면서 지속적으로 성장해 왔다. 국내에서는 1988년 서울캐터링 서비스 주식회사가 처음 위탁급식을 시작하였고 이후 아워홈, 삼성웰스토리, 씨제이프레시웨이, 신세계푸드, 현대그린푸드 등 대기업 위탁 계열 위탁급식업체가 설립되어 계열사의 급식 운영을 기반으로 급속히 확장되었다.

<표 1-5> 국내 대표적 위탁급식회사 현황

기업명	매출액(억원)	시장점유율(%)	설립시기	모회사
삼성웰스토리	12,197	29	2013년	삼성에버랜드
아워홈	7,658	18	1984년	LG유통
현대그린푸드	6,287	15	1999년	현대푸드시스템
씨제이프레시웨이	4,678	11	2000년	제일제당
신세계푸드	3,009	7	1995년	신세계푸드시스템
풀무원 푸드앤컬쳐	2,179	5	1996년	풀무원
푸디스트	2,095	5	1995년	한화
후니드	1,279	3	2004년	SK 계열사
동원 홈푸드	1,217	3	1993년	동원그룹
아라마크	1,165	3	1993년	아라코(대우그룹합자)

2022년 사회적 거리두기 해제로 경제활동 재개 기대감이 커지는 가운데 주요 대기업 위탁급식업체들이 MZ(Millenials & Generation Z)세대 직원들로 구성된 전담 TF(task force)를 통해 단체급식 메뉴 및 이벤트를 기획, 시장 신규 수요 발굴 일환으로 아파트 커뮤니티 및 골프장, 요양원 등 실버 업종 전담 부서 설치 운영, 단체급식 개발 사업부 확대 운영, 학교, 병원 등 수요가 높은 비건 탕수육, 콩구이를 비롯한 대체육 활용 메뉴와 채식 중심 계절식 출시, 무인 간편식 코너 확대 운영 등 급식서비스 다각화를 모색하여 국내 시장을 넘어 해외 단체급식 사업으로 확장하려는 목표를 설정하여 역량을 집중하고 있다.

4. 단체급식의 유형

1) 운영형태별 유형

단체급식의 운영형태는 운영체에 따라 직영(self-operated), 위탁(contract-managed) 그리고 임대(lease-operated) 형태로 분류된다.

(1) 직영급식(self-operated)

직영이란 대상 집단의 조직체가 직접 급식을 운영하는 방식으로 모 조직으로부터 시설, 장소 및 인력 등을 지원받으면서 소속 구성원들의 영양 및 복지 차원에서 급식의 운영관리를 하는 방식이다. 학교, 공공기관, 사회복지시설 등이 많으며, 일반적으로 수익성을 추구하지 않고, 정해진 예산을 효과적으로 활용하고 고객의 필요와 요구를 만족시킴으로써 급식 운영의 합리화를 도모하는 것이 운영의 주된 목적이다.

직영의 독특한 형태로 기업 또는 기관의 운영자와 직원 및 이용자들이 함께 출자하여 결성한 조합(생활협동조합, 소비자조합)에서 급식 운영을 맡는 경우가 있는데, 이 경우 발생한 수익에 따라 출자자들이 배당금을 지급받기도 한다.

직영급식은 모조직으로 지원을 받기 때문에 모조직의 규정과 절차를 따르며, 지나친 행정업무로 운영상의 효율성 부족이 올 수 있고, 높은 운영비 지출과 조직의 인건비 부담이 크며, 고객에 대한 서비스가 자칫 소홀해질 수 있다는 단점이 있다. 반면, 소속감의 증진, 수익보다는 품질 제고와 고객 영양관리가 우선시 되고, 신속한 원가 통제가 가능하다는 점 등의 장점을 가지고 있다.

(2) 위탁급식(contract-managed)

위탁급식이란 급식 운영 및 관리업무를 외부 위탁급식업체에 의뢰하여 계약관계에 의하여 급식 업무의 일부 또는 전부를 대행 운영하는 형태이다. 위탁 계약

방식에는 식단가제와 관리비제가 있다. 식단가제는 식단가를 기준으로 계약하는 방법으로 식단가에 재료비, 인건비, 기타 경비(광열비, 수도료, 감가상각비, 소모품비, 임대료 등)와 위탁수수료가 포함된다. 이 방법은 주로 대규모 급식소와 식수 변동이 적은 급식소에서 많이 채택하고 있다. 관리제는 위탁급식 업체가 일정기간 동안 사용한 식재료비, 인건비, 기타 경비 등을 사용내역에 따라 실비로 위탁 의뢰기관에 청구하여 정산하는 방법으로 이때 일정비율의 위탁수수료를 추가로 지급 받는다. 이 방법은 중소 규모의 산업체나 기숙사 급식 등에서 많이 채택하고 있다.

<위탁급식 계약방식>

- **식단가제:** 식단가(판매가격) 기준 계약, 판매품목 전체 가격을 정하거나 중요 몇 가지 품목만 선택하기도 함, 대규모 급식소, 식수변동이 적은 산업체 급식에서 많이 채택
- **관리비제:** 일정기간(보통 1개월) 사용한 실비를 위탁의뢰기관에 청구하여 정산하는 방법, 일정비율(3–5%)의 위탁수수료를 추가로 지급 받음, 중소규모 산업체나, 기숙사 급식 등에서 많이 채택

위탁급식은 전문 위탁급식업체가 운영하는 방식이기 때문에 유능한 관리자의 활용, 위생관리 통제 강화, 경영진의 급식업무 관리 부담 감소, 급식종사원의 노사문제로부터 해방 등의 장점이 있다. 하지만, 전문성이 부족한 업체와 계약할 경우 급식 품질에 문제가 생기기 쉽고, 계약기간 동안 급식 품질 통제가 쉽지 않으며, 급식시설, 설비, 개보수가 필요할 경우 책임 소재로 분쟁이 발생할 수 있다.

(3) 임대급식(lease operation)

임대는 기관 또는 기업이 급식 관련 시설 일체를 임대업자에게 빌려주고, 계약된 임대료를 받는 운영 형태이다. 이때의 급식 운영은 기업과 임대업자 간 계약 조건에 따라 이루어지며, 손익은 임대업자의 운영 성과에 달려 있다. 임대 운영방

식은 급식보다는 외식업장의 운영방식에서 더 선호되며, 최근 컨세션(concession) 사업은 일종의 임대 형태 계약방식으로 공항, 병원, 휴게소, 대형 상업용 빌딩 등 다중 이용 시설에서 다수의 식음료 브랜드를 유치해 운영 및 관리를 하는 사업 형태를 가리킨다.

외식업계는 해당 시설과 계약을 맺어 식음료 사업장 운영권을 부여받고, 임차한 공간을 다른 사업자에게 재임대해 푸드 코트를 위탁 운영한다. 컨세션 사업은 입찰을 통해 계약 기간 동안 매장을 운영하고 계약일이 종료되면 새로운 사업자를 모집하는 방식으로 이뤄진다. 기존 식품 전문업체들은 공항 위주로 컨세션 사업에 나섰으나, 최근에는 호텔, 병원, 대형 상업용 빌딩, 대학 학생식당 등 그 영역을 점차 확대하고 있다. 업체들은 임차 공간에 유명 맛집과 자사 브랜드 매장을 다양하게 입점시키는 것은 물론 단순한 푸드코트 형태를 넘어 특색 있는 공간을 만들어 고객 서비스 만족을 위해 노력하고 있다.

저렴한 식단가로 운영되는 급식의 경우, 임대 형태는 식당 운영의 수익성이 낮아 음식의 질이 떨어질 위험이 높으며, 급식 단가가 높아져 고객들이 경제적 부담 확률이 높다. 반면, 유명 식음료 브랜드 입점으로 소비자 선호가 높을 수 있다.

[그림 1-12] 임대급식 매장 예시

2) 대상별 유형

급식산업은 영유아시설급식, 학교급식, 군대급식, 대학급식, 산업체 급식과 같이 생애주기에 따른 급식 대상 분야와 병원급식, 사회복지시설 급식, 교정시설 급식과 같이 특수한 요구에 따른 급식 분야로 나눌 수 있다.

급식산업은 그동안 영리 추구 여부에 따라 단체급식과 외식업으로 분류하였으나, 1990년대부터 위탁급식 형태가 확대되기 시작하면서 특정 다수인의 건강과 영양관리를 목적으로 식사를 제공하는 단체급식에도 외식업과 같은 영리 추구 개념이 도입되고, 효율적 경영의 중요성이 강조되고 있어 영리추구 여부로 급식산업을 엄격히 구분하기는 어려워졌다.

(1) 생애주기 대상별 급식

1 영유아 시설 급식

영유아 시설 급식은 크게 어린이집 급식과 유치원 급식으로 구분할 수 있다. 어린이집 급식은 '영유아보육법'에 의해 운영되며, 유치원 급식은 '유아교육법'에 따라 운영되다가 2021년 개정된 '학교급식법'에 의해 운영된다는 큰 차이점이 있다. 두 법에서 모두 각 시설이 100인 이상을 급식하는 경우 영양사를 고용해야 하며, 100인 미만을 급식하는 어린이집이나 유치원의 경우에는 지방자치단체별로 설치 운영되고 있는 '어린이급식관리지원센터' 소속 영양사들의 지원서비스를 통해 식단 작성 등의 급식관리 수행을 통하여 위생 및 영양관리를 지원하고 있다.

• **영유아보육법 제33조(급식관리)** 어린이집의 원장은 영유아에게 보건복지부령으로 정하는 바에 따라 균형 있고 위생적이며 안전한 급식을 하여야 한다.

• **영유아보육법 시행규칙 (별표8)어린이집의 운영기준** 나. 급식관리 1) 어린이집의 원장 및 어린이집에서 급식을 조리·제공하는 보육교직원(이하 이 목에서 "원장등"이라 한다)은 어린이집에서 식중독 환자가 발생하지 않도록 위생관리를 철저히 하여야 한다. 2) 원장 등은 영유아가 필요한 영양을 섭취할 수 있도록 영양사가 작성한 식단에 따라 급식을 공급하여야 한다. 이 경우 영양사(2개 이내의 어린이집이 공동으로 두는 영양사를 포함한다)를 두고 있지 아니한 100명 미만의 영유아를 보육하고 있는 어린이집은 육아종합지원센터, 보건소 및 「어린이 식생활안전관리 특별법」 제21조에 따른 어린이집 급식관리지원센터 등에서 근무하는 영양사의 지도를 받아 식단을 작성하여야 한다.

• **어린이 식생활안전관리 특별법 제21조(어린이급식관리지원센터 등 설치, 운영)** ① 시장·군수·구청장은 어린이에게 단체급식을 제공하는 다음 각 호의 급식소(이하 "급식소"라 한다)에 대한 위생 및 영양관리를 지원하기 위하여 어린이급식관리지원센터를 설치·운영하여야 한다. 1. 「영유아보육법」에 따라 보호자의 위탁을 받아 영유아를 보육하는 어린이집의 급식소 2. 「유아교육법」에 따라 유아의 교육을 위하여 설립·운영하는 유치원에 대한 급식소 3. 「학교급식법」에 따라 학교급식 대상이 되는 학교의 급식소 4. 그 밖에 어린이에게 단체급식을 제공하는 급식소 중 대통령령으로 정한 급식소

출처: 법제처 국가법령정보센터 www.law.go.kr

2021년 개정된 '학교급식법'에서 유아교육법에 따른 유치원도 학교급식의 대상에 추가(단, 100인 미만의 사립학교 유치원 제외)되었다.

• **유아교육법 제17조(건강검진 및 급식)** ③ 원장은 교육하고 있는 해당 유치원의 유아에게 적합한 급식을 할 수 있다. ④ 제1항 및 제2항에 따른 건강검진의 실시시기 및 그 결과처리에 관한 사항과 제3항에 따른 급식 시설·설비기준 등에 관하여 필요한 사항은 교육부령으로 정한다.

• **학교급식법 제4조(학교급식 대상)** 학교급식은 대통령령으로 정하는 바에 따라 다음 각 호의 어느 하나에 해당하는 학교 또는 학급에 재학하는 학생을 대상으로 실시한다. 1. 「유아교육법」 제2조제2호에 따른 유치원. 다만, 대통령령으로 정하는 규모 이하의 유치원은 제외한다. 2.「초·중등교육법」 제2조제1호부터 제4호까지의 어느 하나에 해당하는 학교 3.「초·중등교육법」 제52조의 규정에 따른 근로청소년을 위한 특별학급 및 산업체부설 중·고등학교 4. 「초·중등교육법」 제60조의3에 따른 대안학교 5. 그 밖에 교육감이 필요하다고 인정하는 학교

출처: 법제처 국가법령정보센터 www.law.go.kr

어린이식생활안전관리 특별법 제21조에 따라 식품의약품안전처 산하 중앙급식관리지원센터가 설치되어, 전국 어린이급식관리지원센터(2020년 기준 228개소)를 통합 운영, 관리하고 있으며 어린이 단체급식의 위생 및 영양관리 개선 관련 업무를 수행하고 있다. 대표적인 업무로는 센터의 전문 영양사가 어린이집, 유치원 등 어린이 급식소에 주기적으로 방문하여 위생, 안전, 영양 관리를 지원하는 순회방문지도, 건강하고 균형 있게 음식을 섭취할 수 있도록 어린이를 대상으로 식생활 교육 프로그램 진행, 조리원 대상 맞춤형 교육 프로그램 진행, 원장, 교사를 대상으로 교육 프로그램 진행, 집합교육과 부모참관 프로그램을 통한 부모교육, 식단 및 정보제공 등의 서비스를 지원한다. 2020년 6월 자료에 의하면 전국 등록 어린이 급식소는 3만 9천여 개소이며, 수혜 어린이 수는 136만 명에 이른다.

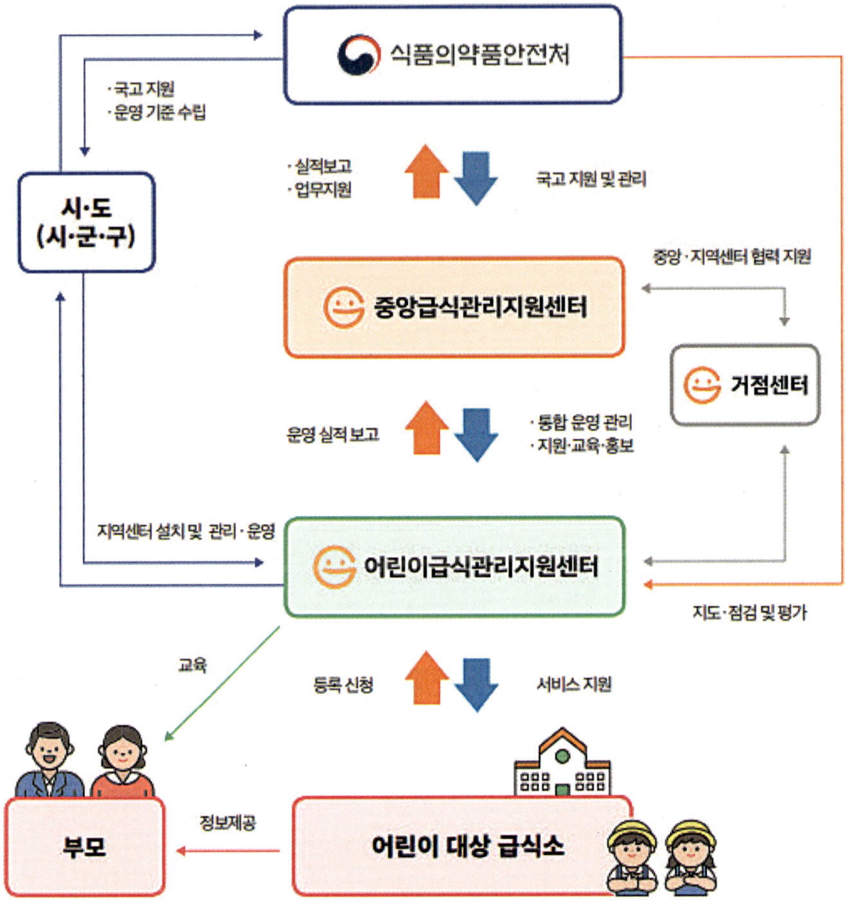

[그림 1-13] 어린이급식관리지원센터 운영 체계

2 학교급식

1978년에 급식 시범학교를 정하고 국가의 경제적 지원으로 급식시설을 갖춘 후, 2006년부터는 영양교사제도 도입과 더불어 올바른 식습관 형성, 영양상담 등 영양사들의 교육자로서 역할이 강화되었다.

• **학교급식법 제7조(영양교사의 배치)** ① 제6조의 규정에 따라 학교급식을 위한 시설과 설비를 갖춘 학교는 「초·중등교육법」 제21조제2항의 규정에 따른 영양교사와 「식품위생법」 제53조제1항에 따른 조리사를 둔다. 다만, 제4조제1호에 따른 유치원에 두는 영양교사의 배치기준 등에 관하여 필요한 사항은 대통령령으로 정한다. ② 교육감은 학교급식에 관한 업무를 전담하게 하기 위하여 그 소속하에 학교급식에 관한 전문지식이 있는 직원을 둘 수 있다. ③ 교육감은 제1항 단서의 영양교사의 배치기준 등에 따른 유치원 중 일정 규모 이하 유치원에 대한 급식관리를 지원하기 위하여 특별시·광역시·특별자치시·도 및 특별자치도의 교육청 또는 「지방교육자치에 관한 법률」 제34조 및 「제주특별자치도 설치 및 국제자유도시 조성을 위한 특별법」 제80조에 따른 교육지원청에 영양교사를 둘 수 있다. ④ 제3항에 따라 영양교사가 급식관리를 지원하는 유치원의 규모 및 지원의 범위 등에 필요한 사항은 대통령령으로 정한다

출처: 법제처 국가법령정보센터 www.law.go.kr

국내 학교급식 실시율은 학교급식법이 제정된 1981년 당시 전체 학교수 6.7%에 불과하였으나 1990년에는 12.1%, 1995년 71.7%, 2000년 이후 99.9%로 비약적으로 발전하였다.

<표 1-6> 학교급식 실시 현황

출처: 교육부(2021)

구분	학교수(%)	학생수(%)	운영형태	
			직영(%)	위탁(%)
초등학교	6,127(100)	2,698,000(100)	6,121(99.9)	6(0.1)
중학교	3,226(100)	1,316,000(100)	3,200(99.2)	26(0.8)
고등학교	2,372(100)	1,336,000(99.9)	2,167(91.4)	205(8.6)
특수학교	178(100)	25,000(99.3)	175(98.3)	3(1.7)
총계	11,903(100)	5,375,000(99.9)	11,663(98)	240(2)

학교급식은 전국에 있는 초, 중, 고, 특수학교 1만 1,903개교에서 100% 실시되고 있으며, 하루 평균 538만 명 학생에게 급식이 제공되고 있다(표 1-6). 국내 학

교급식은 실시율 100%, 직영급식 98%로 학생들의 식생활 지도, 영양과 건강증진에 크게 기여하고 있다. 학교급식 실시의 양적 팽창으로 인하여 도입되었던 위탁급식은 2006년 학교급식법이 개정되어 직영화 되면서 점차 감소하여 현재는 2% 수준을 유지하고 있다.

• **학교급식법 제15조(학교급식의 운영방식)** ① 학교의 장은 학교급식을 직접 관리·운영하되, 「유아교육법」 제19조의3에 따른 유치원운영위원회 및 「초·중등교육법」 제31조에 따른 학교운영위원회의 심의·자문을 거쳐 일정한 요건을 갖춘 자에게 학교급식에 관한 업무를 위탁하여 이를 행하게 할 수 있다. 다만, 식재료의 선정 및 구매·검수에 관한 업무는 학교급식 여건상 불가피한 경우를 제외하고는 위탁하지 아니한다. ② 제1항의 규정에 따라 의무교육기관에서 업무위탁을 하고자 하는 경우에는 미리 관할청의 승인을 얻어야 한다. ③ 제1항의 규정에 따른 학교급식에 관한 업무위탁의 범위, 학교급식공급업자가 갖추어야 할 요건 그 밖에 업무위탁에 관하여 필요한 사항은 대통령령으로 정한다.

출처: 법제처 국가법령정보센터 www.law.go.kr

학교급식법에 따라 필요한 급식시설, 설비비는 해당 학교의 설립, 경영자가 부담하되 국가 또는 지방자치단체가 지원할 수 있다. 급식운영비는 해당 학교의 설립, 경영자가 부담하는 것을 원칙으로 하되, 보호자가 그 경비의 일부를 부담할 수 있다. 학교 급식을 위한 식품비는 보호자가 부담하는 것을 원칙으로 하되, 국가 또는 지방자치단체장이 급식에 관한 경비를 지원할 수 있다. 이 조항에 따라 2011년부터 초, 중학교 무상급식이 시행되어 최근 전국 대부분 고등학교까지 전면 무상급식이 이루어지고 있다.

• **학교급식법 제8조(경비부담 등)** ① 학교급식의 실시에 필요한 급식시설·설비비는 해당 학교의 설립·경영자가 부담하되, 국가 또는 지방자치단체가 지원할 수 있다. ② 급식운영비는 해당 학교의 설립·경영자가 부담하는 것을 원칙으로 하되, 대통령령으로 정하는 바에 따라 보호자(친권자, 후견인 그 밖에 법률에 따라 학생을 부양할 의무가 있는 자를 말한다. 이하 같다)가 그 경비의 일부를 부담할 수 있다. ③ 학교급식을 위한 식품비는 보호자가 부담하는 것을 원칙으로 한다. ④ 특별시장·광역시장·도지사·특별자치도지사 및 시장·군수·자치구의 구청장은 학교급식에 품질이 우수한 농수산물 사용 등 급식의 질 향상과 급식시설·설비의 확충을 위하여 식품비 및 시설·설비비 등 급식에 관한 경비를 지원할 수 있다.

출처: 법제처 국가법령정보센터 www.law.go.kr

학교급식에 소요되는 경비는 식품비, 운영비(인건비, 연료비, 시설유지비 등) 및 시설, 설비비이다. 2020년 2월 기준으로 연간 6조 4,822억원 중 교육비 특별회계 4조 554억원(62.5%), 자치단체지원금 1조 5,274억원(23.6%), 보호자 부담금 7,524억원(11.6%), 기타(발전기금 등) 1,470억원(2.3%)를 차지했다. 지출항목별로는 식품비가 3조 2,964억원(50.8%)이었으며, 인건비는 2조 3,405억원(36.1%), 시설, 설비비는 4,514억원(7%)를 차지하였다.

3 군대급식

병역 의무제를 실시하고 있는 우리나라는 국가의 정확한 계획하에 철저하게 군대급식이 실시되고 있다. 군대 급식은 단체급식 역사에서 가장 먼저 실시되었던 급식이다. 전쟁을 수행하기 위한 전투력은 영양공급에 따라 달라지기 때문에 힘을 저장하고 보충하기 위해 최대한 간편하고 편리한 방법으로 필요한 음식을 제공해야 한다.

군대급식은 전쟁 중에 먹는 전투식량과 평시나 주둔 시에 먹는 군용식량으로 구분된다. 전투식량의 특성상 일반식을 섭취할 수 없는 악조건에서도 취식이 가능하도록 그것도 장기간 비축이 가능한 제품 형태로 제조되어야 하기 때문에 일반식보다는 맛이 떨어져 전투식량의 맛을 개선하기 위한 노력이 지속되고 있다. 일반 군대급식이 열량 기준치는 군 생활 여건 변화 및 장병들의 체격과 식습관 변화, 장병의 체위, 체형을 고려하여 산정하고 있다.

• **군인급식 규정 제2조(급식 및 급식기준액)** ① 군인에게는 매일 주식과 부식(이하 "현물"이라 한다)을 지급한다. 다만, 육군·해군·공군 참모총장이 영외거주(營外居住)를 명한 군인에게는 현물에 갈음하여 일정한 금액(이하 "급식기준액"이라 한다)을 현금으로 지급할 수 있다. ② 급식기준액은 하루에 군인 1명에게 현물을 지급하기 위하여 필요한 비용에 기초하여 매년 세출예산으로 정한 금액으로 한다. ③ 제1항 단서에 따른 군인에게는 월별로 급식기준액에 현물을 지급받지 않은 일수를 곱하여 산정한 금액을 그 다음 달에 지급한다.

출처: 법제처 국가법령정보센터 www.law.go.kr

국방부는 한국국방연구원(KIDA) '장병 영양섭취기준'연구 결과를 바탕으로 2016년부터 열량 3,100kcal에서 3,000kcal, 단백질 섭취비율을 15%에서 17%로 조정하였다. 군대급식에 대한 총괄적 관리는 국방부가 관장하고 있으며 군 급식 방침에 따른 계약 체결 및 조달업무는 방위사업청이 주관하고 부대 내 급식관리는 지역별 급양대가 맡고 있다. 국방부는 군대급식의 질 개선을 위해 조리법 및 취사도구의 표준화, 표준 취사장 운영, 1식 4찬 제도화, 신메뉴의 다양화 등을 추진해왔다. 1996년부터 군부대 취사장에 민간조리원을 채용하여 음식 맛 향상을 위해 노력해 왔으며 2002년부터 영양사를 군무원으로 채용하여 배치하였다.

<표 1-7> 장병영양섭취기준(2017년 개정)

구분	탄수화물	단백질	지방	총열량
섭취목표량(g)	456	127.5	74	3,000kcal
섭취열량(kcal)	1,824(60.8%)	510(17.0%)	666(22.2%)	

※일반 성인 남자(19–29세) 1일 에너지필요 추정량(보건복지부) 2,600kacl/day

4 대학급식

대학급식은 대학의 교육활동을 지원하기 위하여 기숙사식당 또는 학생식당에서 제공되는 급식이다. 대학급식은 학교급식법의 대상이 아니기 때문에 보통 산업체 급식으로 분류된다. 하지만, 대학생들은 산업체근로자들과는 다르게 상대적으로 빈곤상태에 있는 경우가 많아 가격이 식품선택의 주요 기준이 되어 대학생들의 영양불량이 꽤 심각한 수준이다. 우리나라 학교급식은 직영운영체제와 친환경, 무상급식 등으로 상당히 안정된 급식체계를 갖추게 되었다. 하지만 대학급식은 국가정책과 정부지원에서 배제되어 대학생들의 영양과 건강관리에 관한 사회적 논의가 필요한 시점이다.

2017년 농림축산식품부가 건강, 안전, 안심으로 소비자, 생산자와의 소통을 강화하기 위하여 20여 개 대학에 '천원의 아침밥'사업을 추진하였다. 아침식사 결식률이 높은 대학생에게 아침밥 먹는 문화를 확산하고 규칙적인 아침식사를 할 수 있도록 학생들이 교내 식당에서 1,000원만 지불하면 든든한 아침밥을 먹을 수 있게 지원하는 사업이다. 2017년부터 90만 5천여 명의 대학생에게 식사를 제공하여 높은 만족도를 얻었다.

[그림 1-14] 농림축산식품부 '천원의 아침밥' 행사

출처:농림수산식품교육문화정보원

5 산업체 급식

우리나라 산업체 급식의 시초는 공장급식이라 할 수 있다. 1966년 태창방적을 비롯한 섬유공장에서 영양사를 채용하기 시작하여, 1967년 식품위생법에 집단급식소에서 영양사 채용 의무화를 실시하기에 이르렀다. 1980년대 이후에는 외식산업의 급격한 발달과 기업의 후생복지정책에 힘입어 산업체 급식이 대규모화 되고 최신 주방시설을 갖추게 되었고, 산업체급식은 공장급식뿐만 아니라 사무실, 연구소, 연수원, 관공서 등으로 확대되어 갔다. 1997년 IMF외환위기 이후 기업 경비 절감을 이유로 한때 영양사 의무고용이 폐지되기도 하였으나, 2013년 산업체 급식에서 영양사, 조리사 의무고용 관련 식품위생법 개정안이 통과되어 1회 급식 인원 100명 이상인 산업체 급식의 영양사 의무고용제도가 부활하였다.

산업체급식소는 타 급식소보다 외식업체와의 경쟁이 치열한 편이며, 고객의 니즈 또한 매우 높은 편이다. 경제수준이 향상되어 문화, 사회적 기대치가 높아지고 급식에 대한 요구가 다양화, 고급화되고 있으므로 고객 특성에 맞게 전문성 있는 메뉴 개발이 필요하다. 기존 산업체 급식은 복리후생 측면에서 급식제공에 초점을 두었지만, 최근에는 급식서비스에 대한 고객들의 인식이 변화되면서 사회문화적 트랜드와 기대 수준을 반영한 기업 복지 토탈 서비스로 탈바꿈하고 있다.

• **근로기준법 제9장 취업규칙 제93조(취업규칙의 작성, 신고)** 상시 10명 이상의 근로자를 사용하는 사용자는 다음 각 호의 사항에 관한 취업규칙을 작성하여 고용노동부장관에게 신고하여야 한다. 이를 변경하는 경우에도 또한 같다. 1. 업무의 시작과 종료 시각, 휴게시간, 휴일, 휴가 및 교대 근로에 관한 사항 2. 임금의 결정·계산·지급 방법, 임금의 산정기간·지급시기 및 승급(昇給)에 관한 사항 3. 가족수당의 계산·지급 방법에 관한 사항 4. 퇴직에 관한 사항 5.「근로자퇴직급여 보장법」제4조에 따라 설정된 퇴직급여, 상여 및 최저임금에 관한 사항 6. 근로자의 식비, 작업 용품 등의 부담에 관한 사항

출처: 법제처 국가법령정보센터 www.law.go.kr

(2) 특수 요구 대상별 급식

1 병원급식

병원급식은 환자의 질병치료 및 회복을 지원하기 위하여 제공하는 일반식, 환자급식과 병원에 근무하는 의료진, 직원 들을 대상으로 하는 직원식으로 분류할 수 있다. 입원시설을 갖춘 종합병원, 병원, 치과병원, 한방병원 및 요양병원은 의료법 시행규칙 제39조에 따라 환자의 식사를 위생적으로 관리, 제공하여야 한다.

• 의료법 시행규칙 제39조(별표6) 의료기관의 급식관리기준

1. 환자의 영양관리에 관한 사항을 심의하기 위하여 병원장이나 부원장을 위원장으로 하는 영양관리위원회를 둔다.
2. 환자의 식사는 일반식과 치료식으로 구분하여 제공한다.
3. 환자급식을 위한 식단은 영양사가 작성하고 환자의 필요 영양량을 충족시킬 수 있어야 한다.
4. 환자음식은 뚜껑이 있는 식기나 밀폐된 배식차에 넣어 적당한 온도를 유지한 상태에서 공급하여야 한다.
5. 영양사는 완성된 식사를 평가하기 위하여 매 끼 검식(檢食)을 실시하며, 이에 대한 평가 결과를 검식부(檢食簿)에 기록하여야 한다.
6. 영양사는 의사가 영양지도를 의뢰한 환자에 대하여 영양 상태를 평가하고, 영양 상담 및 지도를 하며, 그 내용을 기록하여야 한다.
7. 식기와 급식용구는 매 식사 후 깨끗이 세척·소독하여야 하며, 전염성 환자의 식기는 일반 환자의 식기와 구분하여 취급하고, 매 식사 후 완전 멸균 소독하여야 한다.
8. 수인성 전염병환자가 남긴 음식은 소독 후 폐기하여야 한다.
9. 병원장은 급식 관련 종사자에 대하여 연 1회 이상 정기건강진단을 실시하여야 하며, 종사자가 전염성 질병에 감염되었을 경우에는 필요한 조치를 취하여야 한다.
10. 병원장은 급식 관련 종사자에게 위생교육을 실시하여야 한다.

출처: 법제처 국가법령정보센터 www.law.go.kr

환자급식 중 입원환자를 대상으로 제공되는 일반식은 한국인 영양섭취기준을 기본으로 하며, 치료식은 환자 건강상태와 질병의 증상에 따라 의사 처방을 바탕으로 이루어진다. 입원환자의 급식비에 대한 건강보험이 2006년부터 적용되어 식대 본인 부담률이 50%로 적용되고 있다. 2017년부터는 매년 경제 상황의 변화에 따라 물가상승률을 적용하여 자동 조정되도록 하고 있다.

• **의료 해외진출 및 외국인환자 유치 지원에 관한 법률** 제1조(목적) 이 법은 의료 해외진출과 외국인환자의 권익 및 국내 의료 이용편의 증진을 지원하여 외국인이 안전하고 수준 높은 보건의료서비스를 받을 수 있도록 하고 국가 경제·사회 발전에 기여하는 것을 목적으로 한다.

출처: 법제처 국가법령정보센터 www.law.go.kr

2016년 6월 의료해외진출 및 외국인 환자 유치에 관한 법률을 시행함에 따라 위탁급식업체의 병원급식의 시장점유율을 높이기 위해 업체의 경쟁이 치열해 지고 있으며, 이에 따라 외국인 환자와 환자별 맞춤형 식단제공에 초점을 두고 있다.

2 사회복지시설 급식

사회복지 시설 급식은 노인, 아동·청소년, 장애인, 여성, 정신보건, 노숙인 등 다양한 사회취약계층의 사회복지사업을 지원하기 위하여 제공되는 급식이다. 2015년 이후 사회복지시설에서도 식품위생법을 준용하여 영양사, 조리사 배치를 의무화하고 있다.

노인·장애인 등 취약계층에 대한 단체급식의 관리 지원에 필요한 사항을 규정함으로써 위생상의 위해를 방지하고 영양을 증진시켜 취약계층의 건강 증진과 삶의 질 향상에 이바지함을 목적으로 한다.

• **노인, 장애인 등 사회복지시설의 급식안전 지원에 관한 법률 제3조(국가 등의 책무)** ① 국가와 지방자치단체는 취약계층에게 양질의 단체급식이 안전하게 제공될 수 있도록 급식 관리를 지원할 책무를 진다. ② 사회복지급식소의 장은 영양적으로 균형 있고 위생적인 급식을 제공하기 위하여 노력하여야 한다.

출처: 법제처 국가법령정보센터 www.law.go.kr

3 교정시설 급식

법무부는 보호감호처분을 받은 피보호감호자의 급식관리에 관하여 법무부장관의 자문에 응하기 위하여 급식관리위원회 운영지침(법무부 훈령)에 의거하여 수용기관의 급식 및 식품 위생에 관한 사항을 심의하는 중앙 급식관리위원회와 일선기관 내 식단 및 수량 결정에 관한 사항을 심의하는 수용기관의 명칭을 붙인 지방급식위원회를 두고 있다. 교정시설에는 교도소, 구치소, 소년보호기관, 외국인보호시설 등이 있으며 2005년부터는 교정급식의 질적 향상을 도모하기 위하여 수용기관에 영양사(식품위생직)를 배치해 오고 있다.

• **수용자 급식관리위원회 운영지침(법무부 훈령 제1087호) 제2조(기능)** ① 중앙급식관리위원회는 다음 각 호의 사항을 심의한다. 1. 교도소·구치소 및 그 지소, 보호감호소(이하 "수용기관"이라 한다)에 수용된 수형자·미결수용자·사형확정자 및 피보호감호자(이하 "수용자"라 한다)의 급식 및 식품위생에 관한 사항 2. 급식에 관한 기준 영양량의 결정에 관한 사항 3. 수용자의 급식제도 개선에 관한 사항 ② 각 수용기관에 두는 급식관리위원회(이하"지방급식관리위원회"라 한다)는 다음 각 호의 사항을 심의한다. 1. 법무부장관이 결정한 수용자에게 급식할 영양섭취 기준 내에서의 식단 선택과 그 수량의 결정에 관한 사항 2. 제1호의 선택된 식단과 수량에 대한 함유 영양량의 검토에 관한 사항 3. 수용자의 급식에 관한 위생 및 시설관리 그 밖에 운영개선에 관한사항

출처:법무부 www.moj.go.kr

법무부는 강제퇴거명령 등 다양한 이유 외국인을 보호하는 외국인 보호시설에 보호외국인 급식관리규정을 두고 있어 50인 이상의 외국인을 보호하며 외국인의 급식에 관한 세부적인 사항을 정하고 있다(법무부 훈령 제1271호). 보호시설의 장(이하 "청장등"이라 한다)은 계획적인 급식관리로 보호외국인에 대한 급식의 불균형 또는 예산낭비가 초래되지 않도록 하여야 하며, 급식시설, 취사종사자 및 주·부식에 대한 위생관리를 철저히 하여 식중독 등 사고를 예방하여야 한다. 청장등은 급식에 대한 불만 근절과 급식운영의 개선을 위하여 지도·감독에 철저를 기하여야 한다.

• **보호외국인 급식관리규정(법무부 훈령 제1271호) 제9조(조리사 및 영양사)** ① 청장등은 급식시설 및 급식의 관리를 위해 조리사와 영양사를 두어야 한다. 다만, 조리사면허와 영양사면허를 모두 받은 자인 경우에는 어느 하나를 두지 않을 수 있다. ② 조리사와 영양사는 자질 및 식품위생수준의 향상을 위하여 2년마다 식품위생법의 규정에 따른 교육을 받아야 한다. ③ 영양사는 다음의 직무를 수행한다. 1. 식단 작성, 검식 및 배식관리 2. 구매식품의 관리 및 검수참관 3. 급식시설의 위생적 관리 4. 일일급식일지, 일일검식부, 주·부식검사·불출대장 등 급식 관련 기록의 유지 및 보고 5. 취사종사원에 대한 영양지도 및 위생교육

출처: 법무부 www.moj.go.kr

4 운동시설 급식

우리나라의 대표적인 스포츠 급식시설은 선수촌, 축구트레이닝센터, 상무체육부대 등으로 선수촌 내 급식은 전문 영양사가 관리한다.

아시아경기대회나 올림픽 같은 국제경기 개최기간에 운영되는 선수촌 내 급식시설은 공개경쟁을 통해 전문업체가 위탁 운영한다. 국제대회라는 특성상 단기간에 참가국 특성에 맞게 서양식, 동양식, 이슬람식 등 다양한 메뉴를 개발하여 제공해야 하고 식품 안전이 더욱 강조된다.

[그림 1-15] 2018 평창동계올림픽 케이터링 서비스 부문 공식 후원 협약식

출처: 신세계 푸드 http://www.shinsegaefood.com

1장 실습서 작성

1. 급식소 조직도 그리기

______ 급식소 조직도

- 급식소 유형:
- 급식소 운영형태:
- 작성자:

2. 영양사 직무 분석하기

영양사 직무 명세서	
직무명	
담당부서	
직속상관	
근무시간	
직무요약	
기본조건	
관련 자격증	
직무내용	
명세서	

3. 단체급식소 현황 (급식관리자 인터뷰)

• 단체급식소를 방문하여 급식 관리자 인터뷰를 통하여 단체급식소 현황 (식수인원, 급식인력, 운영방침 등)을 조사하여 보자.
• 인터넷 사이트(관련 국가기관, 협회 등)를 방문하여 단체급식과 관련된 각종 통계자료를 찾아 발표해보자.

CHAPTER 02

식단 계획 및 메뉴관리

1. 식단 계획
2. 메뉴관리

□ 실습서

학습목표

1. 영양계획의 단계를 설명할 수 있다.
2. 식사구성안을 이용하여 식단을 작성할 수 있다.
3. 메뉴의 개념을 정의하고 메뉴의 유형을 분류할 수 있다.
4. 메뉴를 개발 과정을 설명할 수 있다.
5. 메뉴 평가방법을 제시하고 설명할 수 있다.

1. 식단 계획

1) 식단 계획

(1) 식단 계획의 의의

식단 계획은 급식대상에 따른 영양기준량에 의하여 식품을 선정하는 것부터 출발하여 사용량 확정, 식품의 구입, 조리방법의 선정, 배식까지의 계획을 구체적으로 세우는 일로, 경제면, 위생면, 능률면 등을 고려하고, 우수한 식품을 선택하여 식사의 목표와 일치하는 식사를 위한 일체의 계획과 실천을 위한 관리이다.

(2) 식단 계획의 필요성

- 알맞은 영양량을 공급
- 합리적인 식품을 선택 – 영양량과 알맞은 영양을 섭취하기 위한 식품을 선택
- 시간과 노력을 배분 – 식단작성, 발주, 조리, 배식, 평가의 일괄 계획 가능
- 경제적인 낭비를 막을 수 있음
- 균형 잡힌 영양섭취
- 식품선택의 다양화로 식습관을 바람직한 방향으로 유도
- 피급식자로 하여금 신뢰감과 공동체 의식 유발

(3) 식단 작성 시 고려사항

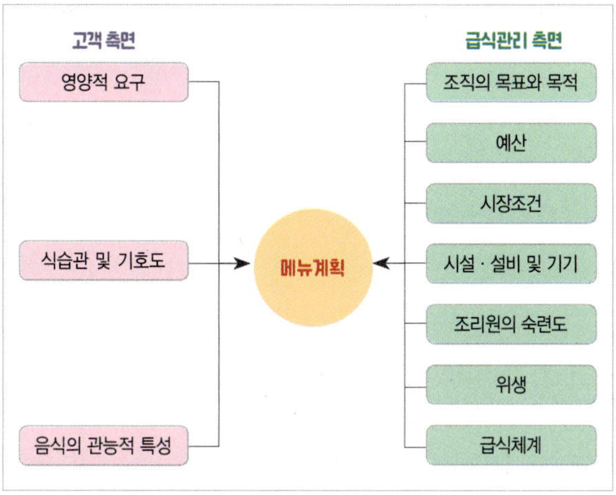

[그림 2-1] 식단 작성 시 고려사항

영양계획을 위한 식단 작성 시 고객측면과 급식경영측면에서 고려해야 한다. 즉, 급식대상자의 성별, 연령별 특성에 따른 영양필요량을 구하여 이것을 식단작성의 목표로 한다. '한국인의 영양소 섭취기준'에 의해 영양공급 목표량을 산정하여 식품 구성을 작성하고, 이를 바탕으로 식단을 작성한다. 또한 급식 예산에 맞춘 식단 계획, 조리종사원의 확보, 조리기계 및 기구의 정비, 급식능률성 및 위생관리에 대한 계획을 세운다.

1 영양적 요구

동일한 고객에게 지속적으로 식사를 제공할 경우(단체급식 등) 필수적인 고려사항이다. 메뉴 계획 시 적용하는 영양적인 요소는 모든 사람들의 생활수준에 따라 다르며 대사과정도 연령, 성별, 활동성에 따라 열량 요구량도 다르기 때문에 이를 고려하여야 한다. 특히 최근에 메뉴에 대한 관심은 음식 그 자체에 자연, 건강, 영양, 맛, 분위기 조화 등에 미치는 요소들에 대한 관심이 고조되므로 메뉴를 계획할 때 이러한 요인들이 고려되어야 한다.

2 식습관과 기호성

피급식자의 기호도를 충족시킬 수 있는 식단을 작성하고, 잘못된 식습관은 지속적인 영양교육을 통해 개선시키도록 한다.

3 식품의 선택요령

식품의 배합, 맛의 조화, 질감의 변화, 색의 조화를 생각하여 조리방법을 강구하도록 한다.

■ 식재료의 다양성

- 성장발육 및 건강유지에 필요한 5가지 식품군이 골고루 들어가도록 구성
- 주재료의 중복 사용을 피함
- 가공식품 보다는 자연식품을 이용
- 밥은 혼식하도록 하고, 다양한 잡곡을 이용
- 식이섬유가 많이 들어 있는 식품을 선택
- 비타민, 무기질의 급원인 채소와 과일 등은 신선한 상태로 공급
- 칼슘을 제공할 수 있도록 우유 및 유제품 사용을 적극 활용
- 콜레스테롤과 포화지방산이 많은 식품은 피함

■ 조리법의 다양성

- 조리원의 능력과 기술, 인력 등을 고려하여 식단을 작성하고, 조리법을 다양하게 함으로써 기호도를 충족시킬 수 있도록 함
- 다양한 조리법에 의해 식단을 구성
- 기호도가 낮은 채소를 다양한 조리방법으로 제공하여 친밀감을 증가
- 조미료의 사용은 자제 하고, 음식 고유의 맛을 내도록 함
- 새로운 식품과 조리법을 소개하여 다양한 음식을 경험하고, 미각이 발달되도록 함

■ 식품 간의 조화를 고려

- 음식 색의 조화를 고려. 빨강, 노랑, 초록 및 우리나라 전통 오방색 등 다양한 색 구성
- 음식의 질과 맛, 농도, 향기, 형태, 담는법, 조리법, 시각적인 면, 온도, 색채 등 식단의 조화
- 한 두가지 식품만 집중적으로 제공하지 않도록 함
- 지용성 비타민이 함유된 식품은 조리시 함께 먹으면 영양소 소화, 흡수를 도와주도록 식단 구성
- 함께 먹으면 영양소를 파괴하거나 소화, 흡수를 방해하는 식품의 조합을 피함

4 예산에 알맞은 식품소비

지역에서 생산되는 식품과 계절식품을 선택, 저장하는 요령은 급식비를 경제적으로 운영할 수 있게 하고 영양적으로도 이점이 있다.

5 조리기구 및 시설의 수용능력(능률성 제고)

식단 구상 시 주방의 설비나 시설이 새로운 메뉴에 대처 가능한지 점검할 필요가 있다. 종사원의 수준과 함께 기존 장비에 문제가 있다거나 새로운 장비의 구입이 필요하다면 경우에 따라 식단의 진행을 제고해야 한다.

6 위생적인 배려

급식소 내에서 식재료의 검수부터 생산, 배식까지 식재료의 취급, 개인위생, 시설 및 설비의 위생관리가 가능한지를 검토하여 식단을 계획하여야 한다.

(4) 식단계획순서

일반적인 식단계획순서는 다음과 같다.

• 영양목표량 설정 → 식품구성 결정 → 메뉴(식단)구성 결정 → 1일 식단표 완성 → 1일 메뉴 영양량 확인 · 수정

1 영양목표량 설정(영양소 섭취기준 산출)

영양소 및 에너지 적정섭취기준은 한국인 영양소 섭취기준(Dietary Reference Intakes Koreans, KDRIs)에 따른 권장안을 따른다. 한국인 영양소 섭취기준은 우리나라 국민의 건강을 유지·증진하고 식사와 관련된 만성질환을 예방하여 궁극적으로 국민의 건강수명을 연장하기 위한 목적으로 설정된 에너지 및 영양소 섭취량 기준이다. 최근 개정된 2020 한국인 영양소 섭취기준에는 안전하고 충분한 영양을 확보하는 기준치(평균필요량, 권장섭취량, 충분섭취량, 상한섭취량)와 식사와 관련된 만성질환 위험감소를 고려한 기준치(에너지적정비율, 만성질환위험감소섭취량)를 제시하고 있다.

<표 2-1> 한국인 영양소 섭취기준의 구성

출처: 보건복지부 · 한국영양학회(2021, 2020 한국인 영양소 섭취기준 활용연구)

평균필요량 (EAR) Estimated Average Requirement	• 영양소의 필요량에 대한 과학적 근거가 충분한 경우 설정 가능 • 건강한 사람들의 일일 영양소 필요량의 중앙값으로부터 산출한 수치 • 에너지의 경우, 개인의 에너지 필요량 측정이 제한적이므로 에너지 소비량을 통해 추정하므로 '에너지필요추정량(Estimated Energy Requirements, EER)' 용어 사용
권장섭취량 (RNI) Recommended Nutrient Intake	• 영양소의 필요량에 대한 과학적 근거가 충분한 경우 설정 가능 • 인구집단의 약 97~98%에 해당하는 사람들의 영양소 필요량을 충족시키는 섭취 수준
충분섭취량 (AI) Adequate Intake	• 대상 인구집단의 건강을 유지하는 데 충분한 양을 설정한 수치 • 영양소의 필요량을 추정하기 위한 과학적 근거가 부족할 경우, 실험연구 또는 관찰연구에서 확인된 건강한 사람들의 영양소 섭취량 중앙값을 기준으로 설정
상한섭취량(UL) Tolerable Upper Intake Level	• 인체에 유해한 영향이 나타나지 않는 최대 영양소 섭취 수준 • 과잉섭취로 인한 건강문제 예방을 위해 설정하므로 과량 섭취의 유해 영향에 대한 과학적 근거 확보 시 설정 가능
만성질환위험감소 섭취량 (CDRR) Chronic Disease Risk Reduction intake	• 건강한 인구집단에서 만성질환의 위험을 감소시킬 수 있는 영양소의 최저 수준의 섭취량 • 영양소 섭취와 만성질환 간 인과적 연관성과 만성질환의 위험을 감소시킬 수 있는 구체적 섭취 범위를 고려하여 설정
에너지적정비율 (AMDR) Acceptable Macronutrient Distribution Range	• 각 영양소를 통해 섭취하는 에너지양이 전체 에너지 섭취량에서 차지하는 비율의 적정범위 제시 • 에너지 공급 영양소(탄수화물, 지질, 단백질)에 대한 에너지 섭취비율과 건강 간 관련성에 대한 과학적 근거에 따라 설정

열량은 구성원의 연령, 성별, 생활 강도에 따라 영양섭취기준을 산출하며, 개인을 대상으로 식사계획을 할 때에는 영양소 섭취기준의 권장섭취량이나 충분섭취량을 제공할 수 있도록 식단을 계획하여야 한다. 또한 식사계획 시에는 평균필요량을 영양섭취 목표로 삼지 않으며, 만약 평소 섭취량이 평균필요량 이하면 권장섭취량 수준이 되도록 권장하여야 한다.

집단을 대상으로 하는 급식소에서는 대상의 집단의 연령, 성별 등 특성을 파악하고, 대상의 영양부족이나 과잉의 위험을 최소화 하고자 섭취량의 중앙값이 충분섭취량이 되도록 하고 평균필요량 미만과 상한섭취량 이상 섭취하는 사람의 비율이 최소화 되도록 계획하여야 한다.

집단급식소의 영양기준량은 전체 고객의 영양기준량의 총합을 고객 총 인원수로 나누어 영양기준량을 산출하고, 점심만 제공하는 경우 1일 영양기준량의 1/3 이상 공급한다. 또한 급식 횟수에 따라 영양량 배분량이 달라지며 피급식자의 하루생활주기(생활시간조사)나 급식 외의 식사내용을 고려한 아침, 점심, 저녁의 영양 배분비율은 1 : 1 : 1 또는 1 : 1.5 : 1.5, 점심 식사 후부터 저녁 전까지 활동이 많은 육체 노동자의 경우 1 : 1.5 : 1.2로 점심의 비율을 높여 제공하여야 한다. 간식은 하루 에너지 목표량의 10~15% 이내로 제공하여야 한다.

<표 2-2> 개인 및 집단의 식사계획 시 영양소 섭취기준의 활용

출처: 보건복지부 · 한국영양학회(2021, 2020 한국인 영양소 섭취기준 활용연구)

	개인을 대상으로 하는 경우	집단을 대상으로 하는 경우
평균필요량	개인의 영양섭취목표로 사용하지 않음	평소 섭취량이 평균필요량 미만인 사람의 비율을 최소화하는 것을 목표로 함
권장섭취량	평소 섭취량이 평균필요량 이하인 사람은 권장섭취량을 목표로 함	집단의 식사계획 목표로 사용하지 않음
충분섭취량	평소 섭취량을 충분섭취량에 가깝게 하는 것을 목표로 함	집단에 있어서 섭취량의 중앙값이 충분섭취량이 되도록 하는 것을 목표로 함
상한섭취량	평소 섭취량을 상한섭취량 미만으로 함	평소 섭취량이 상한섭취량 이상인 사람의 비율을 최소화하도록 함

2 영양목표량 설정

에너지	에너지의 경우 과량섭취하거나 필요량에 못 미치는 것은 모두 문제가 될 수 있다. 식단계획에 있어서 에너지 제공량은 한국영양섭취기준(KDRIs)에 제시된 연령별, 성별 에너지 추정량을 활용하여 급식 대상자의 활동수준에 맞게 고려하여 조정
탄수화물	총 열량의 55~65%를 권장
단백질	총 열량의 7~20%를 권장 – 필수아미노산의 섭취를 위해 동물성 단백질을 1/3 이상으로 계획하고 성장기라도 반을 넘지 않도록 함
지방	– 총 열량의 15~30%를 권장 ① n–6지방산은 총 열량의 4~10%, n–3계 지방산은 1% 내외를 섭취함 ② 다가 불포화지방산(PUFA), 단일 불포화지방산(MUFA), 포화지방산 섭취비율은 1 : 1~1.5 : 1이 바람직함
무기질 및 비타민	① 국민영양조사 시 매년 : • 칼슘은 영양권장량의 미달 • 철분은 권장량보다 높게 섭취 • 임신부 및 노인층에서는 빈혈 증세 • 칼슘과 철분의 양과 흡수조건을 고려(50대 이상 여성→칼슘 권장섭취량 800mg) ② 열량 제한이나 기타 영양소의 제한이 필요한 병인식을 섭취할 때는 비타민, 무기질을 보충
식이섬유	식이섬유는 대장의 운동을 촉진시켜 변이 내장을 통과하는 시간을 짧게 하고 배변량을 증가시켜 배변이 원활해지므로 변비와 관련된 증상이 호전되고, 따라서 체중조절에 도움이 된다. 식이섬유는 섭취량의 중앙값이 충분섭취량이 되도록 한다. 껍질째 먹는 과일이나 도정이 덜되거나 통곡식이나 해조류, 견과류 등을 제공한다. 식이섬유의 1일 충분섭취량은 1세 이상 어린이와 청소년은 15~30g, 성인남자 30g · 여자 20g, 노인남자 25g · 여자 20g이다.

3 식사구성안을 활용한 계획

식사구성안은 일반인이 복잡하게 영양가 계산을 하지 않고도 영양소 섭취기준을 충족할 수 있도록 식품군별 대표 식품과 섭취 횟수를 이용하여 식사의 기본 구성 개념을 설명한 것이다. 식사구성안을 활용하여 식단을 작성하면 한국인 영양소 섭취기준에서 제시한 영양목표에 가까운 식단을 일반인도 간단하고 편리하게 계획할 수 있다.

식사구성은 영양성분량이 비슷한 식품군별로 식품의 종류와 분량을 결정하여 제시하도록 하며 6가지 식품군을 활용하여 매 끼니마다 균형된 식단을 작성하도록 한다. 식품구성은 식사구성안과 식품교환을 이용하여 결정(식사구성안은 일반인, 식품교환표는 식사조절이 필요한 경우 이용함)하도록 한다.

■ **식사구성안의 일반적 개념과 목표**

1. 건강인의 건강 증진을 위한 것임
2. 과학적인 근거를 기반으로 식사구성안을 개발해야 하며, 그러기 위해서는 최신 연구 결과와 국민건강 영양조사의 최신 조사 결과를 반영해야 함
3. 식사구성안은 한국인의 식생활지침에도 부합되도록 전반적인 식생활을 포함하는 내용으로 권장함
4. 식사구성안은 일반인들이 사용하기 쉽고 간편해야 함
5. 식사구성안은 영양소 섭취기준의 목표가 실제 식생활에 적용이 가능해야 함
6. 식사구성안은 사용자의 개인 선호 식품에 따라 동일한 식품군 내에서 식품의 변화를 주고자 할 때 식품의 대체가 용이하며, 변경한 식품은 식품 간의 영양소가 충족되어야 함

<표 2-3> 주요식품 1인 1회 분량에 해당하는 횟수

6군식품	품목	식품명	1회분량 (g)	횟수[1)]
곡류 (300kcal)	곡류	백미, 보리, 찹쌀, 현미, 조, 수수, 기장, 팥, 귀리, 율무	90	1회
		옥수수	70	0.3회
		쌀밥	210	1회
	면류	국수/메밀국수/냉면국수(말린 것)	90	1회
		우동/칼국수(생면)	200	1회
		당면	30	0.3회
		라면사리	120	1회
	떡류	가래떡/백설기	150	1회
	빵류	식빵	35	0.3회
	시리얼류	시리얼	30	0.3회

6군식품	품목	식품명	1회분량(g)	횟수[1)]
곡류 (300kcal)	감자류	감자	140	0.3회
		고구마	70	0.3회
	기타	묵	200	0.3회
		밤	60	0.3회
		밀가루/전분/빵가루/부침가루/튀김가루(혼합)	30	0.3회
	과자류	과자(비스킷, 쿠키)	30	0.3회
		과자(스낵)	30	0.3회
고기 · 생선 · 달걀 · 콩류 (100kcal) 평균 단백질 함량은 10g	고기류	쇠고기, 돼지고기, 닭고기, 오리고기	60	1회
		돼지고기가공품(햄, 소시지, 베이컨)	30	1회
	어패류	고등어, 명태/동태, 조기, 꽁치, 갈치	70	1회
		다랑어(참치), 대구, 가자미, 넙치/광어, 연어	70	1회
		바지락, 게, 굴, 홍합, 전복, 소라	80	1회
		오징어, 새우, 낙지, 문어, 쭈꾸미	80	1회
		건멸치, 건오징어, 건새우, 뱅어포, 명태(말린 것)	15	1회
		다랑어(참치통조림)	60	1회
		어묵, 게맛살	30	1회
		어류젓	40	1회
	난류	달걀, 메추리알	60	1회
	콩류	대두, 녹두, 완두콩, 강낭콩, 렌틸콩	20	1회
		두부	80	1회
		두유	200	1회
	견과류	땅콩, 아몬드, 호두, 잣, 해바라기씨, 호박씨, 은행, 캐슈넛	10	0.3회
채소류 (15kcal)	채소류	파, 양파, 당근, 무, 애호박, 오이, 콩나물, 시금치, 상추, 배추, 양배추, 깻잎, 피망, 부추, 토마토, 쑥갓, 무청, 홍고추, 숙주나물, 고사리, 미나리, 파프리카, 양상추, 치커리, 샐러리, 브로콜리, 가지, 아욱, 취나물, 고춧잎, 단호박, 늙은호박, 고구마 줄기, 풋마늘, 마늘쫑	70	1회
		배추김치, 총각김치, 열무김치, 깍두기, 단무지, 오이소박이	40	1회
	해조류	미역(마른 것), 다시마(마른 것)	10	1회
		김	2	1회
	버섯류	느타리, 표고, 양송이, 팽이, 새송이버섯	30	1회

6군식품	품목	식품명	1회분량(g)	횟수[1]
과일류 (50kcal)	과일류	수박, 참외, 딸기	150	1회
		사과, 귤, 배, 바나나, 감, 포도, 복숭아, 오렌지, 키위, 파인애플, 블루베리, 자두	100	1회
		대추(말린 것)	15	1회
우유·유제품류 (125kcal)	우유	우유	200	1회
	유제품	치즈	20	0.5회
		요구르트(호상)	100	1회
		요구르트(액상)	150	1회
		아니스크림, 셔벗	100	1회
유지·당류 (45kcal)	유지류	참기름, 콩기름, 들기름, 유채씨기름, 옥수수기름, 올리브유, 해바라기유, 포도씨유, 미강유, 버터, 마가린, 들깨, 흰깨, 깨, 커피 크림	5	1회
		커피믹스	12	1회
	당류	설탕, 물엿, 꿀	10	1회

4 메뉴(식단)구성 결정

메뉴 구성이란 3끼, 1끼 등 급식 횟수와 밥, 국, 김치, 부찬, 간식 등 메뉴 품목의 수를 구성하는 것을 말한다. 메뉴 구성 시, 급식대상자의 기호도를 고려하여 음식 수를 계획을 세우도록 한다. 1끼를 제공하는 급식소인 경우 국이나 찌개 1회, 주반찬 1회, 나물류(부반찬) 2회, 김치로 구성된 경우 1달치의 밥은 30회, 국 30회, 주반찬 30회, 부반찬 60회, 김치 30회의 계획을 세우도록 한다(예시: 밥 30회 중 보리밥, 3회, 콩밥, 3회, 완두콩밥 5회, 흰 쌀밥 19회 등과 같음).

5 1일 식단표 작성

- 권장식사패턴의 양에 따라 메뉴표를 보고 식단표를 작성한다.
- 식단표는 조리종사자에게는 작업지시서가 되는 중요한 도구로서, 식단표 작성 시 음식에 필요한 식재료 종류와 양, 급식인원수, 출고계수 혹은 원산지 표시, 알레르기(allergy) 유발식품 표시 등도 표시하도록 한다.

• 이 밖에도, 식단표는 제공 영양량 평가, 메뉴평가 등 급식 전반 평가에 이용된다.

<표 2-4> 9~64세 여성 권장식단 (1,900kcal, B타입)

출처: 보건복지부 · 한국영양학회(2021, 2020 한국인 영양소 섭취기준 활용연구)

메뉴	분량	아침	점심	저녁	간식
		쌀밥 닭곰탕 돼지고기브로콜리볶음 미역줄기나물 깍두기	열무비빔국수 삶은달걀 채소튀김 동치미 오렌지	잡곡밥 대구탕 두부조림 숙주나물 배추김치	방울토마토 키위 우유
곡류	3회	쌀밥 210g (1)	소면 90g (1)	잡곡밥 210g (1)	
고기 · 생선 · 달걀 · 콩류	4회	닭고기 60g (1) 돼지고기 30g (0.5)	달걀 60g (1)	대구 70g (1) 두부 40g (0.5)	
채소류	8회	파 35g (0.5) 브로콜리 35g (0.5) 미역줄기 35g (0.5) 깍두기 40g (1)	열무김치 20g (0.5) 당근 35g (0.5) 양파 35g (0.5) 동치미 40g (1)	무 35g (0.5) 숙주나물 35g (0.5) 배추김치 40g (1)	방울토마토 70g (1)
과일류	2회		오렌지 100g (1)		키위 100g (1)
우유 · 유제품류	1회				우유 200mL (1)
유지 · 당류	4회	유지 및 당류는 조리 시 가급적 적게 사용 할 것을 권장함			

– 총 에너지(kcal): 1882.3kcal; 탄수화물, 단백질, 지방 섭취비율(%): 탄수화물(55.3%), 단백질(19.2%), 지방(25.5%)

구분	식단	식단사진	
		식사	간식
아침	쌀밥 닭곰탕 돼지고기브로콜리볶음 미역줄기나물 깍두기		방울토마토 키위 우유 
점심	열무비빔국수 삶은달걀 채소튀김 동치미 오렌지		
저녁	잡곡밥 대구탕 두부조림 숙주나물 배추김치		

■ 식사구성안을 활용한 식단 작성법

1) 자신에게 적합한 1일 에너지필요량 확인하기

• 성인여자

···▸ 354 – 6.91 x 연령(세) + PA[9.36 X 체중(kg) + 726 x 신장(m)]

···▸ PA(신체활동계수): 1.0(비활동적), 1.12(저활동적), 1.27(활동적), 1.45(매우 활동적)

• 성인남자

···▸ 662 – 9.53 x 연령(세) + PA[15.91 x 체중(kg) + 539 x 신장(m)]

···▸ PA(신체활동 계수): 1.0(비활동적), 1.11(저활동적), 1.25(활동적), 1.48(매우 활동적)

예 신장 158cm, 체중 59kg. 신체활동이 적은 48세 여성

···▸ 에너지 필요량 = 354 – 691 × 48 + 1.12 x (9.36 x 59 + 726 × 1.58) = 1,926 kcal

이 때 에너지 필요량은 현재 체중 유지에 필요한 양이다.

<성별·연령별 에너지 섭취기준 이용표>

연령(신체활동단계)	저활동적		활동적		매우 활동적	
0~5개월	500					
6~11개월	600					
1~2세	900					
3~5세	1,400		1,600		1,800	
	남자	여자	남자	여자	남자	여자
6~8세	1,700	1,500	1,900	1,700	2,200	2,100
9~11세	2,000	1,800	2,300	2,000	2,700	2,400
12~14세	2,500	2,000	2,900	2,300	3,300	2,800
15~18세	2,700	2,000	3,200	2,300	3,700	2,800
19~29세	2,600	2,000	2,900	2,300	3,400	2,600
30~49세	2,500	1,900	2,800	2,200	3,200	2,500
50~64세	2,200	1,700	2,500	2,000	2,900	2,300
65~74세	2,000	1,600	2,300	1,800	2,700	2,100
75세이상	1,900	1,500	2,200	1,700	2,600	2,000
임신부	+0 +340 +450					
수유부	+340					

2) 에너지필요량에 적절한 권장식사패턴 선택하기

<생애주기별 권장식사패턴(A, B타입)>

A타입						열량	B타입					
곡류	고기·생선·달걀·콩류	채소류	과일류	우유·유제품류	유지·당류	(kcal)	곡류	고기·생선·달걀·콩류	채소류	과일류	우유·유제품류	유지·당류
1	1.5	4	1	2	2	900						-
1	1.5	4	1	2	3	1,000	1.5	1.5	5	1	1	2
1.5	1.5	4	1	2	3	1,100	1.5	2	5	1	1	3
1.5	2	5	1	2	3	1,200	2	2	5	1	1	3
1.5	2	6	1	2	4	1,300	2	2	6	1	1	4
2	2	6	1	2	4	1,400	2.5	2	6	1	1	4
2	2.5	6	1	2	5	1,500	2.5	2.5	6	1	1	4
2.5	2.5	6	1	2	5	1,600	3	2.5	6	1	1	4
2.5	3	6	1	2	5	1,700	3	3.5	6	1	1	4
3	3	6	1	2	5	1,800	3	3.5	7	2	1	4
3	3.5	7	1	2	5	1,900	3	4	8	2	1	4
3	3.5	7	2	2	6	2,000	3.5	4	8	2	1	4
3	4	8	2	2	6	2,100	3.5	4.5	8	2	1	5
3.5	4	8	2	2	6	2,200	3.5	5	8	2	1	6
3.5	5	8	2	2	6	2,300	4	5	8	2	1	6
3.5	5	8	3	2	6	2,400	4	5	8	3	1	6
3.5	5.5	8	3	2	7	2,500	4	5	8	4	1	7
3.5	5.5	8	4	2	8	2,600	4	6	9	4	1	7
4	5.5	8	4	2	8	2,700	4	6.5	9	4	1	8
4	6	8	4	2	8	2,800						-

※ 하루에 우유 · 유제품류를 2회 섭취를 권장하는영유아 및 아동 · 청소년 대상의 A형과1회 섭취를 권장하는 성인 · 노인 대상의 B형이 구분한다

3) 각 식품군별 식품의 섭취횟수 확인 및 배분하기

에너지 (kcal)	곡류	고기·생선· 달걀·콩류	채소류	과일류	우유· 유제품류	유지·당류
1,900B 섭취횟수	3회	4회	8회	2회	1회	4회

- 식품군별 식품의 1인 1회 분량을 확인하고 세 끼니에 적절하게 배분한다.

	섭취 횟수	아침	점심	저녁	간식
곡류	3회	1	1	1	
고기·생선·달걀·콩류	4회	1.5	1	1.5	
채소류	8회	2.5	2.5	2	1
과일류	2회		1		1
우유·유제품류	1회				1
유지·당류	4회	유지 및 당류는 조리 시 가급적 적게 사용하는 것을 권장한다.			

4) 식품섭취량 계산 및 메뉴 결정하기

메뉴	분량	아침	점심	저녁	간식
		 쌀밥, 닭곰탕 돼지고기브로콜리볶음, 미역줄기나물, 깍두기	 열무비빔국수, 삶은달걀, 채소튀김, 동치미, 오렌지	 잡곡밥, 대구탕, 두부조림, 숙주나물,배추김치	 방울토마토, 키위, 우유
곡류	3회	쌀밥 210g (1)	소면 90g (1)	잡곡밥 210g (1)	
고기·생선· 달걀·콩류	4회	닭고기 60g (1) 돼지고기 30g (0.5)	달걀 60g (1)	대구 70g (1) 두부 40g (0.5)	
채소류	8회	파 35g (0.5) 브로콜리 35g (0.5) 미역줄기 35g (0.5) 깍두기 40g (1)	열무김치 20g (0.5) 당근 35g (0.5) 양파 35g (0.5) 동치미 40g (1)	무 35g (0.5) 숙주나물 35g (0.5) 배추김치 40g (1)	방울토마토 70g (1)
과일류	2회		오렌지 100g (1)		키위 100g (1)
우유· 유제품류	1회				우유 200mL (1)
유지·당류	4회	유지 및 당류는 조리 시 가급적 적게 사용 할 것을 권장함			

* 총 열량(kcal): 1882.3 kcal; 탄수화물, 단백질, 지방 섭취비율(%): 탄수화물(55.3%), 단백질(19.2%), 지방(25.5%)

■ 권장식사패턴을 활용한 식단작성 시 고려사항

① 한국인에게 부족한 영양소가 함유된 식품을 자주 섭취한다.

한국인에게 부족한 영양소	내용
칼슘	우유, 유제품류 1일 1~2회 섭취 칼슘강화 유제품을 선택 우유가 소화 안 되는 경우, 요구르트와 같은 발효유 섭취
철분	살코기, 고등어, 달걀노른자, 당근, 시금치, 깻잎 등을 자주 섭취 식물성 급원보다는 철 흡수율이 높은 동물성 식품 섭취
식이섬유	쌀밥보다는 잡곡밥으로 채소반찬은 매끼 1~2가지 이상 섭취 과일은 1일 1~2회 섭취 주스보다는 나물, 생채소, 생과일 형태로 섭취

② 단순당과 동물성 지방의 과도한 섭취는 피한다.

비만이나 심혈관질환의 질병력이 있는 경우 일반 우유에 비해 열량과 포화지방 함량이 적은 저지방 우유를 선택한다.

간식 선택 시 설탕이나 과당이 많이 함유된 빵이나 과자보다는 감자, 고구마, 과일 등을 선택하도록 한다.

바나나우유, 커피우유 등과 같은 가공우유는 흰우유에 비해 단순당 함량이 높으므로 주의한다.

동물성 지방 섭취를 줄이기 위해 육류 선택 시 기름기가 적은 살코기 부위를 주로 이용하며, 눈에 보이는 지방과 기름은 제거하도록 한다.

③ 나트륨은 만성질환위험감소섭취량 미만으로 섭취하도록 노력한다.

메뉴 선택에 있어 김치, 장아찌류, 가공식품 등의 선택을 줄인다.

조리 시 소금, 간장, 된장, 고추장 등의 사용을 최소화한다.

국이나 찌개, 김치 국물의 섭취를 제한하도록 한다.

④ 술, 탄산음료는 최대한 제한한다.

특히, 생애주기별·성별 주요 영양문제를 고려하여 급식 대상이 속한 생애주기에 과잉 또는 부족하기 쉬운 영양소의 공급을 적절히 조율하여 제공하도록 한다.

• **제5조(학교급식의 영양관리기준 등)** ① 법 제11조 제2항에 따른 학교급식의 영양관리기준
② 제1항의 기준에 따라 식단작성시 고려하여야 할 사항은 다음 각 호와 같다.
1. 전통 식문화(食文化)의 계승·발전을 고려할 것
2. 곡류 및 전분류, 채소류 및 과일류, 어육류 및 콩류, 우유 및 유제품 등 다양한 종류의 식품을 사용할 것
3. 염분·유지류·단순당류 또는 식품첨가물 등을 과다하게 사용하지 않을 것
4. 가급적 자연식품과 계절식품을 사용할 것
5. 다양한 조리방법을 활용할 것

출처:법제처

https://www.law.go.kr/LSW/lsSc.do?dt=20201211&subMenuId=15&menuId=1&query=%ED%95%99%EA%B5%90%EA%B8%89%EC%8B%9D%EB%B2%95#undefined

<표 2-5> 생애주기별, 성별 주요 영양문제

생애주기별 · 성별		주요 영양문제
6–8세 아동		당 섭취 과다 〉 나트륨 섭취 과다, 간식 섭취 과다
9–11세		당 섭취 과다 〉 간식 섭취 과다 〉 나트륨 섭취 과다
12–14세		청소년 당 섭취 과다 〉 나트륨 섭취 과다
15–18세 청소년	남자	편의점 식품의 잦은 섭취 〉 포화지방 섭취 과다 〉 아침 결식
	여자	편의점 식품의 잦은 섭취 〉 아침 결식 〉 당 섭취 과다
19–29세 성인	남자	잦은 외식 〉 과다한 알코올 섭취 〉 편의점 식품의 잦은 섭취
	여자	잦은 외식 〉 아침 결식 〉 나트륨 섭취 과다
30–49세 성인	남자	과다한 알코올 섭취 〉 나트륨 섭취 과다 〉 콜레스테롤 섭취 과다
	여자	나트륨 섭취 과다 〉 칼슘 섭취 부족 〉 비타민 D 섭취 부족
50–64세 성인	남자	나트륨 섭취 과다 〉 과다한 알코올 섭취 〉 칼슘 섭취 부족
	여자	칼슘 섭취 부족 〉 나트륨 섭취 과다 〉 비타민 D 섭취 부족
65–74세 노인	남자	나트륨 섭취 과다 〉 칼슘 섭취 부족 〉 비타민 D 섭취 부족
	여자	칼슘 섭취 부족 〉 비타민 D 섭취 부족 〉 나트륨 섭취 과다
75세 이상 노인	남자	칼슘 섭취 부족 〉 단백질 섭취 부족, 나트륨 섭취 과다, 비타민 D 섭취 부족
	여자	칼슘 섭취 부족 〉 단백질 섭취 부족 〉 비타민 D 섭취 부족

■ **식품구성자전거**

우리가 주로 먹는 식품들의 종류와 영양소 함유량, 기능에 따라 비슷한 것끼리 묶어 6가지 식품군으로 구분하고, 자전거 바퀴 모양을 이용하여 6가지 식품군의 권장식사패턴에 맞게 섭취 횟수와 분량에 따라 면적을 배분하여 일반인들의 이해를 돕기 위해 개발된 식품모형이다.

식품구성자전거는 권장식사패턴을 반영한 균형 잡힌 식단과 규칙적인 운동이 건강을 유지하는 데에 중요함을 전달하고자 제작하였고 아울러 수분의 적당한 섭취가 중요함을 강조하기 위하여 앞바퀴에 물이 담긴 컵을 표시하고 있다.

<표 2-6> 2020 한국인 영양소 섭취기준 식품군별 식품구성자전거 대표식품

출처: 보건복지부 · 한국영양학회(2021, 2020 한국인 영양소 섭취기준 활용연구)

식품군	갯수	식품명(식품구성자전거)
곡류	9	현미밥, 쌀밥, 가래떡/백설기, 국수(말린 것), 식빵, 시리얼, 옥수수, 감자, 고구마
고기 · 생선 · 달걀 · 콩류	9	쇠고기(또는 돼지고기), 닭고기, 고등어, 오징어, 새우, 달걀, 완두콩(또는 강낭콩), 두부, 호두
채소류	8	당근, 오이, 고추, 브로콜리, 애호박, 배추김치, 김(마른 것), 표고버섯
과일류	8	수박, 딸기, 귤, 바나나, 포도, 사과, 블루베리, 자두
우유 · 유제품류	4	우유, 치즈, 요구르트(호상), 요구르트(액상)
유지 · 당류	3	설탕, 콩기름, 올리브유(또는 버터)
총합	41	

<그림 2-2> 식품구성자전거

출처: 보건복지부 · 한국영양학회(2021, 2020 한국인 영양소 섭취기준 활용연구)

<그림 2-3> 한국인을 위한 식생활지침

출처: 보건복지부 · 한국영양학회(2021, 2020 한국인 영양소 섭취기준 활용연구)

2. 메뉴관리

1) 메뉴의 개념

(1) 메뉴의 정의

메뉴란 프랑스어로 '자세한 목록'을 의미하며 이는 라틴어로 '축소하다'는 뜻인 'minutus'에서 유래하였다. 국내에서는 '차림표'(60년대)의 개념에서, '마케팅과 관리의 개념이 가미된 차림표'(70년대)로 정의되었고, 80년대부터는 '마케팅과 내부통제 도구'로 정의되고 있다. 즉, 오늘날의 메뉴란 급식운영에 있어 중추적인 역할을 담당하는 관리 및 통제도구이며, 동시에 중요한 마케팅 도구라고 할 수 있다.

2) 메뉴의 역할

기본적으로 메뉴는 급식소에서 제공하는 음식에 대한 정보를 제공한다.

구체적으로, 메뉴는 급식 운영에 밀접하게 관련되어 급식운영 시스템의 중심적인 기능을 수행한다. 조직의 목표와 고객의 요구에 맞게 메뉴가 계획되어 이에 따라 시설·설비계획과 기기가 선정되며 음식 생산과 서비스가 이루어지므로 메뉴는 급식 시스템의 핵심적인 요소라고 할 수 있다

3) 메뉴의 유형

(1) 메뉴품목 변화에 의한 분류

1 고정메뉴(fixed/ static menu): 일정기간 동안 메뉴품목의 변화 없이 지속적으로 제공되어지는 메뉴로 수요의 예측, 효율적인 통제 용이, 양질의 식사제공, 원가절감의 장점이 있는 반면 많은 수의 메뉴들이 재고 항목에 포함될 수 있다.

2 순환메뉴(cycle menu): 일정한 주기(주별, 월별, 계절별 등)에 따라 반복되는 형태로, 주로 단체급식을 하는 학교의 카페테리아·병원·회사의 구내식당, 군대 등에서 많이 이용되고 있다. 학교급식, 회사원 급식 등은 중식 1끼이므로 1개월 주기가 바람직하며, 병원 급식은 환자의 입원일수 평균값을 기준으로 하여 10일 주기 이상의 식단이 사용된다.
계절식품을 적절히 사용하여 메뉴의 변화를 주면 고객만족도를 향상시킬 수 있다.

▶ 장점
- 시간절약
- 조리과정의 능률화
- 작업부담의 고른 분배
- 이용 가능한 설비물을 잘 이용
- 식자재의 효율적 관리와 조리작업관리 및 표준화 용이
- 필요한 물품구입절차를 간소화하고 경제적으로 구입할 수 있음

▶ 단점
- 식단주기가 너무 짧을 경우 단조로움을 느낌
- 식단의 변화가 한정되어 섭취식품의 종류 제한
- 적당한 시기에 계절식품이 식단에 포함되지 않아 오히려 식비가 비쌀 수 있음

3 변동메뉴(changing menu): 급식소의 여건에 따라 식자재 수급 및 가격에 맞게 식단 작성 시마다 새로운 메뉴를 계획하는 것으로 학교급식 등 단체급식소에서 가장 많이 사용된다. 다양한 메뉴변화가 가능하여 메뉴에 대한 단조로움을 줄일 수 있고, 식자재 수급상황에 대처하기 쉽다는 장점이 있으나 식자재 재고부담 및 작업통제가 어려운 단점이 있다.

(2) 품목과 가격구성에 의한 분류

1 알라 카르테 메뉴(A la Carte Menu): 메뉴 품목마다 개별적으로 가격이 책정된 메뉴 형태로 레스토랑에서 많이 사용된다. 메뉴 품목마다 개별적으로 가격이 책정되어 있으며, 주메뉴, 샐러드, 수프, 애피타이저 등을 고객이 원하는 대로 개별 주문할 수 있다.

2 따블 도우떼 메뉴(Table D'hoteMenu): 요리의 종류와 순서가 미리 결정되어 있는 차림표를 정식(table d'hote)이라고 한다. 이 메뉴는 아침, 점심, 저녁, 연회 등을 막론하고 어느 때든지 사용할 수 있으며, 미각, 영양, 분량의 균형을 참작한 한 끼분의 식사로 요금도 한 끼분으로 표시되어 있어 고객의 선택이 용이하다. 재료의 한계로 반복되는 경우도 많으므로 주기적으로 새로운 메뉴를 작성하여 고객의 기대와 호기심을 충족시켜 주어야 한다.

(3) 선택성에 의한 분류

1 단일 식단(nonselective menu): 끼니마다 한가지 식단만 제공되는 형태로 메뉴에 대한 선택권이 없으므로 고객 불만이 생길 소지가 있다. 국내의 경우 군대급식이나 학교급식의 메뉴는 단일메뉴로 운영되는 곳이 많다.

2 부분선택식 식단(partially selective menu): 메뉴를 구성하는 주메뉴나 부반찬 일부를 선택할 수 있게 하는 메뉴 형태로 급식대상자는 그 중에서 기호에 맞는 것을 선택할 수 있어 단일메뉴의 단조로움을 어느 정도 피할 수 있는 장점이 있다.

3 선택식 식단(selective menu): 복수식단이나 카페테리아 형태로 고객이 자유로이 선택할 수 있도록 다양한 음식이 제공되어 고객의 기호를 충족시킬 수 있으나 지나친 기호에 의한 영양편중이 우려되고 식비의 과중부담이 초래될 수 있다. 레스토랑의 알라 카르테 메뉴도 여기에 속한다.

4) 메뉴개발과 평가

(1) 메뉴개발

고객의 요구 및 기호도를 반영하고 급식의 생산성 및 수익성을 제고하기 위해 지속적으로 메뉴는 수정 및 보완되어야 한다. 선호도가 높은 메뉴는 그대로 유지하고, 개선이 필요한 메뉴는 수정 및 보완해 나간다. 새로운 메뉴를 개발하는 과정은 일반적으로 다음과 같이 진행된다.

1 기존 메뉴의 평가와 신메뉴 개발

메뉴에 관한 정보를 먼저 수집하고 기존에 보유하고 있는 메뉴에 대한 재평가와 더불어 고객의 요구에 부합되는 새로운 메뉴 경향을 분석한다. 이를 위해서는 다른 단체급식소나 외식업체의 메뉴, 새로운 식재료 개발 정보, 음식이나 급식 관련 인터넷 사이트 등에서 제공되는 음식과 관련된 다양한 정보 및 아이디어를 수집한다.

2 단체급식 메뉴로서의 타당성 검토 및 적정 메뉴 선별

조사된 새로운 메뉴들에 대해 단체급식 메뉴로서의 타당성을 검토한다. 이때 급식소 유형 및 대상, 고객의 요구, 식재료 원가, 위생 및 안전성, 대량 조리 적용 가능성, 설비 및 기기 여건, 조리인력의 기술 수준 등을 고려하여 그 타당성을 평가하고 해당 급식소에 적합한 메뉴를 선별한다.

3 실험조리를 통한 메뉴개발

선별된 메뉴들은 실험조리를 거쳐 신메뉴로서의 적용 가능성을 평가한다. 실험조리를 통해 메뉴별 재료의 종류와 분량을 결정하고 수차례의 실험조리를 통해 조리 공정, 조리 후 배식까지의 변화, 전체적인 품질 수준 등을 평가한다.

4 메뉴시연 및 평가

실험조리를 통해 개발된 메뉴는 고색을 대상으로 메뉴 시연회를 개최하여 새로운 메뉴에 대한 반응 및 선호 경향을 평가하도록 한다.

5 표준 레시피 확정 및 메뉴 인덱스에 포함

최종 선정된 메뉴의 표준레시피를 확정하고 식재료 종류 및 분량, 조리과정, 영양가 분석치, 원가, 사용기기, 생산총량 등을 기재한다.

이와 같이 개발된 신메뉴를 메뉴 인덱스에 포함시키거나 전산 프로그램 내 메뉴 파일에 등록시킨다.

(2) 메뉴인덱스

고객 측면과 급식관리 측면이 모두 고려된 메뉴를 효과적으로 작성하기 위해서는 급식소 특성에 맞게 개발된 메뉴와 메뉴 인덱스가 있어야 한다.

메뉴 인덱스를 작성할 때는 급식소의 특성에 맞는 기준에 따라 분류 및 정렬한다. 예를 들어, 상차림에 따라 주식류, 부식류, 후식류 등으로 나눈다. 세부적으로 주식류는 밥, 면, 죽으로 부식류는 국/찌개/ 전골/ 부찬, 부찬은 조리법에 따라 볶음/튀김/부침/조림/구이/찜/나물/생채/김치 등으로 분류할 수 있다.

메뉴 인덱스는 사용하거나 검색하기 쉽게 관리되어야 하며 일정 기간마다 검토하고 필요에 따라 수정되어야 한다. 최근에는 많은 급식소에서 전산 프로그램이나 인터넷을 이용하여 메뉴 인덱스를 공동관리하고 있다.

(3) 메뉴(식단)평가

메뉴 평가는 고객측면과 급식경영 측면에서 메뉴를 종합적으로 평가하고 개선이 필요한 부분을 수정하는 것으로, 고객만족과 합리적인 급식관리를 위해서 반드시 실시되어야 한다. 메뉴는 음식의 영양적인 가치(충분한 영양소 함유, 영양소의 균형), 사용된 식재료의 등급(식품 신선도, 좋은 품질), 맛(온도, 양념, 질감, 향기, 조리된 상태, 익은 정도 등), 외양(색, 농도와 끈기, 배열상태, 모양, 1인 분량) 등을 기준으로 평가될 수 있다. 메뉴 평가 시 메뉴평가표를 작성하고 이용하는 것이 도움이 되며, 메뉴평가 방법에는 기호도 조사, 고객만족도 조사, 잔반량 조사 등이 있다. 또한, 마케팅적 접근에 의해 메뉴의 인기도와 수익성을 평가하는 기업으로 메뉴 엔지니어링이 있다.

1 기호도 조사

음식에 대한 기호도는 주로 기호척도를 이용하며 3점, 5점, 7점, 9점 척도를 사용하여 평가한다. 어린이를 대상으로 조사할 경우에는 이해하기 쉽도록 얼굴 모양으로 묘사된 '얼굴 모양 척도(facial hedonic scale)'가 널리 사용된다.

오늘 먹은 음식이 맛있었나요?

오늘 점심에 제공된 음식에 대해 어떻게 생각했는지 표시(V) 하세요.

음식명	
	 매우 맛있다 / 맛있다 / 그저 그렇다 / 맛없다 / 매우 맛없다

[그림 2-4] 어린이 대상 기호도 조사표

2 고객만족도 조사

제공되는 메뉴에 대해 고객의 의견을 종합 평가하여 메뉴운영에 반영하기 위해서 메뉴, 가격, 위생, 맛, 음식온도, 질감 등에 대한 설문조사를 실시한다.

학교급식 만족도 조사 설문지

이 설문지는 학생 여러분들의 급식 만족도를 조사하기 위한 것입니다. 이 조사는 학교급식 개선을 위한 정책수립의 기초 자료로만 활용되며, 응답 내용은 통계분석에만 사용할 것을 약속드립니다. 바쁘 시더라도 성의껏 응답하여 주시기 바랍니다.

1. 우리 학교 점심급식에 대해 평가해주세요.

※다음 각 내용을 읽고 해당되는 정도에 O표 하여 주십시오.	매우 그렇다 5	그렇다 4	그저 그렇다 3	그렇지 않다 2	전혀 그렇지 않다 1
1) 우리 학교급식은 맛있다고 생각한다.					
2) 우리 학교급식에서 내가 먹는 음식의 온도는 적당하다.					
3) 우리 학교급식에서 제공하는 음식의 양은 적당하다.					
4) 우리 학교급식에서는 다양한 종류의 음식이 제공된다.					
5) 우리 학교급식은 영양적으로 균형있는 식사이다.					
6) 우리 학교급식은 위생적이다.					
7) 우리 학교급식에 사용되는 식재료의 품질은 믿을 만하다.					
8) 우리 학교는 식사와 배식 시 질서에 관해 선생님이나 영양사가 지도를 해 주신다.					
9) 우리 학교에서는 급식에 관한 의견을 조사하거나 또는 건의함, 게시판 등을 통해 의견을 제출할 수 있다.					
10) 우리 학교에서는 급식메뉴(식단) 등에 관한 정보를 가정신문 등으로 제공한다.					
11) 우리 학교급식에서 배식은 원활하게 이루어진다.					
12) 나는 전반적으로 학교급식에 만족한다.					
13) 우리 학교 급식 식사 장소는 편안하다.					
14) 음식을 배식해 주시는 조리종사자, 학부모 도우미, 친구 등은 친절하다.					

기타 의견

♣ 응답해 주셔서 감사합니다.

[그림 2-5] 학교급식 만족도 조사지의 예(학생용)

3 잔반량 조사

음식에 대한 순응도를 측정하기 위해 잔반량을 측정한다. 잔반량 조사는 물리적 측정이나 훈련된 관찰자에 의한 목측, 식품 섭취자에 의한 회상 등의 방법으로 수행된다. 물리적 측정 시에는 자료 수집의 효율성을 높이기 위해 개인의 잔반을 일일이 측정하는 방법 대신 집단이 남긴 모든 잔반을 한꺼번에 모아서 측정하는 집합비선택계측법(aggregate nonselective plate waste measure technique)이나 음식 종류별로 잔반을 분류하여 측정하는 집합선택계측법(aggregate selective plate waste measure technique)이 널리 사용된다. 목측법은 잘 훈련된 관찰자가 용기에 남겨진 잔반을 보고 5점 척도(전부 남김, 3/4 남김, 1/2 남김, 1/4 이하 남김, 남지 않음) 등을 사용하여 평균 배식량 대비 잔반량을 판정해 자료화하는 방법이다. 회상법은 관찰자 대신 식품 섭취자에게 자신이 남긴 잔반량에 대해 판정하도록 하는 방법이다. 목측법과 회상법은 물리적 측정에 드는 시간이나 노동을 절약할 수 있어 효율적이나 척도 사용으로 인해 정확도가 떨어지며, 특히 회상법은 섭취자의 기억에 의존해야 하므로 더욱 그러하다.

3 메뉴 엔지니어링

메뉴 엔지니어링(menu engineering)은 마케팅적 접근에 의해 메뉴의 인기도와 수익성을 평가하는 기법으로, 식재료비 비율로만 메뉴에 대한 수익성을 평가하지 않고 메뉴의 마진과 급식대상자의 메뉴에 대한 인기도를 기준으로 메뉴를 분석하여 시장을 평가하는 기법이다. 이 과정을 통해서 경영자는 메뉴의 가격, 디자인 및 내용을 평가함으로써 적합한 의사결정을 하게 된다. 메뉴 엔지니어링 방법을 위한 주요 요소는 다음과 같다.

- **고객 수요** : 일정기간 동안 업소를 이용한 급식대상자의 수
- **메뉴 믹스(Menu Mix: MM%)**: 일정기간 동안 급식대상자의 선호도에 따라 판매된 각 품목(item)의 비율

• **공헌이익(Contribution Margin: CM)**: 각 메뉴 품목이 수익에 공헌하는 마진(공헌마진)

메뉴 엔지니어링은 고객 수요 증진과 메뉴 아이템별 평균 공헌이익률 증진방법을 개발, 활용함으로써 계속적인 메뉴 전체의 공헌이익을 증대시키려는 데 기본 목적을 두고 있다. 메뉴 엔지니어링은 일반적이고 대표적인 분석기법이지만 인건비와 경향 변화 등을 간과하는 단점이 있다.

메뉴 엔지니어링 결과 각 메뉴 품목의 판매비율과 공헌마진에 따라 크게 4가지 범주, 즉 star(선호도와 수익성이 모두 좋은 메뉴), plowhorse(선호도는 좋으나 수익성이 낮은 메뉴), puzzle(선호도는 낮고 수익성은 좋은 메뉴), dog(선호도와 수익성 모두 낮은 메뉴)로 분류된다.

가. Stars(고 선호도, 고 수익성)

선호도와 수익성이 모두 높은 품목군이다. 분석된 메뉴 중 가장 인기 있고 수익성이 높은 아이템들이다. 따라서 이 부류에 포함된 아이템들은 다음과 같은 관리가 필요하다.

- 현재 엄격한 수준 관리를 위해서 품질, 단위 몫의 크기 및 외양 등의 내용을 담고 있는 표준 명세서를 작성하고 반드시 이를 준수하도록 관리 활동이 필요하다.
- 선호도가 가장 좋기 때문에 메뉴상 어떤 위치에 배열해도 고객들은 이 메뉴를 선택할 것이다. 따라서 최상의 위치에 배열해야 할 아이템은 Star menu보다는 레스토랑에서 전략적으로 계획된 메뉴를 배열하는 것이 좋다.
- Star 품목 중에서도 가장 이윤폭이 큰 품목들은 Super Star라고 한다. 메뉴에 제시된 어떤 품목들보다도 가격 변동에 대한 민간도가 떨어져 수요의 증감 변동을 크게 일으키지 않는 꾸준한 아이템이므로 판매 가격을 인상함으로써 동일 품목일지라도 더욱 큰 공헌이익을 기대할 수도 있다.

나. Plowhorses(고 선호도,저 수익성)

선호도는 높으나 수익성이 낮은 품목 군이다. 메뉴 품목들은 비교적 대중성 있는 메뉴이지만 인기도에 비해 공헌이익이 낮기 때문에 단위당 평균 공헌에도 못 미치는 제품들이다. 본 부류에 포함된 아이템들은 다음과 같은 관리가 필요하다.

- 판매가 인상을 시도해보기도 한다.
- 포션(portion)을 약간 줄이는 시도가 필요하다.
- 공헌 마진을 높일 수 있는 방안을 강구한다.
- 선호도가 높기 때문에 고객의 시선이 덜 집중되는 곳에 위치시키는 등 메뉴 배열을 재고한다.

다. Puzzles(저 선호도, 고 수익성)

선호도는 낮으나 수익성은 높은 품목군이다. 대중적인 인기는 적으나 높은 공헌이익을 창출시키는 아이템으로 Dog 품목보다 좋다고 할 수 있지만 여전히 바람직한 상태에는 못 미치는 아이템들이다. 본 부류에 포함된 아이템들은 다음과 같은 관리가 필요하다.

- 메뉴 믹스 비율이 극히 저조하고 생산과 서비스에 있어 노동집약적이거나 저장관리에 내구성이 약한 것일 때에는 메뉴로부터 과감히 제거하는 것이 좋다. 그러나 이 여건에 놓여 있는 아이템일지라도 레스토랑의 이미지 개선에 크게 기여하는 메뉴일 경우 그대로 품목을 유지하는 것이 좋다.
- Puzzle 메뉴 개선방법은 제거시키기보다는 적극적인 마케팅 활동을 강화하며 메뉴의 최상의 위치에 포지셔닝하는 방법을 모색할 필요가 있다.
- 가격의 하향조정을 통해 수요의 탄력성을 높이고 선호도를 향상할 수 있다.
- 이 그룹의 아이템수를 최소한으로 제한한다.

라. Dogs(저 선호도, 저 수익성)

선호도와 수익성이 모두 낮은 품목군이다. 인기도가 낮고 공헌이익도 매우 작은 메뉴 그룹이 Dog 품목인 만큼 이 아이템은 손실 발생 품목이다. 본 부류에 포함된 아이템들은 다음과 같은 관리가 필요하다.

- 이 그룹의 메뉴 품목은 원칙적으로 메뉴에서 제거한다. 다른 메뉴 품목들과의 관련성이 전혀 없거나 적은 것부터 처리하는 것이 순서이다.
- 이 그룹의 품목을 분석해보면 수익성이 낮거나 인기도가 저조한 원인이 지나치게 낮게 책정된 가격 수준에 연유하기도 한다. 이는 메뉴 품목의 가격을 최소한 Puzzle군의 가격 수준을 인상함으로써 Dog의 지위를 개선할 수 있다.
- 모든 메뉴 품목이 수익성 목적만을 위해서 결정되는 것은 아니다. 대중성도 없고 수익성도 약하지만 레스토랑의 품위나 명예 유지를 위해 상징적으로 필요한 메뉴도 존재하기 때문이다.
- Dog 품목으로 판명될 경우 정식 메뉴상 품목으로 등재하지는 않지만 고객의 특별 주문, 사전에 예약을 할 경우를 대비하여 내부적으로 이 품목에 대한 재고를 계속 유지하도록 하는 정책을 수립할 필요가 있다.

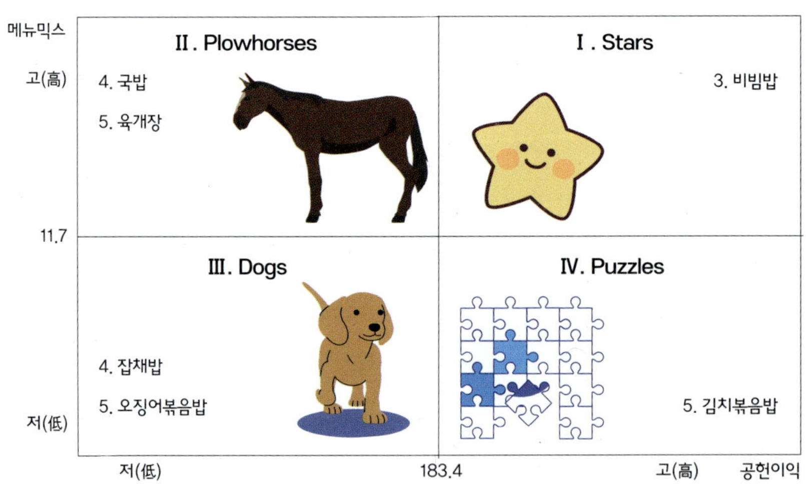

[그림 2-6] 메뉴 엔지니어링 매트릭스의 예

2장 실습서 작성 - 메뉴 엔지니어링 활용

메뉴 엔지니어링의 분석방법은 다음과 같다.

① 메뉴리스트를 작성한다.
② 메뉴별 판매수량을 확인한다.
③ 판매비율(메뉴믹스)을 계산한다(메뉴별 판매수량÷전체판매수량x100)
④ 메뉴 품목별 식재료원가를 계산한다(편의상 포장재료, 소스, 기타 부자재의 원가는 계산에서 제외 하였다).
⑤ 공헌이익을 계산한다(공헌이익=판매가격-변동비(식재료원가)).
⑥ 전체 매출의 수익을 계산한다.
⑦ 전체 매뉴의 평균 공헌이익을 계산한다(공헌이익의 합계÷판매아이템수).
⑧ 선호도의 평균을 구한다(선호도=(1÷판매아이템수)×70%).
⑨ 평균 공헌이익, 선호도를 기준으로 높음과 낮음을 결정하여 4개의 사면(Star, Puzzles, Plowhorses, Dogs)에 위치한다.

학과 : ________ 학번: ________ 이름: ________

평가일자 (Date) :

음식점 명 :

평가기간 (Meal Period) :

(A)메뉴명 Menu Item Name	(B)판매량 Number Sold(MM)	(C)메뉴 믹스 비율 Menu Mix %	(D)식단가 Item Food Cost	(E)판매가 Item Selling Price	(F)공헌마진 Item CM	(G)메뉴비용 Menu costs	(H)메뉴수익 Menu Revenues	(L)메뉴 공헌마진 Menu CM	(P)공헌 마진 분류 CM Category	(R)메뉴믹스 비율 분류 MM% Category	(S)메뉴 판정 Menu Item Classification
					(E-D)	(D*B)	(E*B)	(F*B)	(F와 O 비교)	(C와 Q 비교)	(P와 R참고)
스파게티	365		820	2,500							
김치볶음밥	158		540	2,000							
돈까스	217		1,250	3,000							
카레라이스	286		910	2,500							
합 계	(N)판매량합계					(I)총비용	(J)총수익	(M)총공헌마진			
	1,026										
						(K)총비용 비율	(O)평균 공헌마진	(Q)70%rule 메뉴믹스비율			
						(I/J * 100)	(M/N)	(100%/메뉴 개수 * 70%)			

<WS 2> **Step 2.** 판매량을 합계하고 메뉴믹스 비율을 계산한다.

평가일자 (Date) :

음식점 명 :

평가기간 (Meal Period) :

(A)메뉴명 Menu Item Name	(B)판매량 Number Sold(MM)	(C)메뉴 믹스 비율 Menu Mix %	(D)식단가 Item Food Cost	(E)판매가 Item Selling Price	(F)공헌마진 Item CM	(G)메뉴비용 Menu costs	(H)메뉴수익 Menu Revenues	(L)메뉴 공헌마진 Menu CM	(P)공헌 마진 분류 CM Category	(R)메뉴믹스 비율 분류 MM% Category	(S)메뉴 판정 Menu Item Classification
					(E-D)	(D*B)	(E*B)	(F*B)	(F와 O 비교)	(C와 Q 비교)	(P와 R참고)
스파게티	365	35.57	820	2,500							
김치볶음밥	158	15.39	540	2,000							
돈까스	217	21.17	1,250	3,000							
카리라이스	286	27.87	910	2,500							
합 계	(N)판매량합계					(I)총비용	(J)총수익	(M)총공헌마진			
	1,026										
						(K)총비용 비율	(O)평균 공헌마진	(Q)70%rule 메뉴믹스비율			
						(I/J * 100)	(M/N)	(100%/메뉴개수 * 70%)			

<WS 3> **Step 3.** 공헌마진, 메뉴비용, 메뉴수익, 메뉴공헌마진을 계산한다.

평가일자 (Date) :

음식점 명 :

평가기간 (Meal Period) :

(A)메뉴명 Menu Item Name	(B)판매량 Number Sold(MM)	(C)메뉴 믹스 비율 Menu Mix %	(D)식단가 Item Food Cost	(E)판매가 Item Selling Price	(F)공헌마진 Item CM	(G)메뉴비용 Menu costs	(H)메뉴수익 Menu Revenues	(L)메뉴 공헌마진 Menu CM	(P)공헌 마진 분류 CM Category	(R)메뉴믹스 비율 분류 MM% Category	(S)메뉴 판정 Menu Item Classification
					(E-D)	(D*B)	(E*B)	(F*B)	(F와 O 비교)	(C와 Q 비교)	(P와 R참고)
스파게티	365	35.6	820	2,500	1,680	299,300	912,500	613,200			
김치볶음밥	158	15.4	540	2,000	1,460	85,320	316,000	230,680			
돈까스	217	21.1	1,250	3,000	1,750	271,250	651,000	379,750			
카리라이스	286	27.9	910	2,500	1,590	260,260	715,000	454,740			
합 계	(N)판매량합계					(I)총비용	(J)총수익	(M)총공헌마진			
	1,026										
						(K)총비용 비율	(O)평균 공헌마진	(Q)70%rule 메뉴믹스비율			
						(I/J * 100)	(M/N)	(100%/메뉴개수 * 70%)			

<WS 4> **Step 4.** 총비용, 총수익, 총공헌마진을 계산한다.

평가일자 (Date) :

음식점 명 : 　　　평가기간 (Meal Period) :

(A)메뉴명 Menu Item Name	(B)판매량 Number Sold(MM)	(C)메뉴 믹스 비율 Menu Mix %	(D)식단가 Item Food Cost	(E)판매가 Item Selling Price	(F)공헌마진 Item CM	(G)메뉴비용 Menu costs	(H)메뉴수익 Menu Revenues	(L)메뉴 공헌마진 Menu CM	(P)공헌 마진 분류 CM Category	(R)메뉴믹스 비율 분류 MM% Category	(S)메뉴 판정 Menu Item Classification
					(E-D)	(D*B)	(E*B)	(F*B)	(F와 O 비교)	(C와 Q 비교)	(P와 R참고)
스파게티	365		820	2,500							
김치볶음밥	158		540	2,000							
돈까스	217		1,250	3,000							
카리라이스	286		910	2,500							
합 계	(N)판매량합계					(I)총비용	(J)총수익	(M)총공헌마진			
	1,026					916,130	2,594,500	1,678,370			
						(K)총비용 비율	(O)평균 공헌마진	(Q)70%rule 메뉴믹스비율			
						(I/J * 100)	(M/N)	(100%/메뉴개수 * 70%)			

<WS 5> **Step 5.** 총비용 비율, 평균공헌마진, 70% rule 메뉴믹스 비율을 계산한다.

평가일자 (Date) :

음식점 명 : 　　　평가기간 (Meal Period) :

(A)메뉴명 Menu Item Name	(B)판매량 Number Sold(MM)	(C)메뉴 믹스 비율 Menu Mix %	(D)식단가 Item Food Cost	(E)판매가 Item Selling Price	(F)공헌마진 Item CM	(G)메뉴비용 Menu costs	(H)메뉴수익 Menu Revenues	(L)메뉴 공헌마진 Menu CM	(P)공헌 마진 분류 CM Category	(R)메뉴믹스 비율 분류 MM% Category	(S)메뉴 판정 Menu Item Classification
					(E-D)	(D*B)	(E*B)	(F*B)	(F와 O 비교)	(C와 Q 비교)	(P와 R참고)
스파게티	365	35.6	820	2,500	1,680	299,300	912,500	613,200			
김치볶음밥	158	15.4	540	2,000	1,460	85,320	316,000	230,680			
돈까스	217	21.1	1,250	3,000	1,750	271,250	651,000	379,750			
카리라이스	286	27.9	910	2,500	1,590	260,260	715,000	454,740			
합 계	(N)판매량합계					(I)총비용	(J)총수익	(M)총공헌마진			
	1,026					916,130	2,594,500	1,678,370			
						(K)총비용 비율	(O)평균 공헌마진	(Q)70%rule 메뉴믹스비율			
						(I/J * 100)	(M/N)	(100%/메뉴개수 * 70%)			
						35.31	1,635.83	0.175			

<WS 6> **Step 6.** 공헌마진과 메뉴믹스비율 분류에 따라 메뉴아이템을 판정한다.

평가일자 (Date) :

음식점 명 :

평가기간 (Meal Period) :

(A)메뉴명 Menu Item Name	(B)판매량 Number Sold(MM)	(C)메뉴 믹스 비율 Menu Mix %	(D)식단가 Item Food Cost	(E)판매가 Item Selling Price	(F)공헌마진 Item CM	(G)메뉴비용 Menu costs	(H)메뉴수익 Menu Revenues	(L)메뉴 공헌마진 Menu CM	(P)공헌 마진 분류 CM Category	(R)메뉴믹스 비율 분류 MM% Category	(S)메뉴 판정 Menu Item Classification
					(E-D)	(D*B)	(E*B)	(F*B)	(F와 O 비교)	(C와 Q 비교)	(P와 R참고)
스파게티	365	35.6	820	2,500	1,680	299,300	912,500	613,200	High	High	Star
김치볶음밥	158	15.4	540	2,000	1,460	85,320	316,000	230,680	Low	Low	Dog
돈까스	217	21.1	1,250	3,000	1,750	271,250	651,000	379,750	High	High	Star
카리라이스	286	27.9	910	2,500	1,590	260,260	715,000	454,740	Low	High	Plowhorses
합 계	(N)판매량합계					(I)총비용	(J)총수익	(M)총공헌마진			
	1,026					916,130	2,594,500	1,678,370			
						(K)총비용 비율	(O)평균 공헌마진	(Q)70%rule 메뉴믹스비율			
						(I/J * 100)	(M/N)	(100%/메뉴개 수 * 70%)			
						35.3	1,635.8	17.5			

메뉴 엔지니어링 매트릭스 작성

CHAPTER 03

재무 및 정보관리

1. 원가 및 재무관리
2. 사무 및 정보관리

□ 실습서

학습목표

1. 원가의 개념과 원가 구성의 3요소를 설명할 수 있다.
2. 원가의 구성요소를 알고 각 구성요소의 계산방법을 설명할 수 있다.
3. 재무재표의 정의, 작성 목적, 종류를 설명할 수 있다.
4. 재무상태표와 손익계산서의 구성요소를 설명할 수 있다.
5. 손익분기점의 개념을 이해하고, 매출량 및 매출액을 산정할 수 있다.
6. 급식사무관리 및 정보관리를 위해 사용되는 문서의 성격을 파악할 수 있다.

1. 원가 및 재무관리

1) 원가관리

급식관리자는 식재료비, 인건비 및 제반 운영경비를 파악하여 원가관리 계획을 세우고 손익관리를 효율적으로 수행해야 한다. 단체급식에서 원가관리는 판매가격의 조정, 급식운영을 위한 예산수립, 새로운 기기 구입 및 시설 개선, 그리고 원가표준을 정하고 실제로 발생한 원가를 표준과 비교하여 차이를 분석함으로써 급식 운영의 효율을 높이는 것을 목적으로 진행된다.

(1) 원가의 개념

원가(cost)란 제품의 제조, 용역의 생산 및 판매를 위하여 소비된 유형.무형의 경제적 가치를 말한다. 따라서 급식원가란 음식을 생산하여 제공하기 위해 소비된 경제적 가치로서 급식에 소요되는 제반 비용들, 즉 식재료비, 인건비, 수도광열비, 통신비 등이 모두 포함된다.

원가는 크게 재료비, 인건비, 경비의 세가지 요소로 구성하는데, 급식원가는 구성요소 측면에서 볼 때 식재료비와 인건비가 운영에 대부분을 차지하므로 이 두 가지를 주요원가(prime costs) 또는 기초원가라고 한다.

- **식재료비** : 음식생산을 위해 소비되는 식재료 구입에 소요된 비용
- **인건비** : 급식종사자들의 급여, 임금, 각종 수당, 상여금, 퇴직금 등
- **경비** : 식재료비와 인건비를 제외한 모든 비용. 수도광열비, 전력료, 보험료, 감가상각비 등

< 경비의 종류 >

- **소모품비** : 식기, 집기, 세제, 문구 등
- **수도광열비** : 가스, 전기, 수도, 연료비
- **관리비**: 간접경비 광고선전비, 위탁급식의 경우 본사 관리비 등
- **시설사용료** : 급식시설의 사용에 대해서 지불해야 하는 비용(건물 · 설비 · 기기류의 수선비, 감가상각비, 청소비 등)
- **기타 경비** : 위생비, 여비교통비, 통신비, 회의비, 교육훈련비 등

(2) 원가의 분류

1 제품 생산 관련성에 따른 분류

원가는 제품 생산과의 관련 정도에 직접비와 간접비로 나눌 수 있다.

- **직접비**: 특정 제품에 사용이 확실한 비용으로 직접재료비, 직접인건비, 직접경비가 이에 속한다.
- **간접비**: 여러 제품에 공통 또는 간접으로 소비된 비용으로 간접재료비, 간접인건비, 간접경비(감가상각비, 수도, 전기, 가스, 보험료 등)가 이에 속한다.

2 생산량과 비용에 따른 분류

원가는 생산량의 변동에 따라 일정한 양상으로 변화하며 변화 양상에 따라 고정비, 변동비, 반변동비의 세 가지로 분류된다(그림 3-1).

- **고정비**: 생산량의 증감에 관계없이 항상 일정하게 발생하는 비용으로 임대료, 세금, 보험, 수선유지비, 수도광열비, 감가상각비 등이 대표적이다.
- **변동비**: 생산량이 증가하면 함께 비례적으로 증가하는 비용으로 직접식재료비, 직접노무비, 매출액에 따라 지급되는 판매수수료 등이 이에 속한다.
- **반변동비**: 고정비와 변동비의 성격을 동시에 갖고 있는 비용으로 혼합원가

(mixed costs)라고도 한다. 인건비가 대표적이다. 인건비 중 정규직원에 대한 인건비는 생산량의 증감에 따라 비례하지 않으므로 고정비에 해당하나 시간제 종업원의 인건비는 생산량 증감에 따라 일시적으로 고용을 결정하게 되므로 변동비에 해당한다.

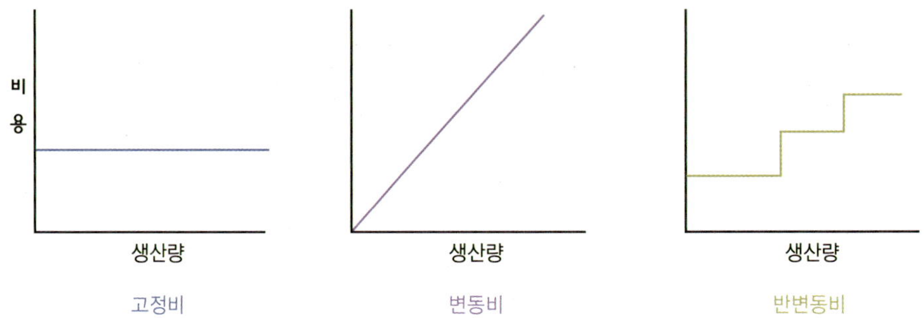

[그림 3-1] 생산량과 변동비의 관계

3 비용 통제 가능성에 따른 분류

원가관리를 위해서는 원가통제가 필요하지만 모든 원가가 통제 가능한 것은 아니다. 통제 가능성에 따라 통제 가능 원가와 통제 불가능한 원가로 나뉜다.

- **통제 가능 원가**(controllable cost): 관리자가 통제하여 절약할 수 있는 비용으로 관리자가 짧은 기간에 변화시킬 수 있는 비용을 말한다. 식재료비, 인건비, 수도광열비 등이 이에 속한다.
- **통제 불가능 원가**(non-controllable cost): 항상 고정적으로 발생하는 비용으로 관리자가 짧은 기간에 변화시킬 수 없는 비용을 말한다. 임차료, 감가상각비 등이 대표적이다.

(3) 원가계산 개요

원가계산은 일정 기간 동안 소비된 모든 원가를 그 기간 동안의 생산량으로 나누어 산출하는 절차이다. 원가계산은 경영방침 또는 운영계획에 따라 수익과 손실 정도를 평가하여 재정상태를 파악하기 위해 반드시 필요한 절차이다. 즉, 원가관리, 예산편성, 재무제표 작성, 가격결정을 위해 원가계산이 필요하다.

- **원가관리의 목적**: 원가관리의 기초자료를 제공하여 원가를 절감하도록 능률적인 관리를 함으로써 표준원가를 설정한 후 표준원가와 비교하여 원가관리의 목적에 기여한다.
- **예산편성의 목적**: 제품의 제조, 판매, 유통 등이 원가정보 제공적인 측면에서 계수적인 계획의 근간이 되도록 예산편성의 기초자료로 이용한다.
- **재무제표 작성의 목적**: 일정기간 동안의 경영활동 결과를 재무제표 작성하여 기업의 외부 이해관계자들에게 보고하는데, 원가계산은 이때 기초자료를 제공한다.
- **가격결정의 목적**: 제품을 생산하는 데 실제로 원가가 얼마인가를 산출하고 여기에 일정한 이윤을 가산하여 제품의 판매가격을 결정할 목적으로 원가를 계산한다.

■ 원가의 구조

급식이 생산되어 판매되기까지 사용된 식재료, 인건비, 경비 등의 원가에 이윤이 더해지면 판매가격이 된다. 따라서, 제품의 판매가격을 결정할 때 각 요소별로 발생하는 원가를 계산하는 것은 필수적인 과정이다. 원가는 직접원가, 제조원가, 총원가의 순으로 원가의 구조를 이룬다(그림 3-2).

- **직접원가**: 제품을 제조하기 위해 투입된 직접적 비용(직접비)으로 기초원가라고도 한다. 직접원가는 직접재료비, 직접인건비, 직접경비로 구성되며, 재료비, 노무비, 경비로 제조 간접비 포함 전의 원가의 기초를 구성한다.
- **제조원가**: 직접 원가에 제품을 제조하기 위한 제조 간접비를 포함한 것으로서, 제품을 생산하는 과정에서 소요되는 요소의 원가를 의미하는데, 일반적으로 제품의 원가라 함은 이것을 의미한다. 제조 간접비는 보조 재료비와 같은 간

섭 재료비, 수당과 같은 간접노무비, 보험료, 감가상각, 수도광열비와 같은 간접경비로 구성된다.

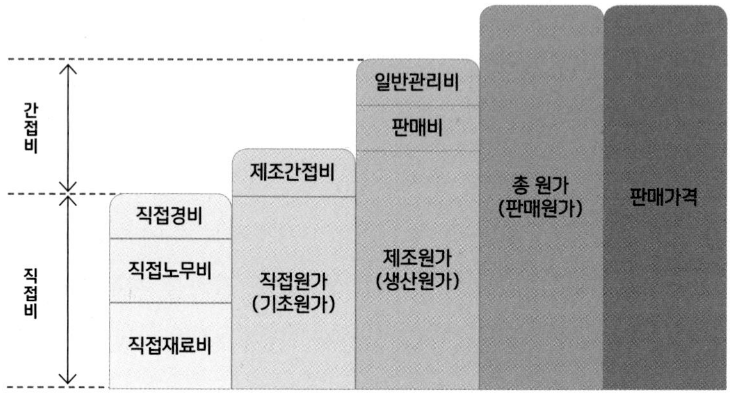

[그림 3-2] 원가의 구조

• **총 원가**: 제조원가에 일반관리비와 판매경비를 가산한 것으로 제품의 제조에서 판매에 이르기까지 발생한 모든 원가를 한한 것이므로 판매원가라고도 한다. 판매비에는 광고비, 판매촉진비, 포장비, 운송비 등이 포함된다. 일반관리비는 기업의 유지를 위한 관리활동부문에서 발생하는 제비용으로서 제조원가에 속하지 아니하는 모든 영업비용 중 판매비 등을 제외한 다음의 비용, 즉 임원 급료, 본사 직원의 급료, 본사 건물의 감가상각비 등이 이에 속한다.

• **판매가격**: 총 원가에 일정한 이윤을 가산한 것으로 이와 같은 원가 구조에 의해 판매가격이 결정된다.

■ 원가 구성요소의 계산

• 재료비

음식 생산을 위해 구입한 식재료비용(식품비, 식자재비)을 말하며, 급식예산 중 가장 큰 변수(직접재료비)로 작용한다. 일례로, 식재료비 5% 절감은 인건비, 경비의 절감보다 실제예산에서 절감되는 효과가 매우 크게 나타나므로 매우 중요하다고 할 수 있다. 식재료비의 계산 근거는 다음과 같다.

- **구매 시 실거래 가격을 이용한 계산**: 구매 시 사용한 납품서, 영수증의 실거래 가격을 기반으로 식재료를 계산하는 방법이다. 재고를 남기지 않고 당일 소비를 원칙으로 하는 경우에 많이 이용되며, 남은 재료에 대한 가감을 할 수 없고 메뉴별 식재료비 계산이 어렵다.
- **표준 레시피를 이용한 계산**: 표준 레시피의 단가를 이용하여 식재료비를 계산하는 방법으로 메뉴별로 식재료비를 산출할 수 있다. 급식 전산 프로그램을 사용하면 표준 레시피의 1인 분량과 식재료 단가 정보가 연동되어 메뉴 작성과 동시에 단가 계산이 이루어진다.
- **재고조사를 이용한 계산**: 재고조사를 통해 식재료 소비량을 파악한 후 단가를 곱하여 산출하는 방법으로, 보통 월 단위로 행해진다.

• 한 달 식재료비 = (월초 식재료 재고액 + 한 달간 구입 식재료비) – 월말 식재료 재고액

식재료 소비량을 파악하기 위해서는 영구재고법과 실사재고법이 사용된다.

- **영구재고법**: 재료를 종류별로 분류하고 입·출고 시마다 재고량을 기록하여 재료 소비량을 계산하는 방법
- **실사재고법**: 기말이나 일정시기에 재료의 기말 재고량을 조사하여 계산하는 방법

• 당기 소비량 = (전기 이월량 + 당기 구입량) – 기말 재고량

• 인건비

제품생산을 위해 소비되는 노동력의 가치를 화폐액으로 측정한 것으로 급여 및 상여금 등과 같이 급식으로 인해 소비된 노무가치를 말한다. 인건비는 계산목적에 따라 지급임금과 소비임금으로 구분된다.

- **지급임금**: 기업이 노동력을 제공한 종업원에게 지급하는 금액으로 종업원에게 지급되는 임금, 급료, 잡급, 상여금 등을 합한 것이다. 여기에서 임금이란 생산현장에서 작업하는 종사원에 대해서 지급하는 것으로 기본급과 제수당(초과근로수장, 위험작업수당)으로 이루어지며, 급료는 사무직 직원에게 지급되는 노동력에 대한 대가를 말한다. 잡급이란 일시 고용직 종사원과 잡역인부에 대해 지급하는 급여를 말한다. 지급임금은 개인의 학력, 경력, 근무연수 등에 따라 임률(wage rate; 시간당 임금 또는 생산량당 임금)이 달라지므로 개인별로 다르게 계산된다.

• 지급임금총액 = 기본임금 + 할증급 + 각종수당
• 시간급제인 경우 : 기본임금 = 작업시간수 x 작업 1시간당 임률
• 성과급제인 경우 : 기본임금 = 생산량 x 제품 1단위당 임률

- **소비임금**: 구입한 특정 제품의 제조 활동에 사용된 노동력에 지불하는 금액을 말하며 제조원가 계산에 필요한 인건비 산정을 위한 목적으로 계산된다. 소비임률은 작업자 개인에 대해 산출하느냐 또는 그룹별 등의 평균으로 산출하느냐에 따라 개별임률과 평균임률로 구분된다.

• 소비임금 = 특정 제품의 제조에 소요된 작업시간수 x 소비임률(개인임률 또는 평균임률)

• 경비

제품의 제조를 위해 소비되는 원가 중에서 재료비와 노무비를 제외한 모든 원가요소를 말하며 발생액의 파악방법에 따라 다음과 같이 구분된다.

- **지급경비**: 실제의 지급액 또는 지급청구액이 발생할 때마다 계산되는 경비
  예 여비교통비, 접대비, 운임비, 수선비 등
- **월할경비**: 발생한 경비를 월별로 분할해서 계산하는 경비
  예 감가상각비, 보험비, 특허권 사용료 등
- **측정경비**: 일정기간의 소비금액이 측정계기에 의해 산정된 경비
  예 전력비, 가스료, 수도광열비 등

• 감가상각비

고정자산의 소모, 손상에 의한 가치의 감소를 연도에 따라 할당해 자산가격을 감소시켜 나가는 것을 말하며 이때 감가된 금액을 감가상각비라고 한다. 감가상각비는 주로 정액법과 정률법을 사용하여 계산된다.

- **정액법**: 고정자산 감가총액을 내용년수로 균등하게 할당하는 방법으로 매년 일정액의 감가상각비를 계산할 수 있다.

• 매년 감가상각액 = $\frac{\text{내용년수−잔존가격}}{\text{내용년수}}$ (내용년수 = 사용가능 총 기간)

- **정률법**: 구입가격에서 감가상각비 누계를 차감한 금액에 매년 일정한 비율(상각률)을 곱해 산출하는 방법으로 내용년수가 경과함에 따라 상각액이 감소하게 된다.

• 감가상각액 = 미상각잔액(구입가격 - 감가상가비 누계액) x 상각률

• 상각률 = $1 - \sqrt[n]{\text{잔존가치 / 구입가격}}$ (n = 내용연수)

(4) 원가분석

원가분석이란 원가 수치를 비교 분석하여 경영활동의 실태를 파악하고 이에 대한 해석을 내리는 것을 말하며, 가장 효과적인 원가관리 및 원가절감 방안을 수행하기 위한 경영의사결정 자료를 제공하기 위한 목적으로 수행된다.

■ **식재료비 분석**

원가를 구성하는 3요소 중 식재료비가 가장 높은 비율을 차지하므로 식재료비의 통제가 실제원가에 미치는 영향이 가장 크다. 식재료비 비율을 구하는 방법은 아래와 같다.

- 식재료비 비율(%) = $\frac{\text{식재료비}}{\text{매출액}} \times 100$
- 메뉴 품목별 비율(%) = $\frac{\text{품목별 식재료비}}{\text{품목별 메뉴가격}} \times 100$

■ **인건비 분석**

급식 예산에서 인건비는 식재료비 다음으로 높은 비율을 차지한다. 최적의 인력 구성 및 배치를 통하여 인건비를 효율적으로 관리하기 위해서 총 지출 또는 총 판매액에 대한 인건비 비율을 계산할 수 있다. 더불어, 급식산업의 인력 구조에는 정규직과 임시직이 존재하므로 정규직 환산인원(full-time equivalent: FTE) 산출이 필요하다.

- 인건비 비율(%) = $\frac{\text{인건비}}{\text{매출액}} \times 100$
- 정규직 환산인원(FTE) = $\frac{\text{총 노동시간}}{\text{필요기간의 정규직 법정 근로기준 시간}}$

2) 재무관리

(1) 재무제표의 작성

재무제표(financial statement)는 기업의 자본의 흐름이나 상태를 숫자로 나타낸 표로 기업의 자산상태, 경영성과, 현금의 변동사항, 이익금에 대한 처분 내용 등과 같은 재무적 정보를 제공하기 위한 목적으로 작성된다. 단체급식에서 사용되는 재무제표로는 일정기간 급식소의 재무상태를 나타내는 재무상태표(대차대조표; balance sheet)와 운영성과(영업이익 및 손실)를 나타내는 손익계산서(income statement)가 있다.

■ **재무상태표**

가장 기초적인 재무보고서로 특정 시점에서 기업의 재무상태를 나타내는 보고서로서 기업의 영업활동에 사용되고 있는 자산이 어떠한 형태로 얼만큼 있으며 그것이 어떠한 자본으로 조달되고 있는가를 나타낸다. 재무상태는 자산, 부채, 자본의 세 항목으로 표시되며, 자산은 재무상태표의 왼쪽(차변)에, 부채와 자본은 오른쪽(대변)에 적는다. 이때 자산의 합과 부채, 자본의 합이 일치해야 한다.

차변		대변	
유동자산	당좌자산	유동부채	부채
	재고자산	비유동부채	
비유동자산	투자자산	자본금	자본
	유형자산	자본잉여금	
	무형자산	이익잉여금	
	기타비유동자산	기타포괄손익누계액	
		자본조정	
자산총계		부채 및 자본 총계	

[그림 3-3] 대차대조표의 구조

- **자산**(asset): 자산이란 우리가 일상적으로 쓰는 재산과 비슷한 개념이다. 즉, 재산이 어떤 사람이 보유하고 있는 현금·예금·증권·자동차·집·토지 등과 같은 각종 유·무형의 법적 권리와 물건을 의미한다면, 기업의 자산이란 해당 기업이 소유하고 있는 각종 유·무형의 법적권리와 물건이라고 할 수 있다. 기업의 자산은 대차대조표를 작성하는 시점을 기준으로 1년 이내에 현금화가 가능한지 여부에 따라 유동자산과 비유동자산으로 구분된다.
- **유동자산**: 단기간(1년)에 현금화가 가능한 자산으로, 현금·유가증권·매출채권과 같은 당좌자산과 판매·제조를 위한 재고자산 등
- **비유동자산(고정자산)**: 단기간(1년)에 현금화가 불가능한 자산으로 장기투자자산, 토지·건물과 같은 유형자산, 기업이 소유하고 있는 무형자산 등
- **부채**(liability): 기업이 필요한 자금을 조달하는 방법은 타인에게서 자금을 빌리는 방법과 주주들로부터 투자를 받아 조달하는 방법이 있다. 이 중에서 타인으로부터 빌려서 조달한 자금을 부채라고 한다. 즉, 부채란 기업이 현재 또는 미래에 기업의 자산을 통하여 타인에게 지급해야 하는 채무를 말한다. 부채 역시 결산일로부터 1년 이내에 상환해야 하는가의 여부에 따라 유동부채와 고정부채로 구분된다. 유동부채는 미지급 금여, 외상매입금, 미지급 이자 등을 포함하며, 고정부채는 사채, 장기 차입금 등을 포함한다.
- **자본**(capital): 자산에서 부채를 차감한 것으로 소유주의 순수한 재산이라고 할 수 있다. 자본에는 창업 시 소유주가 투자한 자금, 사업 중에 소유주 또는 주주가 투자한 자금, 그리고 경영활동으로 얻은 이익 등이 포함된다.

■ 손익계산서

손익계산서(income statement)는 일정 기간 동안의 영업활동에 대한 경영성과를 나타내는 회계자료로 수익, 비용, 순이익의 관계를 보여준다. 수익은 총 매출을 의미하고 비용은 수익 발생을 위해 지출한 비용이며 순이익은 발생한 수익에

서 비용을 차감한 것이다. 손익계산서는 당해 회계기간의 경영성과를 나타낼 뿐만 아니라 기업의 미래현금흐름과 수익창출 능력 등의 예측에 유용한 정보를 제공한다.

- **수익**: 일정기간 벌어들인 돈으로 기업이 상품이나 서비스를 제공하고 대가로 받은 현금이나 기타 자산을 말한다. 수익은 영업활동 관련 여부에 따라 매출액, 영업 외 수익, 특별이익 등으로 구분된다. 매출액은 급식 판대 등 영업활동을 통해 발생한 금액으로 식사매출, 음료매출 등을 포함한다. 이자수익, 임대료 수익, 유형자산 처분수익 등과 같은 영업 외 수익과 보험 차익과 같은 특별이익은 영업활동과 무관하게 발생한 금액이다.

<표 3-1> 손익계산서의 구조

	구분	내용
	매출액	영업수익, 주된 영업활동에서 발생되는 수익
(−)	매출원가	원재료비 등 매출액의 대응되는 원가
=	매출총이익	판관비(인건비, 임차료,통신비,급여,식대,감가상각 등)
(−)	판매비와 관리비	매출액 − 판관비 (주사업으로 인한 이익이라 중요함)
=	영업이익	주된 영업활동 이외로 발생한 수익
(+)	영업외 수익	주된 영업활동 이외로 발생한 비용
(−)	영업외 비용	주된 영업활동 이외로 발생한 비용
=	법인세 비용 차감전순이익	영업이익 + 영업외수익 − 영업외 비용
(−)	법인세 비용	세법에 따라 발생하는 법인세
=	당기순이익	법인세 차감 후 최종 당기순이익 (조합으로 귀속)

① 매출액에서 매출원가를 차감하여 매출총이익을 구한다.
② 매출총이익에서 판관비를 차감하여 영업이익을 구한다.
(판매비와 일반관리비(판관비) : 급여, 차량유지비, 복리후생비, 수도광열비 등)
③ 영업이익에서 경상이익을 차감하여 법인세차감전순이익을 구한다.
(영업외수익에서 영업외비용을 차감하여 경상이익을 구한다)
④ 법인세차감전순이익에서 법인세를 차감하면 당기순이익이 된다.

- **비용**: 수익을 창출하기 위하여 소비된 비용으로 수익을 얻기 위해 소비된 현금, 상품, 서비스 등과 같은 자산을 포함한다. 매출원가, 판매비와 일반관리비, 영업 외 비용, 특별손실, 법인세 등이 이에 속한다. 매출원가는 상품의 판매를 위해 소요된 비용으로 급식을 위해 소요된 식재료비, 인건비 및 경비를 합한 것이다. 판매비와 일반관리비는 상품과 용역의 판매활동 또는 기업의 관리와 유지에서 발생하는 비용으로 매출원가에 속하지 않는 모든 영업비용을 포함한다. 영업 외 비용은 주된 영업활동 이외의 보조적이고 부수적인 활동과 관련된 비용으로 지급이자, 매출할인 등이 포함된다. 특별손실은 기업에서 비경상적이며 비반복적으로 일어나며 발생빈도가 매우 낮은 손실로 자산처분 손실, 재해손실 등이 있다. 세금은 개인이 영업활동 결과 얻은 소득을 바탕으로 납부하는 사업소득세와 법인이 납부하는 법인세가 있다.
- **순수익**: 일정기간에 발생한 수익에서 비용을 제한 금액 즉, 손익계산서 상에서의 당기순이익을 말한다. 이때 수익이 비용보다 클 경우는 이익이 발생한 것이며, 비용이 수익보다 클 경우에는 손실이 발생한 것이다.

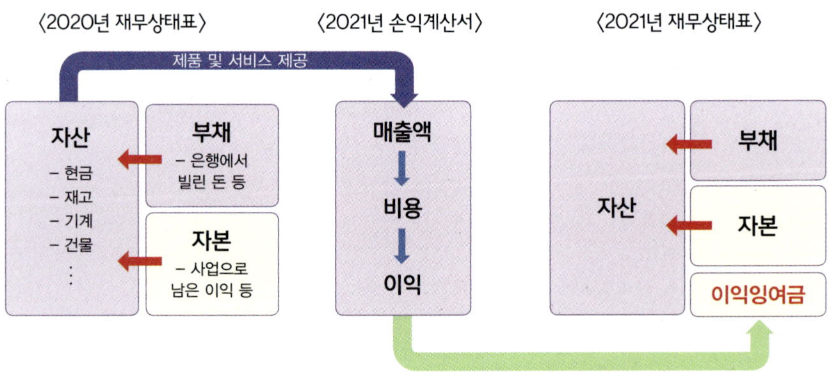

[그림 3-4] 재무상태표와 손익계산서의 관계

■ **재무상태표와 손익계산서의 관계**

손익계산서에는 회사의 금년도 실적이 반영되지만 대차대조표에는 사업 시작부터 회계 연도 종료까지의 정보가 포함된다. 또한, 손익계산서는 현재의 손익을 알려주는 반면 대차대조표는 전체 자산과 부채에 대한 회사의 재무 건전성을 반영한다. 즉, 손익계산서를 통해 일정기간(당기) 순이익이 얼마나 발생했는지를 알 수 있으며, 이때 순이익은 대차대조표상의 자본에 이익잉여금으로 유입되어 자본이 증가됨을 통해 자산 증가의 결과를 가져온다. 한편, 순이익이 발생하지 않고 순손실이 발생하면 자본이 감소하여 결과적으로 자산이 감소하게 된다.

(2) 손익분기분석

일정기간의 판매수익이 그 기간의 총 비용을 초과할 때는 이익이 발생하며 총 비용이 매출액보다 많을 때는 그 차이가 손실로 나타나는데, 매출액과 총비용이 일치하는 시점에서는 이익도 손실도 발생하지 않는데 이 시점을 손익분기점(break-even point; BEP)이라고 한다(그림 3-5). 손익분기점은 일정 기간의 매출액을 일정하게 책정하는 경우, 손익은 어떻게 되며 이익을 올리기 위해 총 비용 또는 총 판매액을 얼마로 해야 하는지를 나타내는 것으로 원가관리를 위한 중요한 수단이 된다. 여기서 총 비용은 고정비와 변동비를 합한 값을 말한다.

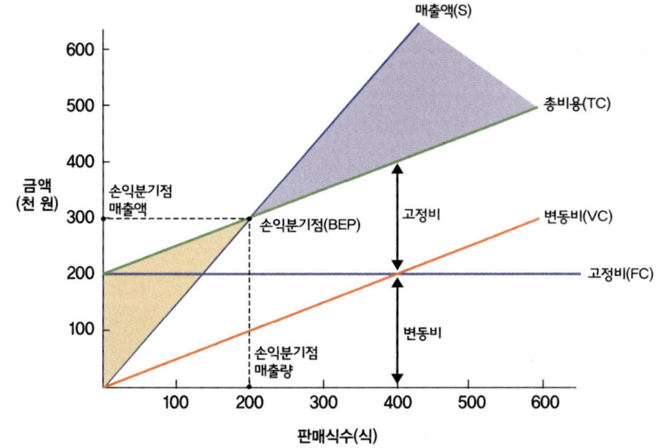

[그림 3-5] 손익분기점

손익분기점을 파악하기 위한 비용항목에는 고정비와 변동비가 있다. 고정비는 급식공급량과 상관없이 발생하는 비용으로 조리종사원에 대한 인건비, 임차료, 감가상각비 등을 포함한다. 변동비는 급식 공급일이 늘어날수록 증가하는 비용으로 급식생산을 위한 재료비, 소모품비, 수도광열비 등을 포함한다. 고정비의 경우 발생액은 급식공급량과 상관없이 거의 일정하기 때문에 급식공급량 또는 매출이 증가 할수록 공급 단위당 부담되는 고정비의 비율이 감소하게 된다. 따라서 공헌이익의 개념이 중요할 수 있다.

공헌이익(또는 공헌마진)은 매출액에서 변동비를 제외하고 남게 되는 이익, 즉, 음식 메뉴 1개를 판매했을 때 단위당 변동비를 제외하고 남게 되는 이익을 말한다(공헌이익 = 총매출액 - 총변동비). 공헌이익은 손익분기점 계산을 위해 중요한 값이다. 손익분기점에서는 순수익이 '0'이므로 총매출액은 총비용과 같아지는 지점이다. 따라서 총매출액에서 총변동비를 뺀 공헌이익이 총고정비와 같아지는 지점이 바로 손익분기점이다.

- 매출액(S) = 고정비(FC) + 변동비(VC) + 이익(P)
- 손익분기점 매출액 = 고정비(FC) + 변동비(VC)
- 총 공헌마진 = 매출액 - 변동비 = 고정비
- 총 공헌마진 = 단위당 공헌마진 x 매출량(또는 식수)

■ **손익분기점 매출량**

손익분기점의 매출량은 고정비를 단위당 공헌마진으로 나눈 값이 된다.

- 매출액 = 고정비 + 변동비 + 이익
- 손익분기점 매출액 = 고정비 + 변동비
- 총 공헌마진 = 매출액 − 변동비 = 고정비
- 총 공헌마진 = 단위당 공헌마진 × 매출량(식수)
- 손익분기점 매출량 = 고정비 / 단위당 공헌마진

■ **손익분기점 매출액**

손익분기점의 매출액은 고정비를 공헌마진 비율로 나눈 값이 된다.

- 공헌마진 비율 = 1 – 변동비율
- 손익분기점 매출액 = 고정비 / 공헌마진 비

- **예제 1)** 정규직원, 감가상각비, 각종 경비를 포함하는 고정비가 20,000,000원이고, 객단가가 5,000원, 식단가 비율이 55%, 기타 변동비 비율이 25% 일 경 우 손익분기점(BEP)의 매출량과 매출액을 계산하시오.

$$\text{손익분기점(BEP)의 매출량} = \frac{\text{고정비(FC)}}{\text{단위당 공헌마진(Contrib)}}$$

- 공헌마진 비율(Contrib%) = 1 – 변동비율(VC%)
- $\text{손익분기점(BEP)의 매출량} = \frac{\text{고정비(FC)}}{\text{공헌마진 비율(Contrib\%)}}$

- 공헌마진 = 객단가 - 단위당 변동비
- 손익분기점의 매출량 =
- 손익분기점의 매출액=

- **예제 2)** 급식소의 운영에 필요한 월 임차료는 200만원이고, 메뉴별 단위당(1식)의 가격이 6,000원, 단위당 변동비는 3,000원이다. 종업원의 급여를 포함 하여 매월 250만원씩이 고정비관리비로 지출될 것으로 예상된다. 손익분기 점(BEP)의 매출량과 매출액을 계산하시오.

$$\text{손익분기점(BEP)의 매출량} = \frac{\text{고정비(FC)}}{\text{단위당 공헌마진(Contrib)}}$$

- 공헌마진 비율(Contrib%) = 1 – 변동비율(VC%)
- $\text{손익분기점(BEP)의 매출액} = \frac{\text{고정비(FC)}}{\text{공헌마진 비율(Contrib\%)}}$

- 공헌마진 = 객단가 - 단위당 변동비(2,000원)
- 손익분기점의 매출량 =
- 손익분기점의 매출액=

• 예제 3) 커피전문점으로 카페를 계획하고 있다. 커피가격은 4,000원으로 재료비는 20%를 차지한다. 직원급여로 2,000,000원과 임대료 1,000,000원이 지출될 것으로 예상된다. 손익분기점(BEP)의 매출량과 매출액 을 계산하시오.

$$\text{손익분기점(BEP)의 매출량} = \frac{\text{고정비(FC)}}{\text{단위당 공헌마진(Contrib)}}$$

• 공헌마진 비율(Contrib%) = 1 – 변동비율(VC%)

• $\text{손익분기점(BEP)의 매출액} = \frac{\text{고정비(FC)}}{\text{공헌마진 비율(Contrib\%)}}$

• 공헌마진= 객단가- 단위당 변동비(4000원 - 800원=3,200원))
• 손익분기점의 매출량 =
• 손익분기점의 매출액 =

2. 사무 및 정보관리

1) 사무관리

단체급식업무의 합리적인 운영을 위해서는 체계적인 정보 및 자료가 필요하며, 이와 같은 각종 정보 및 자료를 경영원리에 따라서 합리적으로 관리하는 것을 급식 사무관리라 할 수 있다. 다시 말해 사무관리란 사무실의 제반 작업을 관리, 기록, 분류, 정리하여 제반 사무작업을 관리함으로써 관리자의 의사전달 및 정보 관리를 도와주는 역할을 한다. 또한, 정보의 기록, 전달, 정리 등을 목적으로 하는 행위로써 정보 처리의 기능을 가진다. 따라서 급식관리자는 사무관리를 통해 수집된 자료를 분류, 기록하고 정리하여 이를 차기 경영계획 자료로 활용할 수 있다.

(1) 장표

■ **장표의 특성**

급식 사무관리에 사용되는 각종 문서 및 서식을 장표라고 한다. 장표는 장부와 전표를 총칭하는 것으로 최근에는 사무 자동화 소프트웨어 프로그램을 통해 관리되고 있다. 장부(books)는 일정한 장소에 비치되어 동종의 기록이 계속적, 반복적으로 기입되는 서식이며, 전표(slips)는 의사전달이 필요할 때마다 작성되어 업무 흐름에 따라 이동하는 서식이다. 필요할 때마다 작성된 전표가 계속적으로 축적되면 장부의 성격을 가지기도 한다. 장부와 전표의 일반적인 특성은 다음과 같다(표 3-2).

<표 3-2> 장부와 전표의 특성

구분	장부	전표
성질	고정성, 집합성	이동성, 분리성
기능	기록, 현상의 표시, 대상의 통제	경영의사의 전달, 대상의 상징화
종류	식품수불부, 영양출납부, 검식부, 급식일지, 식품사용일계표, 식단표	발주서, 납품서, 식품사용일계표, 식단표

* 식단표, 식품사용일계표는 장부와 전표의 기능을 모두 수행

■ **장표의 종류**

장표는 급식 세부업무에 따라 메뉴, 급식구매, 급식생산, 위생, 급식작업관리, 시설·설비관리, 급식정보관리, 원가관리 등으로 분류하여 기록, 유지하는 것이 바람직하다(표 3-3).

<표 3-3> 급식 관리업무에 따른 장표의 예

급식업무	장표의 예
메뉴관리	식단표, 영양가분석표, 식사전표
구매관리	식품구매명세서, 구매청구서, 발주서, 납품서(거래명세서), 검수일지
생산관리	표준 레시피, 검식일지, 급식일지
작업관리	작업일정표, 공정분석표, 안전관리점검일지
위생관리	위생점검일지, 보존식기록지, CCP점검표, 위생교육일지
원가관리	손익계산서 재무상태표, 월말보고서, 운영보고서
시설 · 설비관리	기기관리 대장, 집기류 대장

■ 그 외 장표의 종류 및 관련 용어 정의

- **검식일지**: 완성된 조리가 계획된 식사의 내용으로 적정한지 평가하기 위하여 배식하기 전에 1인 분량을 상차림 하여 영양, 분량, 관능, 기호, 위생적인 면 등을 종합적으로 평가하여 기록하는 표로 메뉴에 대해 맛의 조화, 1인 분량, 온도의 적절성, 상차림 등을 평가하는 것이다.
- **급식영양기준량 산출표**: 급식으로 제공된 식품의 영양량 산출표
- **급식일보**: 급식시설에 있어서 식단 내용, 식수 현황을 기록하는 장표이다.
- **급식일지**: 매일 급여되는 식사가 어떤 종류로 얼마만큼씩 급여되었는지 기록하는 장부이다.
- **납품전표**: 업자가 물품납품 시 첨부하는 전표로 납입일자, 식품명, 단가, 수량, 금액 등을 기재되어 있다.
- **발주전표**: 납품업자에게 급식재료를 주문하기 위한 전표이다.
- **식단표**: 급식업무에 가장 중심적인 기능 담당. 급식사무의 기본 계획표로서 급식담당자에 의해서 작성되고, 관리자의 승인을 받으면 관리자의 급식 지시서로 쓰이고 급식작업이 끝나면 급식업무의 실시보고서로 보존됨. 전표와 장부의 기능을 함께 가지고 있다.
- **식사처방전**: 병원급식에서 의사가 지시하는 식사 급여의 처방전이다.
- **식수표**: 급식인원의 파악을 위해 사용되는 전표이다.
- **식품사용 일계표**: 그 날의 식재료비를 계산하고 급식의 원가관리에 유용하게 사용. 전표와 장부의 기능을 함께 가지고 있다

- **식품수불부**: 식품의 수입, 불출, 잔고를 기록하는 장부로 비축식품의 재고품에 대한 출납을 명확하게 기록하고, 평소에 적정재고량을 유지하도록 하는 것이다.
- **영양월보**: 한 달간 사용한 식품 사용량과 1인 1일당 평균식품급여량 및 급여영양량을 기재한 장표이다.
- **영양출납부**: 하루하루의 식품 사용량을 식품군별로 분류, 기재하고, 적절한 식사가 급여되었는지 반성과 동시에 급여계획을 세우기 위한 자료가 된다.
- **입출고전표**: 납품된 재료로 창고에 넣거나 사용하기 위해 창고에서 꺼낼 때 작성하는 전표로 재고량의 사용을 명확히 하고 물품 보충시기 파악의 자료가 된다.

급 식 운 영 일 지

1. 급식인원 현황

급식인원	총인원	아동	교사

2. 식단내용

구 분	아동
오전간식	
중 식	(Kcal)
오후간식	

3. 식단 관리 및 급식인원

<table>
<tr><td rowspan="15">식
단
관
리</td><td rowspan="5">오전
간식</td><td>식수</td><td>검식내용</td><td>검식</td></tr>
<tr><td rowspan="4"></td><td>1. 속까지 익었는가?</td><td>양호/ 보통/ 불량</td></tr>
<tr><td>2. 이물–이취는 없는가?</td><td>양호/ 보통/ 불량</td></tr>
<tr><td>3. 음식의 맛은 어떤가?</td><td>양호/ 보통/ 불량</td></tr>
<tr><td>4. 음식의 온도는 알맞은가?</td><td>양호/ 보통/ 불량</td></tr>
<tr><td rowspan="5">중식</td><td>식수</td><td>검식내용</td><td>검식</td></tr>
<tr><td rowspan="4"></td><td>1. 속까지 익었는가?</td><td>양호/ 보통/ 불량</td></tr>
<tr><td>2. 이물–이취는 없는가?</td><td>양호/ 보통/ 불량</td></tr>
<tr><td>3. 음식의 맛은 어떤가?</td><td>양호/ 보통/ 불량</td></tr>
<tr><td>4. 음식의 온도는 알맞은가?</td><td>양호/ 보통/ 불량</td></tr>
<tr><td rowspan="5">오후
간식</td><td>식수</td><td>검식내용</td><td>검식</td></tr>
<tr><td rowspan="4"></td><td>1. 속까지 익었는가?</td><td>양호/ 보통/ 불량</td></tr>
<tr><td>2. 이물–이취는 없는가?</td><td>양호/ 보통/ 불량</td></tr>
<tr><td>3. 음식의 맛은 어떤가?</td><td>양호/ 보통/ 불량</td></tr>
<tr><td>4. 음식의 온도는 알맞은가?</td><td>양호/ 보통/ 불량</td></tr>
</table>

4. 잔반 발생량

잔반발생량(kg)	잔반내용 분석

5. 기타사항

[그림 3-6] 급식 운영일지의 예

급식 기계 · 기구 관리 대장

기계(기구)명	

구분	일자	규격	모델명	납품(수리)업체	재원	금액(원)	내용	비고

* 작성대상 : 보일러, 다기능오븐, 식기세척기, 국솥, 튀김솥, 식기소독기, 자외선소독기, 야채절단기, 냉·난방기, 냉장냉동고, 저온창고 등 지속적인 관리가 필요한 기계 · 기구

※작성요령
- 구분 : 구입, 수리, 관리전환, 매각, 폐기
- 재원 : 교육청, 학교, 지자체, 기타(발전기금 등)
- 금액 : 구입 · 수리 매각 금액
- 내용 : 수리 및 관리 내역 등

※ 참고: 같은 기구가 여러대가 있을 경우 비고란에 구분할 수 있도록 기재

[그림 3-7] 급식 기기 관리대장의 예

2) 급식 정보관리의 전산화

현재 대부분의 급식소에서는 대부분 전산화가 이루어져 있어 정보의 기록과 분류, 정리 등이 효율적으로 운영되고 있다. 최근에는 급식소의 정보관리가 급식경영 정보시스템(foodservice information system: FIS)으로 세분화되어 발전하고 있다. 급식경영 정보시스템은 급식운영 전반에 걸쳐 사용된 정보의 기록, 분류, 검색, 처리 등 기존 정보관리의 차원에 분석기능이 더해져 급식경영에 있어 필요한 정보를 즉각 제공하여 의사 결정에 도움을 줄 수 있도록 만들어진 시스템을 말한다.

급식소는 이러한 정보관리의 전산화를 통해 단기적으로는 사무인력의 인건비 감소, 수작업 감소, 전산화를 통한 빠른 정보처리 효과를 기대할 수 있고 장기적으로는 정보의 질 개선, 사무업무 생산성 증진, 식품비 및 인건비 절감 효과를 기대할 수 있다.

학교급식의 경우 NEIS(national education information system) 급식시스템을 통해 정보관리가 이루어지고 있다. NEIS는 전국 1만여 개 초·중·고·특수학교와 교육청 및 교육부가 모든 교육행정 정보를 전자적으로 연계 처리하는 시스템으로 학교급식운영 또한 NEIS에 구축되어 있는 급식전산시스템을 활용한다. NEIS 급식시스템은 학교급식 업무를 표준화, 정보화하고 급식 관련 기관 및 교육청과의 정보 공유가 가능하여지도록 함으로써 업무의 효율성을 향상시키는데 목적이 있다.

■ 정률법에 따른 감가상각비 계산

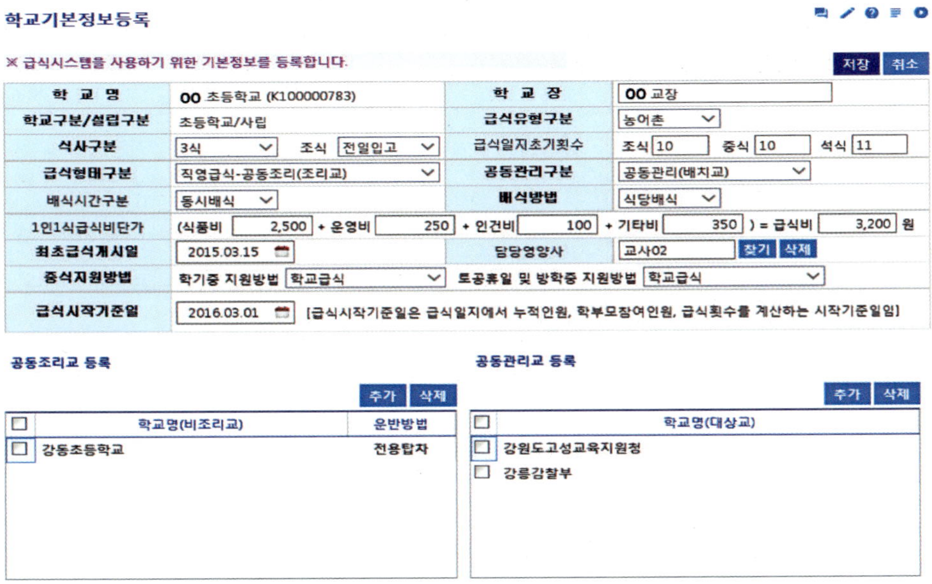

학교기본정보등록

※ 급식시스템을 사용하기 위한 기본정보를 등록합니다.

저장 취소

학 교 명	OO 초등학교 (K100000783)	학 교 장	OO 교장
학교구분/설립구분	초등학교/사립	급식유형구분	농어촌
식사구분	3식 조식 전일입고	급식일지초기횟수	조식 10 중식 10 석식 11
급식형태구분	직영급식-공동조리(조리교)	공동관리구분	공동관리(배치교)
배식시간구분	동시배식	배식방법	식당배식
1인1식급식비단가	(식품비 2,500 + 운영비 250 + 인건비 100 + 기타비 350) = 급식비 3,200 원		
최초급식개시일	2015.03.15	담당영양사	교사02 찾기 삭제
중식지원방법	학기중 지원방법 학교급식	토공휴일 및 방학중 지원방법	학교급식
급식시작기준일	2016.03.01 [급식시작기준일은 급식일지에서 누적인원, 학부모참여인원, 급식횟수를 계산하는 시작기준일임]		

공동조리교 등록

추가 삭제

학교명(비조리교)	운반방법
강동초등학교	전용탑차

공동관리교 등록

추가 삭제

학교명(대상교)
강원도고성교육지원청
강릉감찰부

[그림 3-8] 교육행정정보시스템(NEIS) 급식시스템

출처: 교육부(2020, 나이스 학교행정 시스템 매뉴얼)

3장 실습서 작성 - 정액법 vs. 정률법에 따른 감가상각비 계산

■ 정액법에 따른 감가상각비 계산

• 매년 감가상각비 = $\frac{\text{고정비(FC)}}{\text{공헌마진 비율(Contrib\%)}}$

예제) 6,000,000원, 잔존가격이 600,000원, 내용년수가 10년인 오븐의 감가상각비를 정액법으로 계산하시오.

(6,000,000원 – 600,000원) ÷ 10= 540,000원

• 매년 감가상각비 = 미상각 잔액 x 상각률

• 미상각 잔액 = 구입가격 x 감가상각비 누계액

• 상각률 = $1 - \sqrt[n]{\frac{S}{C}}$

(n: 내용연수, S: 잔존가격, C: 구입가격)

예제) 구입가격이 20,000,000원, 잔존가격이 512,000원, 내용년수가 5년인 식기세척기의 감가상가비를 정률법으로 계산하시오.

$$\text{먼저 상각률} = 1 - \sqrt[n]{\frac{512{,}000\text{원}}{20{,}000{,}000\text{원}}}$$

$$= 1 - \frac{4}{10} = 0.6 \text{ 혹은 } 60\%$$

4년 간의 감가상각비 계산은 다음과 같다. (단위: 천 원)

연도	장부가액	감가상각비	감가 상각비	감가 상각비 누계액
1	20,000	60	12,000	12,000
2	12,000	60	7,200	19,200
3	7,200	60	4,320	23,520
4	4,320	60	2,592	26,112
5	2,592	60	1,555.2	27,667

CHAPTER 04

급식 구매관리

1. 구매절차
2. 저장과 출고
□ 실습서

학습목표

1. 단체급식소에서 이루어지는 구매 절차를 이해하고 각 급식소 현장에 맞게 적용할 수 있다.
2. 급식소에서 구매부서의 조직과 구매담당자의 업무에 대해 설명할 수 있다.
3. 단체급식소의 정확한 식수 수요예측방법을 이해하고 폐기율과 재고량을 반영한 식재료 발주량을 산정할 수 있다.
4. 식품 시장과 유통체계의 특성을 이해하고 설명할 수 있다.
5. 재고관리 유형, 재고관리기법, 재고회전율, 재고자산 평가 방법을 비교하고 설명할 수 있다.

1. 구매절차

단체급식소에서의 구매는 급식 생산 및 관리 등 급식활동의 기초가 되므로 조직 전체적인 입장에서 신중하게 이루어져야 한다. 구매는 급식을 생산하는 데 필요한 물품을 확보하는 기능으로 적정 공급자로부터 적정 가격으로 구입하여 급식 생산성 향상을 도모하고 고객에게 양질의 음식을 제공하는 것을 목적으로 한다.

구매절차는 급식소마다 고유한 방법으로 수행 될 수 있으나 [그림4-1]과 같은 절차로 진행하는 것이 일반적이다.

구매 필요성 인식 → 발주량 산정 → 구매명세서 작성 → 구매요구서 작성 →

공급업체 선정 → 발주서 작성 → 배달 및 검수 → 기록 보관

[그림 4-1] 단체급식소에서의 구매절차

1) 구매 필요성 인식

단체급식소에서 물품구매의 필요성을 인식하는 부서는 물품을 사용하는 급식 생산부서와 적정 재고를 유지해야 하는 창고관리부서이다. 급식 생산부서는 메뉴 작성과 수요예측으로부터 요구 물품 목록과 수량을 결정하여 구매요구서 작성을 통하여 구매부서에 물품 구매를 요청하게 된다.

(1) 구매의 개요

1 구매 의의

단체급식소에서 구매(purchasing)란 식재료와 비식품류(주방기구, 소모품류 등)를 구입하기 위하여 공급업체와 계약하고 계약에 따라 물품을 인도받고 대금을 지불하는 행위이다. 즉, 구매관리(purchasing management)는 급식생산 및 관리의 전 과정을 효율적으로 운영할 수 있도록 최상의 품질 및 적정 수량의 물품을 최적한

공급업자에게 필요한 시기에 적정한 가격으로 구입하는 구매활동을 관리하는 것이다. 단체급식소에서 급식생산에 필요한 물품을 확보하기 위한 계획(planning), 구매(purchasing), 저장(storage), 재고관리(inventory control) 등의 과정을 포함한다.

급식경영에서 식재료비가 차지하는 비중은 상업급식소의 경우 30~40%, 단체급식소의 경우 50~60%를 차지하고 있어 급식 원가관리와 연관성이 매우 크다. 따라서 효율적인 구매활동을 통해 원가를 절감하고 나아가 급식의 품질 향상을 통하여 고객만족을 극대화할 수 있다.

2 구매조직

대규모의 집단급식소는 구매 부서를 별도로 두고 전문 인력이 구매업무를 행하게 되나, 소규모의 급식업체는 구매부서가 없는 경우가 많으므로 급식 관리자가 직접 구매업무를 담당하기도 한다. 구매부서는 원하는 품질의 식재료 및 물품을 최적 가격으로 최적 시기에 구입하여 공급해주는 역할과 선정된 최적의 공급업자와 급식소 간에 정보를 상호 전달해 주는 역할이다.

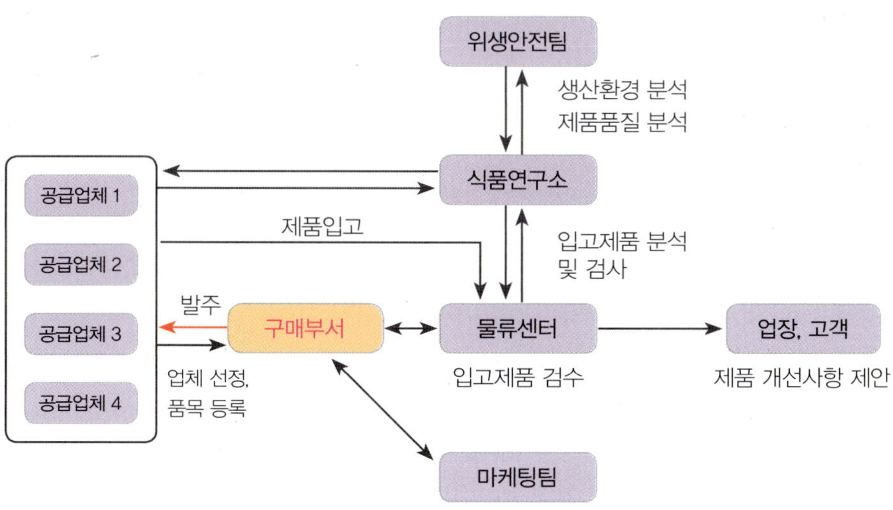

[그림 4-2] 집단급식소의 구매조직

구매담당자는 상품의 특성, 선택요령, 저장조건, 시장과 유통경로, 주문 및 계약 관련법규, 조직 내 구매방침, 구매경로 및 방법, 유통 환경 등 업무와 관련된 지식을 알아야 한다. 또한 품질, 가격, 서비스 등에 기초하여 물품의 가치를 객관적으로 평가하여 합리적인 구매결정을 할 수 있어야 한다. 최근 구매담당자의 업무는 단순한 구매기능 수행에 그치지 않고 전문지식과 경험을 바탕으로 상품구매 기획자(Merchandising, MD)로 그 역할이 확대되고 있다.

근래 구매부서의 구매업무도 온라인화(e-procurement, ERP 등)를 기반으로 한 구매 효율화 확산을 통해 서류작업으로 이루어진 전통적 구매업무가 효율적으로 진행됨에 따라 구매업무 온라인화 등 구매 인프라 구축이 가속화되고 있다.

[그림 4-3] 구매업무 온라인화(e-procurement, ERP)

(2) 수요예측

1 수요예측 의의

수요예측(demand forecasting)은 과거의 기록 또는 현재의 자료들을 체계적 방법을 이용하여 분석한 후 미래의 요구를 예측하는 것이다. 단체급식소에서는 미래 식수를 예측하는 것이라 할 수 있다. 수요예측을 통하여 구매계획, 판매 및 생산계획이 이루어지며, 잘못된 수요예측에 의한 생산초과(over production) 또는 생산부족(under production)의 경우 모두 손실을 초래할 수 있다. 정확한 식수 예측은 생산부족과 과잉에 따른 문제점을 모두 해결해주고 최적생산에 따른 비용 최소화와 고객만족 및 직원 직무 만족도 증대를 확보할 수 있다.

<표 4-1> 수요예측의 의의

정확한 수요예측	부정확한 수요예측	
	Under Production	Over Production
발주업무 효율성 증대 계획적인 구매 가능 식재료비 낭비 최소화 효율적 인력관리 과학적인 생산관리 식자재 손실 최소화 음식 품절 발생 방지	고객 불만 초래 고객 이탈 현상 긴급 발주 및 추가발주로 인한 비용 발생 조리사 및 종사원의 업무에 대한 긴장감 증가	잔식으로 인한 비용 낭비 인력 및 시설비용 낭비 음식물 쓰레기 비용 증가 식품의 품질 저하 및 현금 유동성 저하

예측된 수요보다 생산이 초과될 경우 잔식 발생으로 인한 비용 낭비, 음식의 품질 하락, 현금 유동성 저하, 인력 및 시설 비용 낭비 등의 문제가 발생한다. 반면 생산량 부족의 경우에는 고객 불만이 초래되며 고객 이탈 현상이 발생할 수 있으며, 긴급한 추가 발주와 생산을 위해 부득이 다른 물품으로 대체하게 되어 원가 상승에 대한 부담이 가중되며, 급식 생산을 담당하는 조리종사원의 업무에 대한 긴장감도 증가한다.

2 수요예측 방법

수요예측은 대부분 과거의 기록을 근거로 이루어지므로 정확하고 지속적인 기록체계가 필요하다. 단체급식소의 수요예측을 위해서 수집해야 할 자료는 과거의 식수 인원자료, 메뉴표, 급식소의 유형, 서비스 유형, 선택메뉴 여부, 레시피, 생산일정표 등이다.

수요량을 예측하기 위한 방법으로는 조직 내외 사람들의 경험이나 견해, 직관에 의존하는 주관적 수요예측방법과 입증된 모형을 통해 예측하는 객관적 수요예측 방법이 있다.

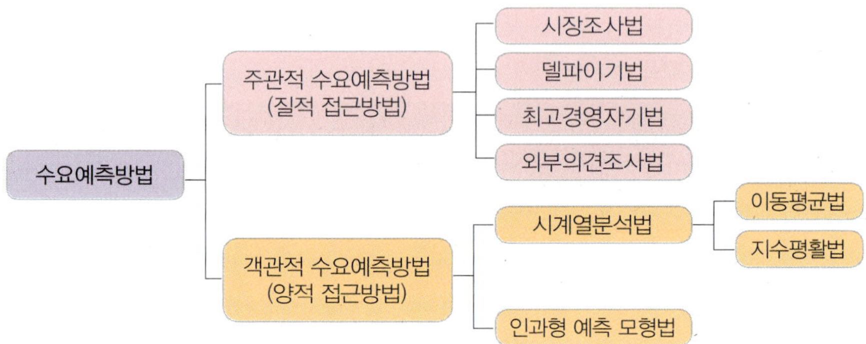

[그림 4-4] 수요예측방법

주관적 수요예측방법(subjective forecasting method)은 질적 접근 방식으로 **시장조사법**(market research), **델파이기법**(Delphi method), **최고경영자기법(중역 의견법)**, **외부의견조사법** 등이 있다. 시장조사법은 시장현황에 관한 가설을 설정하여 체계적이고 공식적인 방법으로 조사, 분석하는 방법이며, 델파이기법은 전문가에게 1차 설문조사를 실시하여 그 결과를 종합하여 합의된 결과가 도출될 때까지 설문조사를 반복하는 분석방법으로 비용과 시간이 많이 소요되므로 급식소에서 적용하기는 힘들다. 최고경영자기법은 장기계획을 세울 때 신제품을 개발할 때 많이 활용하는 방법이다. 외부의견조사법은 외부전문가들의 의견을 수렴하는 방법이다.

주관적 수요예측방법은 기술예측이나 신제품을 출시 할 때와 같이 과거의 예측자료가 불확실하거나 시간 경과에 따른 예측에 일관성이 없고 자료가 충분하지 않을 때 이용된다.

객관적 수요예측방법은 양적 접근 방법으로 **시계열분석법**(time series model)과 **인과형 예측모형법**(causal model)이 있다. 시계열분석법은 과거의 매출이나 수량 자료로부터 시간적인 추이나 경향을 파악하여 장래를 예측하는 방법으로 **이동평균법**

(moving average method)과 **지수평활법**(exponential smoothing method) 등이 있다. 단기예측에 가장 적합한 방법으로 시계열(일, 주, 월, 분기, 년) 자료에 따른 과거의 생산수량, 식수인원, 판매량에 대한 기록을 근거로 미래를 예측한다.

시계열분석법은 수년간의 자료 수집이 용이하고, 변화 경향이 뚜렷하며 안정적일 때 사용되는 통계적 예측방법이다.

• **이동평균법**(moving average method): 최근 일정기간 동안의 식수 평균을 구하여 수요를 예측하는 방법으로 가장 간단하면서도 단체급식소에서 많이 이용하는 방법이다. 오래된 기록을 제외하고 가장 최근 기록들로만 평균을 산출하는 방법으로 최근 3개월 간의 자료에 대한 평균을 산출하는 단순이동평균법(3-month moving average)이 가장 많이 사용되고 있다.

예제) H급식소의 월별 식수 인원이다. 3개월간 단순이동 평균법으로 5월의 식수를 예측하시오.

월	1	2	3	4	5
제공 식수	700	1,000	1,200	1,100	?

→ 5월의 예측식수= 최근 3개월 식수 평균값 (1,000+1,200+1,100/3=1,100식)

• **지수평활법**(exponential smoothing method): 가장 최근의 기록의 영향력에 가중치를 부여하여 수요를 예측하는 방법으로 전산화프로그램으로 쉽게 이용할 수 있으며 정확한 단기적 수요예측을 하고자 할 때 많이 사용한다. 수요가 안정된 메뉴는 실제식수와 예측식수 간의 차이가 크지 않으므로 α값을 0에 가깝게 설정하고, 수요 변동이 심한 메뉴는 1에 가깝게 설정한다. 예를 들어 수요가 안정된 메뉴는 0.1-0.3, 수요가 불안정한 메뉴는 0.4-0.6, 신 메뉴일 경우에는 0.7-0.9를 적용한다.

F1=α x Dt-1 + (1-α) x Ft-1

예측식수= α(가장 최근의 제공 식수)+(1-α)가장 최근의 예측식수

예제) A급식소의 식수를 지수평활법을 활용하여 2,3,4월의 식수를 예측하시오. 단 이 급식소는 수요 변동이 많지 않은 곳으로 10% 정도 변동이 있다고 한다(평활계수 α=0.1).

월	1	2	3	4
제공 식수	500	500	450	550
예측 식수	510	?	?	?

→ 2월 예측식수: 0.1x(500)+0.9x(510)=509식
3월 예측식수: 0.1x(450)+0.9x(509)=503식
4월 예측식수: 0.1x(550)+0.9x(503)=508식

인과형 예측법(causal model)은 식수와 이에 영향을 주는 요인간의 수학적 인과 모델을 개발하여 수요를 예측하는 방법이다. 변수가 한 개일 경우에는 선형회귀 분석, 두 개 이상일 경우 다중회귀분석으로 수요를 예측한다. 식수에 영향을 주는 요인으로 성별, 나이, 거주 지역, 메뉴 선호도, 계절, 날씨, 좌석회전율, 행사 등이 있다.

• **인과형 예측 모형법**(causal forecasting model): 어떤 원인과 결과 사이에 수학적 인과관계를 찾아서 수요를 예측하는 방법으로 회귀모델, 계량경제 모델 등이 있다. 예측식수에 영향을 주는 요인과 관계를 나타내는 수식으로 예측 식수에 영향을 주는 요인에는 날씨, 요일, 계절, 특별 이벤트, 메뉴 선호도, 방문 시간, 식당 좌석 회전율 등이 있다.

Y=a0+a1X1+a2X2+⋯ +anXn
Y=예측식수, a0~an:회귀계수, X1~Xn: 식수에 영향을 줄 수 있는 요인

2)발주량 산정

발주(發注, placement of order)란 물품을 주문하는 것을 말한다. 급식소에서 발주량 산출은 메뉴를 기초로 하여 1인 분량, 식재료의 폐기율과 가식부율로 계산된 출고계수 그리고 예상식수를 구성요소로 산정한다.

(1) 폐기율이 없는 식재료

메뉴에 포함된 각 식재료의 표준 레시피로부터 식재료별 1인 분량을 산출 한 후 예측식수를 곱하여 다음과 같이 발주량을 산출한다.

폐기부분이 없는 예측식수= 1인 분량 x 예상식수

예제) B급식소의 5월 6일 점심 예상식수가 1,000명이다. 점심 메뉴로 깍두기를 준비하는데, 1인 분량은 40g이다. 깍두기 발주량을 계산하시오.

→ 깍두기 발주량: 40g X 1,000명 =40kg

(2) 폐기율이 있는 식재료

폐기율이 있는 식재료의 경우 메뉴에 포함된 각 식재료의 표준 레시피로부터 재료별 1인 분량을 산출하고, 식재료의 폐기율을 이용하여 출고계수를 산출한 후 예측식수를 곱하여 다음과 같이 발주량을 산출한다.

폐기부분이 있는 예측식수= 1인 분량 x 출고계수 x 예상식수
출고계수 = 100/(100-폐기율) =100/가식부율

예제) C급식소의 5월 6일 점심 예상식수가 1,000명이다. 점심 메뉴로 배추김치를 준비하는데, 1인 분량은 50g이며, 포기배추김치의 폐기율은 10%인 경우 포기김치의 발주량을 계산하시오.

→ 포기김치 발주량: 50g X (100/(100−10)) X 1,000명 = 55.5kg ≒ 56kg

<표 4-2> 식품별 폐기율 및 출고계수

식품류	식품명	폐기율 (%)	가식부율 (%)	출고 계수	식품류	식품명	폐기율 (%)	가식부율 (%)	출고 계수
육류	쇠고기 (살코기)	0	100	1.00	버섯류	송이버섯	5	95	1.05
	쇠고기 (갈비)	35	65	1.54		팽이버섯	36	64	1.56
	돼지고기 (살코기)	0	100	1.00		표고버섯	0	100	1.00
	돼지고기 (족발)	55	45	2.22	과일류	귤	18	82	1.22
	닭고기 (다리살)	43	57	1.75		딸기	2	98	1.02
	닭고기 (가슴살)	0	100	1.00		바나나	40	60	1.67
어패류	가자미	45	55	1.82		사과	13	87	1.15
	갈치	33	67	1.49		수박	31	69	1.45
	고등어	41	59	1.69		참외	22	78	1.28
	조기	48	52	1.92	채소류	상추	0	100	1.00
	꼬막	74	26	3.85		배추	61	39	2.56
	바지락	79	21	4.76		시금치	14	86	1.16
	꽃게	61	39	2.56		양배추	20	80	1.25
	낙지	13	87	1.15		당근	11	89	1.12
	오징어	22	78	1.28		도라지	16	84	1.19
난류	달걀	11	89	1.12		연근	13	87	1.15
	메추리알	12	88	1.14		가지	5	95	1.05
해조류	김	0	100	1.00		애호박	0	100	1.00
	미역	0	100	1.00		오이	5	95	1.05

출처: 국가표준식품성분표 DB(2020)

(3) 적정 발주량 결정

신선식품과 같은 비저장품일 경우에는 산출된 발주량을 그대로 주문하면 되지만, 소모비품, 냉동식품과 같은 저장품목일 경우는 재고량이나 주문비용 등을 고려하여 적정 발주량을 결정하게 된다. 저장비용과 주문비용을 고려하여 발주하는 적정량을 경제적발주량(EOQ: Economic Order Quality)이라고 한다. 저장비용은 재고관리 위해 소요되는 비용으로 저장시설의 유지비, 관리비, 보험비, 재고손실률 등을 말한다. 주문비용은 주로 인건비가 차지하고 업무처리비용, 교통통신비, 소모품비, 검수에 따른 비용을 포함하고 있다.

저장비용이나 주문비용은 발주량과 주문 횟수에 따라 달라진다. 연간 소요비용으로 산출 할 때 1회당 발주량이 많아지면 연간 저장비용은 증가하지만 주문횟수가 줄어들게 되므로 주문비용은 저하된다. 반대로 1회 발주량이 적으면 재고 유지에 드는 비용은 줄고 연간 주문비용은 증가한다. 너무 많은 발주량은 저장비용을 증가시키고, 너무 적은 발주량은 주문비용을 증가시킨다. 적정 주문량은 연간 저장비용과 주문비용의 총합이 가장 적은 지점이 되며, 이를 경제적 발주량(EOQ)라고 한다.

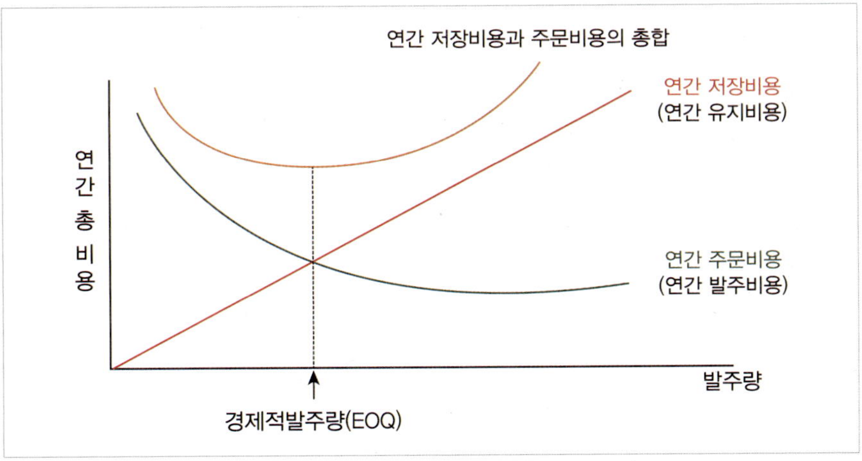

[그림 4-5] 경제적 발주량(EOQ)

3) 물품 구매명세서 작성

물품구매명세서(specification)은 구입명세서, 물품명세서, 시방서라고도 하며, 구매하고자 하는 물품의 품질표준을 유지하기 위해 물품의 특성 및 품질에 대해 기술한 서식이다. 물품 구매명세서는 구매계약 체결 전에 구매자에 의해 작성되며, 작성을 할 때 물품구매명세서에 들어가는 내용은 간단하고 명료하게 꼭 필요한 정보만을 서술한다. 물품구매명세서는 물품의 사용부서, 구매부서, 검수부서, 창고관리 부서 및 공급업체에서 각자의 고유 업무 수행시에 참고하므로, 단체급식소 전체의 물품 품질 표준을 유지하는 데 매우 중요하다.

물품구매명세서는 발주서와 함께 공급업체에 송부하여 기재된 품질에 맞게 물품을 공급할 수 있도록 돕고 검수담당자는 검수 할 때 물품구매명세서에 적힌 품질에 맞는 품질과 수량이 공급되었는지 확인한다. 식품 구매명세서에는 다음의 내용이 적혀 있어야 한다.

<물품 구매명세서 필수 기재 내용>

- 식품의 일반적 제품명 및 상표명
- 식품의 품질 등급, 냉장 및 냉동상태
- 식품의 포장단위 혹은 포장 용량
- 식품 포장에 사용된 용기의 크기와 포장 단위 내의 개수
- 식품의 가공 처리 정도와 숙성의 정도
- 구매 식품의 품종, 원산지
- 식재료 단가
- 사용 일자
- 그 외 당분, 지방 함량 등 영양성분

학교급식의 경우는 학교급식법 시행규칙 제4조 제1항에 학교급식 식재료 품질관리 기준을 별도로 규정여 농축수산물 및 가공식품에 대해 품질 및 등급에 대한

규격을 지정하고 있으며, 식재료별 원산지와 규격, 품질등급 등은 검수 시의 기준으로 활용한다.

거래명세서(공급받는자용)

입고일자 : 　　　　　　지역 : 1522 (089)

공급자 [물류 센터]	상호		공급 받는자	상호	
	사업자NO				
	주소				

연락처정보		
배송SC		
고객상담		
영업담당		

전달사항

2000.00.00 　　　　반품구분: 전체　출력구분: 식재

NO	상품	규격/원산지		수량	단가	공급가액	VAT	합계
1	(돼지고기)뒷다리(냉동)	KG(깍뚝_소_소_1.5*1.5*1.5cm_국내산)		2.00	4,664	9,328	0	9,328
*		국내	냉동					
2	대왕오징어귀채(채)	PK.(1.8kg_페루)		1.00	11,780	11,780	0	11,780
*		페루산	냉동					
3	바지락(생)	KG(국내산)		2.00	2,214	4,428	0	4,428
			냉장					
4	양상추(상)	KG(깐것_국내산)	상	0.50	9,370	4,685	0	4,685
			실온					
5	쥬키니호박(상)	KG(개당400g내외_국내산)	상	3.00	2,758	8,274	0	8,274
			실온					
6	짜사이 화풍	PK.(1kg_중국)		2.00	3,050	6,100	0	6,100
			실온					
7	파프리카(상)(적색)	KG(국내산)		0.50	4,395	2,198	0	2,198
			실온					
8	피망(상)(청색)	KG(개당50~90g_국내산)		0.50	5,417	2,709	0	2,709
			실온					
9	흙감자(상)	KG(개당180~230g_국내산)	상	2.00	2,872	5,744	0	5,744
			실온					

확인				
당일출하	과세	126,121	VAT	12,612
	면세	55,246	합계	193,979

확인				
납품인		검수인		

[그림 4-6] 물품 구매명세서

출처: 주) 아워홈

4) 구매 청구서 작성

(1) 구매의 유형

구매 유형은 구매하려는 물품의 특성, 구매량, 시장조건, 조직규모, 구매 부분의 업무 범위 등에 따라 적합한 구매유형을 선택하는 것이 바람직하며, **독립구매**(decentralized purchasing), **중앙구매**(centralized purchasing), **공동구매**(group purchasing), JIT(Just In Time)구매 등으로 분류할 수 있다.

1 독립구매(decentralized purchasing)

독립구매(independent purchasing)는 분산구매(decentralized purchasing)라고도 하며, 조직의 한 부서에서 필요한 물품을 독립적으로 단독 구매하는 형태이다. 예를 들어 단체급식소의 급식 관리자나 음식점의 소유주가 구매담당자로서 구매에 대한 책임을 지고 계약을 실행하는 경우이다. 독립구매는 구매 절차가 간단하여 긴급할 때 유용하며, 근거리 구매로 운임 등의 경비가 절감되고, 단시간에 신속한 구매가 가능하는 등의 장점이 있지만, 소규모일 경우 구입 단가가 높아지며, 공급처 위치가 원거리인 경우 적합한 시기에 구매하기 어려움 등의 단점이 있다

2 중앙구매(centralized purchasing)

일반적으로 규모가 큰 위탁급식업체나 대규모 체인음식점에서 주로 사용한다. 이 유형은 구매부서가 독립적으로 존재하여 조직 전체에 필요한 구매기능을 담당한다. 중앙구매는 일관된 구매방침을 확립할 수 있고, 대량 구매로 구매가격이 저렴하여 비용 절감의 효과가 있고, 거래처 관리가 용이하며 효과적인 재고관리로 재고량 감소효과가 있으나 구매부서에서 총괄적으로 구매업무를 담당하므로 비능률적이고 절차가 복잡하며, 구매에 장시간이 소요되어 긴급하게 구매할 품목이 있을 때 불리하며, 구매의 자립성이 없고 과정이 복잡한 것이 단점이다.

4 공동구매(group purchasing)

경영자나 소유주가 다른 조직체들이 공동으로 협력하여 구매하는 형태이다. 공동구매는 독립구매보다 구매량이 많아지므로 원가 절감의 효과가 있으며, 공신력 있는 공급업체를 선정할 수 있다. 이러한 구매 형태는 학교급식에 효과적으로 적용할 수 있는데, 교육지원청을 중심으로 공동으로 구매를 진행하면 행정업무 경감과 함께 양질의 식재료를 저렴한 단가로 구입할 수 있어 점차 확산되고 있는 추세이다. 또한 중소 위탁급식전문 업체들은 대기업에서 운영하는 위탁 급식전문업체의 식자재 유통 시스템을 활용하여 공동구매하고 있다.

4 JIT 구매(Just In Time)

1970~80년대 일본, 미국 등 전 세계 기업들이 이용하기 시작한 경영혁신기법으로, 낭비를 최소화하여 필요한 때 필요한 양만큼 생산하는 적시생산 시스템에서 유래하였다. 재고를 보유하지 않고 급식생산에 필요한 물품을 필요한 때 즉시 구매하는 방식을 의미한다. JIT 구매 방법은 식재료의 지속적인 공급 보장, 식재료 조달기간의 축소, 재고량 최소화, 구매비용의 절감을 목표로 하고 있다. 저장기간 동안 품질이 급격히 저하되는 채소, 과일, 고기, 생선류 등 신선식품을 당일 입고하여 당일 사용한다. 단체 급식소의 JIT 구매는 재고량을 최소화하여 저장 공간을 효율적으로 사용할 수 있어 원가절감에 도움을 줄 수 있으며, 최근 물류센터를 통한 식재료의 유통이 활성화되면서 학교급식 등에서 많이 이용되고 있다.

(2) 구매 청구서

구매 청구서(purchasing requisition)는 구매요청서 또는 요구서라고도 한다. 구매 청구서는 급식부서와 구매부서 간 업무 처리를 위해 기록되는 공식적인 문서로서 2부를 작성하여 보통 원본을 구매부서에 보내고, 사본은 구매를 요구한 부서에서 보관해 둔다. 구매 청구서에는 청구번호, 필요량, 필요한 품목에 대한 간단한 설명, 배달 날짜, 예산 회계번호 등이 포함되며, 그 외에 공급업자의 상호명과 주소, 주문 날짜, 가격 등이 기재되기도 한다.

식자재 구매 청구서

◆ **납품기간 :** 2020년 3월(계약일) ~ 2021년 2월

◆ **품 목 :** 축산물

연번	품 명	규 격	원산지	단위	단가	비고
1	계란	특란(개당 60~68g*30입)	국내산	ea	9,180	
2	닭가슴살	1등급, 용도에 맞게 절단, 냉장	국내산	kg	6,980	
5	닭다리살	1등급, 4*4cm, 냉장	국내산	kg	12,930	
7	닭다리살	1등급, 2*2cm, 냉장	국내산	kg	12,010	
8	닭안심	1등급, 용도에 맞게 절단, 냉장	국내산	kg	7,150	
9	닭장각	1등급, 껍질유, 개당 180~200g, 냉장	국내산	kg	9,350	
10	닭토막	1등급, 4~50g, 냉장	국내산	kg	5,760	
11	통닭	1등급, 1.2kg±50g/ea, 냉장	국내산	kg	6,990	
12	돈갈비	찜용, 4*3*2cm, 냉동	국내산	kg	11,660	
13	돈갈비	LA구이용, 6*4*1.2cm, 냉동	국내산	kg	12,110	
14	돈뒷다리	불고기용, 0.3cm, 냉동	국내산	kg	6,790	
15	돈뒷다리	짜장카레용, 1.5*1.5*1.5cm, 냉동	국내산	kg	6,630	
17	돈뒷다리	다짐육, 냉동	국내산	kg	6,290	
18	돈뒷다리	채썰기, 0.5*0.5*6cm, 냉동	국내산	kg	6,490	
19	돈뒷다리	폭찹용, 4*4*0.8cm, 냉동	국내산	kg	9,550	
20	돈등뼈	찜용, 5*7cm, 냉동	국내산	kg	4,820	
21	돈등뼈	탕용, 토막 개당 80~100g , 냉동	수입산	kg	4,750	
23	돈목살	깍둑, 2.5*2.5*2.5cm, 냉동	국내산	kg	19,330	
24	돈사태	덩어리, 냉동	국내산	kg	9,540	
25	돈사태	깍둑, 3*3*3cm, 냉동	국내산	kg	10,030	
26	돈삼겹살	구이용, 두께 1cm, 냉동	국내산	kg	13,510	
27	돈삼겹살	구이용, 0.5cm, 냉동	국내산	kg	14,220	
28	돈삼겹살	보쌈용, 덩어리, 냉동	국내산	kg	13,320	
29	돈삼겹살	찌개용, 3*2*1cm, 냉동	국내산	kg	14,220	
30	돈삼겹살	슬라이스, 대패용, 1mm, 냉동	국내산	kg	14,220	
31	돈앞다리	보쌈용, 덩어리, 냉동	국내산	kg	11,070	
32	돈앞다리	불고기용, 0.3cm, 냉동	국내산	kg	11,170	
33	돈앞다리	찌개용, 3*2*1cm, 냉동	국내산	kg	11,180	
37	오리정육	1등급, 슬라이스, 냉장	국내산	kg	15,360	
38	우갈비	숏립, 탕용, 2~2.5cm, 냉동	호주산	kg	26,090	
39	우사골	탕용, 냉동	국내산	kg	4,880	
41	우삼겹	업진살, 1.5mm, 냉동	수입산	kg	11,700	
42	우삼겹	업진살, 0.3mm, 냉동	수입산	kg	12,010	
43	우양지	국거리용, 0.4cm, 냉동	호주산	kg	20,000	
44	우양지	샤브샤브용, 0.1~0.2cm, 냉동	호주산	kg	19,920	
45	우양지	장조림용, 5*5*5cm 냉동	호주산	kg	20,420	
47	우전각	다짐육, 냉동	호주산	kg	17,860	
48	우전각	불고기용, 두께 0.2cm, 냉동	호주산	kg	18,570	
49	우전각	채썰기, 0.5*0.5*5cm, 냉동	호주산	kg	18,660	
50	우전각	장조림용, 깍둑 3*3*3cm, 냉동	호주산	kg	18,660	
합 계					485,380	-

[그림 4-7] 식자재 구매 청구서

5)공급업체 선정

(1) 구매계약

1 납품업체 평가표

구매담당자는 구매 청구서에 근거하여 필요한 물품을 공급해 줄 수 있는 업체를 선정하여야 한다. 이때 공급업체의 위생관리능력, 운영능력 및 위생상태 등의 기준을 마련해 놓으면 좀 더 신선하고 질이 좋으면서 안전한 공급업체를 선정할 수 있다.

〈표 5〉 납품업체 방문평가표

• 점검업체명 : • 공급학교수 : (　　)개교

• HACCP업체 지정 여부 (지정□, 미지정□)

구 분	점 검 사 항	평가 우수	평가 보통	평가 미흡
❶ 작업공정 및 환경위생	1. 원재료의 보존상태			
	2. 작업장 청결상태			
	3. 작업된 식품 보관상태			
	4. 작업장의 온도·습도 관리			
	5. 작업장의 방충설비 관리상태			
	6. 작업장의 위치, 조명, 환기 시설의 적절성			
	7. 작업장의 바닥, 벽, 천장 등 파손 여부			
	8. 작업용구(칼, 장갑, 기구류)의 세척, 소독 상태			
	9. 냉장·냉동고의 식재료 보관 및 관리상태 (위생 및 유통기한)			
	10. 냉장·냉동 시설의 적정 용량 확보 및 온도유지 (냉장 5℃, 냉동 -18℃ 이하)			
	11. 작업장 주위시설 위생관리(화장실 및 쓰레기처리)			
	12. 사용용수의 적합성 (상수도 또는 지하수 검사성적서)			
	13. 작업장 정기소독 실시 여부			
❷ 개인위생	14. 작업복, 작업모, 작업화 착용 및 청결상태			
	15. 정기건강진단 실시 여부(6개월에 1회 실시)			
	16. 작업장 내 수세시설 및 손소독기 비치여부			
	17. 작업자 위생교육 실시 여부(위생교육일지 열람)			
❸ 수송위생	18. 제품 수송 차량 청결 및 온도유지			
	19. 제품 수송 차량 내에 교차오염을 방지할 수 있는 설비 여부			
❹ 기타	20. 배상물 책임보험 가입 여부			
	21. 급식품 제조 또는 운송 시 하청 여부 (전체 납품 물량과 작업장 종사자수 및 운반차량의 적정성)			
❺ 서류비치 (축산물)	22. 축산물 등급판정서, 도축확인 증명서 비치 여부			
❻ 종합의견 및 참고사항				

점검일자 : 202○년 월 일

점 검 자(학 교) : 직 급식소위원회 위원 성명 (서명)

점 검 자(학 교) : 직 급식소위원회 위원 성명 (서명)

확 인 자(납품업체) : 직 성명 (서명)

[그림 4-8] 납품업체 방문평가표

출처: 교육부(2021, 학교급식 위생관리 지침서 5차 개정)

2 구매 계약방법

구매 계약방법은 경쟁 입찰(競爭入札)계약과 수의(隨意)계약으로 구분 할 수 있으며, 구매의 계약방법에 따라 공급업체 선정하는 과정이 달라질 수 있다. 계약방법은 급식기관의 방침, 급식 규모, 활용가능 자금, 물품 배달의 주기 등에 의해 결정된다. 계약 방법에는 공식적인 구매방법인 경쟁 입찰계약 방법과 비공식적 구매방법인 수의계약 방법이 있다.

■ 경쟁 입찰계약

입찰을 원하는 공급업체 중 급식소에서 원하는 품질의 물품 입찰 가격을 예정가격에 가장 합당하게 제시한 업체와 계약을 체결하는 방법이다. 경쟁입찰은 입찰 및 계약에 관한 사항을 신문, 게시판, 홈페이지 등에 공고하여 불특정 다수의 공급업체를 대상으로 입찰자를 모집하고 상호 경쟁을 통해 미리정한 예정가격 범위 내에서 타당성 있는 가격을 제시한 입찰자를 선정하여 계약을 체결하는 방법이다.

학교급식에서는 보통 계약금액이 5,000만원 이상인 경우 경쟁입찰에 의해 계약자를 선정하는데 학교 자체 적격 심사기준을 마련하여 참가 대상업체의 적격성 여부를 검증하고 가격 입찰이 아닌 경우에는 입찰 공고 또는 입찰 설명서에 반드시 명확한 선정 기준을 제시하고 있다.

[그림 4-9] 경쟁입찰 계약에 의한 학교급식 공급업체 선정

출처: https://ns.eat.co.kr/NeaT/eats

■ **수의계약**

수의계약은 공급업자들을 경쟁에 붙이지 않고 계약내용을 이행할 자격을 가진 특정업체와 계약을 체결하는 방법을 말하며, 복수견적과 단일견적으로 나뉜다. 보통 지방자치단체를 대상자로 하는 계약에 관한 법률 제25조 및 제30조에 근거하여 추정가격 2,000만원 이하인 경우는 1인 견적으로 계약이 가능하고, 2,000만원 초과 5,000만원 이하인 경우는 2인 이상의 견적을 받아야 한다.

수의계약은 특정업체와 계약이 유리하다고 판단될 경우, 경쟁 입찰계약에 실패한 경우, 계약의 목적과 성질이 경쟁에 적합하지 않는 경우, 계약가격이 소액인 경우에 이용된다. 특히, 소규모 급식소인 경우와 같이 구매량이 소량이고, 즉각적인 배달이 필요한 경우, 시장가격이 불안정한 경우, 공급업체가 제한된 경우 등에 유리한 구매방법이다.

<표 4-3> 경쟁 입찰계약과 수의계약 장단점

	경쟁입찰계약	수의계약
종류	일반경쟁입찰: 불특정 다수 공급업체 지명경쟁입찰: 구매자 측에서 지명한 몇 개 업체만 공고하여 모집 제한경쟁입찰: 일정한 자격요건 구비한 공급업체 참여하도록 제한	복수견적: 여러 공급업체로부터 견적서 요청 후 최적업체 선정 단수견적: 특수 품목이어서 취급업체 제한된 경우 한곳으로만 견적 받음
장점	공평한 기회 부여 구매절차가 공정함 구매 계약시 발생하는 의혹과 부조리 방지 최저가 낙찰로 경제적	절차가 간편함 경비와 인원 절감 신용이 확실한 공급업체와 계약 물품 인수가 신속함
단점	자격미달 업체 참여 방지 어려움 긴급 상황에서는 부적합 업자 간 담합으로 비싼 단가	구매자의 구매력이 제한됨 구매 공정성이 결여되고 경쟁력이 미흡함 가격 협상시 불리한 가격으로 계약할 수 있음
용도	저장성이 높은 식품을 정기적으로 구매할 때 주로 사용 시간적 여유가 충분한 경우 새로운 공급업체를 찾고자 하는 경우 대규모 급식소 및 정부지원 급식시설인 경우	신선 식품을 구매할 경우 시간이 촉박한 경우 경쟁 입찰에 계약체결이 실패한 경우 계약 가격이 소액인 경우 소규모 급식소, 공급업체 제한된 경우
법적 효력	계약서	물품 명세서 및 발주서

(2) 구매 환경

구매담당자는 시장조사를 통하여 구매방침의 결정, 구매 시기 및 구매 예정가격을 결정하고 공급체와 계약체결 시 견적가가 적합한지를 파악할 때 근거자료로 활용할 수 있다.

1 시장

시장은 물건의 거래가 이루어지는 일정한 장소를 의미하였으나, 사회가 고도로 복잡해지면서 시장의 기능도 다양해져 시장의 정의는 생산지로부터 소비자의 식탁에 이르는 모든 경로를 의미하기도 한다. 시장은 판매하는 식품의 종류, 유통경로 및 시장 위치 등에 따라 분류된다. 시장은 물품과 공급업체에 대한 다양한 정보를 제공해주므로 구매자는 여러 가지 시장의 종류와 기능을 파악하여 구매 계획을 세워야 한다.

시장은 식품의 종류에 따라 양곡시장, 수산물시장, 청과물시장, 축산물시장 등으로 구분할 수 있으며, 유통경로 및 시장의 위치에 따라 제1차 시장(산지시장), 제2차 시장(도매시장), 지역시장(소매시장)으로 나눌 수 있다. 제1차 시장은 산지 근처에 형성되는 생산자의 판매시장이며, 제2차 시장은 1차 시장으로부터 식품을 대량으로 구입하여 지역시장에 배분하는 역할을 하고 있으며, 공적 기능을 원활하게 수행하기 위해 시장기구나 조직구성원에 대해 제도적으로 규정하고 있다. 도매시장은 거래상의 안전을 보장 할 수 있으며 공개 경매를 통한 균형가격을 형성하고 농수산물의 수급 조절을 담당한다. 지역시장은 소비지에 형성되는 시장으로 최종소비자에게 물품 및 각종 서비스를 제공하는 역할을 한다.

2 유통경로

식품의 유통경로는 물품과 소유권이 생산자로부터 최종 소비자에게 이동되는 과정에서 관련된 활동을 담당하는 중간 상인들의 상호연결과정을 말한다. 식재료가 생산지로부터 급식소까지 이동하는 중간 유통단계인 도매상, 소매상을 거치는 다양한 형태의 유통경로가 존재할 수 있다.

농수산식품은 획일적으로 생산되는 공산품과 다르므로 유통과정에서 생산 공급의 불안정, 계절 간 가격 변동의 심화, 규격화와 표준화의 어려움, 품질 유지관리의 어려움, 운송비 과다, 농가별 유통활동의 영세성 등의 문제점을 가지고 있다. 농수산물 도매시장은 수요자와 공급자 간의 적정가격을 형성하고 대량 집하 및 분산을 통해 수요, 공급을 조절하여 신속한 거래를 촉진시키며 유통경로 단축으로 유통경비를 절약하는 역할을 한다.

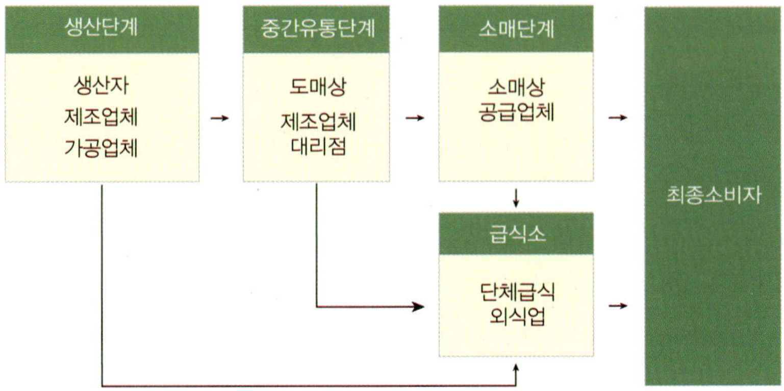

[그림 4-10] 식품유통체계

최근 소비구조 면에서 소득 및 소비수준의 향상은 시장기능의 다양화를 요구하고 있다. 도매시장 외의 거래 방법으로 유통경비를 절감 할 수 있는 계약재배 방식과 산지 직거래 방식이 활성화되고 있다. 계약 재배 방식은 감자, 감귤 등의 원료 농산물이 대량으로 필요한 가공업체가 생산자와 계약하여 재배하는 방식이다. 산지 직거래 방식은 생산자와 소비자가 직접 거래함으로써 유통단계를 축소시켜 구매 원가를 절감하는 방식이다.

인터넷상의 직거래 장터, 온라인 판매 대리점 등이 활성화되었으며, 친환경 농산물 등 우수 농산물을 소비자가 생산자 단체와 직거래하는 경우도 증가하였다. 학교급식에서는 공정한 계약과 구매절차 간소화를 위해 2010년 농수산물사이버거래소를 통한 학교급식 식재료 전자조달시스템을 구축하였다. 한국농수산식품유통공사(aT)에서 개발한 학교급식전자조달시스템(eaT)은 2010년 119개교에서 2020년 9천 465개교로 늘었으며, 학교뿐만 아니라 어린이집, 사회복지시설, 지방자치단체 등에서도 이용되고 있다.

[그림 4-11] 전산 주문 시스템

출처: 현대그린푸드

4 시장조사

합리적인 구매계획을 세우기 위해서는 시장조사를 통해 시장가격이나 식재료 수급상황에 대한 정보를 정확하게 파악하여야 한다. 시장조사의 목적은 구매방침의 결정, 원가계산을 위한 구매예정가격 결정과 구매 방법 개선을 통한 비용 절감에 있다. 구매 시장조사는 새로운 식재료 발굴, 제품의 품질 및 작업공정개선, 원가절감, 경제적 유리성, 예정가격의 결정, 효율적인 구매계획의 수립에 의의가 있다.

효율적인 구매계획을 수립하기 위해 철저한 시장조사가 이루어져야 하는데, 시장조사는 품목, 품질, 수량, 가격, 구매 시기, 공급업체, 거래조건 등에 대해 조사하여야 한다. 시장조사를 진행할 때 지켜야 할 원칙이 있다.

<시장조사의 원칙>

- **조사정확성**의 원칙: 시장조사는 구매시장 실태에 대한 정확한 정보를 전달해야함
- **조사계획성**의 원칙: 정확한 시장조사를 위해서는 구체적 계획이 수립되어야 함
- **조사탄력성**의 원칙: 시장 및 계절 등 여러 환경요인에 의해 발생하는 시장 변동과 정책 변화에 능동적으로 대응할 수 있어야 함
- **조사적시성**의 원칙: 필요시기에 실제 구매가 이루어지도록 정해진 시간 안에 이루어져야 함
- **비용경제성**의 원칙: 시장조사에 소요되는 인적자원, 시간, 소요비용이 최소가 되어야 함

시장조사는 구매를 통한 원가절감과 급식조직의 이익증대를 위해 수행되는데, 관련 업체의 동향, 가격현황, 관련 업체의 수급 동향, 거래처의 대금결제 방법 등을 조사하는 기초 시장조사, 현재 필요한 물품의 가격변동과 수급현황을 조사하는 품목별 시장조사, 특정업체와 지속적으로 거래를 유지하기 위해 실시하는 구매거래처별 시장조사, 유통의 건전성을 알아보기 위해 실시하는 유통체계별 시장조사 등으로 나눌 수 있다.

6) 발주

(1) 발주 방식의 결정

발주방식은 발주해야 할 품목에 따라 결정되며 정기발주 방식(fixed-order period system: P 시스템)과 정량발주 방식(fixed-order quantity system: Q 시스템)으로 결정하게 된다.

1 정기발주 방식(P system)

정기발주 방식은 정기적으로 일정한 발주시기에 부정량을 발주하는 유형이다. 발주량은 최대 목표 재고량에서 현재 재고량을 차감한 양이 된다. 일반적으로 최

대 재고 수준을 미리 정해 놓기 때문에 수요량 차이에 따라 주문량은 일정하지 않다. 물품 가격이 고가여서 재고 부담이 크거나 공급하는 데 기간이 많이 걸리는 물품 또는 수요예측이 가능한 물품에 적합하다.

2 정량발주 방식(Q system)

정량발주 방식은 재고수준이 발주점인 일정수준에 도달하면 발주하는 방식이다. 발주점은 발주부터 입고까지 조달기간 중에 예측되는 소비량과 안전재고량의 합계가 재고로 남아 있는 시점이 된다. 주문량이 매번 일정하나 재주문점 시기는 일정하지 않다. 따라서 재주문 시점을 파악하기 위해서는 계속적으로 재고수준을 검토해야 한다.

<표 4-4> 정기발주 방식(P system)과 정량발주 방식(Q system)의 비교

	P system	Q system
발주시기	정기적	부정기적(발주점 도달 시)
발주량	부정량(목표 재고량–현 재고량)	정량(EOQ: 경제적 발주량)
재고조사	정기적 실사방법	계속 실사방법
품목	고가품목 조달 기간이 오래 걸리는 품목 수요예측이 가능한 품목 재고부담이 큰 품목	저가품목 수요가 일정한 품목 일정재고를 보유해야 하는 품목 쉽게 조달이 가능한 품목 수요예측이 어려운 품목
재고량 추이	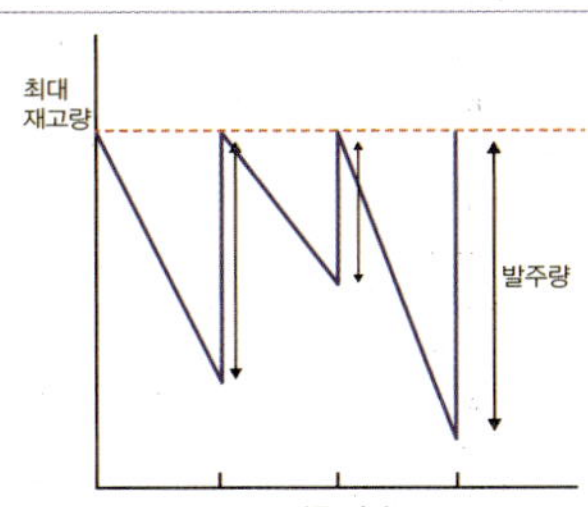	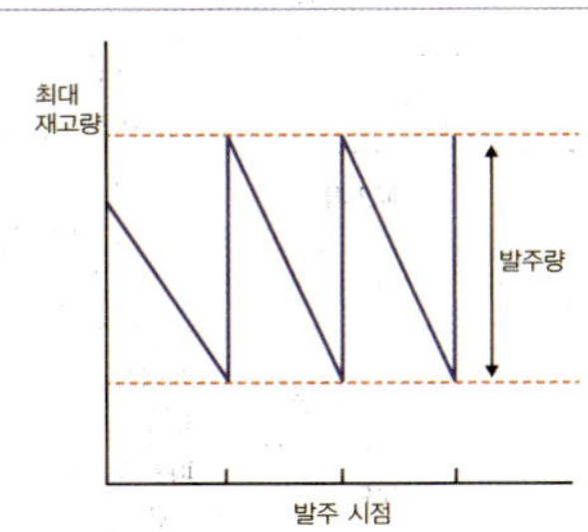

(2) 구매 발주서 작성

발주는 구매부서에서 필요한 물품을 업체에게 주문하는 업무이다. 대규모 급식체의 경우 구매부서 담당자가 발주서를 작성하며 소규모 급식소의 경우에는 급식관리자가 직접 발주서를 작성하는 경우가 많다. 발주서(purchase order)는 구매표 또는 발주전표라고도 하며 저장되어 있는 재고수량 조사를 마친 후 발주방식에 따라 발주량을 산출한 후 발주시기를 택하여 작성하는 형태가 일반적이다. 발주서는 3부씩 작성하여 원본은 공급업자와 구매부서 및 회계부서에서 각각 1부씩 보관하며, 물품 납품 후 대금 지급의 자료가 된다. 발주 시기는 저장품의 경우 보통 2~6개월에 1회씩 발주하며, 비저장품인 경우 사용일자로부터 1주일 전에 발주하는 것이 바람직하지만 최소 3일 전까지 발주하도록 한다.

주 문 내 역 서

(2021-09-01)

공급자:
사업장그룹:
사업장:

(단위:원)

NO.	날짜	중분류	상품명 / 규격 및 단위	입고량	단위	단가	금액	VAT	계	친환경	공급사
1	20210901	축산가공품기타	P 골든 치킨가라아게(40±5ea) PK.(1kg)	1.0	PK	4,863	4,863	486	5,349	N	
2		빵 또는 떡류	한입떡볶이(수입) 동성 KG	1.0	KG	1,740	1,740	174	1,914	N	
3		어육가공품	(제주)참피온소시지 대림 EA(1kg)	6.0	EA	2,590	15,540	1,554	17,094	N	
4		두부류	유부 자연촌(냉동) PK.(슬라이스1kg)	2.0	PK	5,954	11,908	1,191	13,099	N	
5		해파리류	무염해파리(수율80%) KG(채썰기_태국)	2.0	KG	6,030	12,060	0	12,060	N	
6		양채류	피망(청색) KG(개당90g~_국내산)	0.5	KG	4,950	2,475	0	2,475	N	
7		야생식물류	취나물(상) KG(국내산)	0.8	KG	5,333	4,266	0	4,266	N	
8		양채류	파프리카(상)(노랑색) KG(국내산)	0.5	KG	4,395	2,198	0	2,198	N	
			소 계				55,050	3,405	58,455		
			▶ 총구매금액				55,050	3,405	58,455		

[그림 4-12] 자동화된 주문내역서

출처: 아워홈

최근에는 급식관리 전산시스템화로 식단 작성 후 예상급식인원이 결정되면 표준 레시피와 출고계수로 식품 품목별 발주량이 자동적으로 산정되는 시스템으로 발주서 작성이 신속하고 효율적이다. 발주서에는 급식소명과 주소, 공급업체명과 주소, 식재료명과 발주량, 납품일자, 구매자의 서명 등의 내용이 포함된다(그림 4-12).

7) 검수 및 입고

검수는 납품된 식재료와 원산지, 물품의 품질, 선도, 위생상태, 수량, 규격이 주문내용과 일치하는지를 검사하여 인수여부를 판단하는 과정이다. 검수 담당자는 구매 발주서를 근거하여 공급업체가 제출한 납품서(송장, 거래명세서)를 발주서와 대조하여 물품구매명세서를 기준으로 품질을 확인한다. 물품에 문제가 발생한 경우 반환조치와 함께 식재료 반품확인서를 작성하고, 문제가 없는 경우 물품을 인수하여 입고하고 검수일지에 기록한다.

(1) 검수방법

급식소에서 많이 사용하는 검수방법에는 납품된 모든 물품을 검사하는 전수검사법(total inspection)과 일부만 샘플로 취해 검사하는 발췌검사법(sample inspection)이 있다.

1 전수검사법(total inspection)

전수검수는 납품된 식재료를 전량 검사하는 방법으로 식재료가 소량이거나 육류와 같은 고가의 식재료의 경우 실시한다. 전수검사의 장점은 각각의 물품을 전량 다 검사하므로 정확한 검수가 가능하다는 점이며 시간과 비용이 많이 소모되는 단점이 있다.

2 발췌검사법(sample inspection)

표본검사라고도 하며 일부 식재료를 무작위로 선별하여 검사하고 그 결과를 토대로 전체의 품질을 평가하여 합격과 불합격을 평가하는 방법으로 시간과 비용면에서 유리하다. 대량으로 구입한 경우, 검사 항목이 많은 경우, 파괴검사의 경우, 검수 시간과 비용을 절약해야 하는 경우에 적합하나 품질이 좋지 않은 식재료가 섞여 있을 가능성이 있다.

(2) 검수기기 및 서류

검수 장소는 공급업체의 배달원이나 검수 담당자 모두에게 편리한 곳이어야 하고, 물품의 운반과 전처리구역, 저장구역과 인접한 장소에 위치해야 한다. 검수에 필요한 기기 또는 물품으로는 정확한 저울, 계산기, 온도계(전자식 온도계, 적외선 온도계, 비접촉식 온도계)와 같은 측정도구, 통조림 따개, 칼, 가위, 운반차 등 운반도구, 비닐장갑, 소독액 등이 구비되어야 한다.

급식소에서 준비해야 할 서류로는 발주서, 물품구매명세서, 검수기준서, 구매요구서 사본 등이며, 공급업체에서는 납품자, 공급업체명, 주소, 납품일자, 식재료명, 규격, 단위, 단가, 공급가액, 검수담당자의 서명 등이 내용이 포함된 납품서를 준비해야 한다.

<검수 설비 조건>

- 검수대: 물품검사를 실시하기 위한 검수대(바닥에 놓고 검수하지 않음)
- 조명시설: 540Lux 이상 밝은 조명
- 충분한 면적: 물품과 사람이 이동하기에 충분한 넓이
- 안전성 확보: 안전성이 확보 될 수 있는 장소
- 청소 용이: 청소하기 쉬운 시설

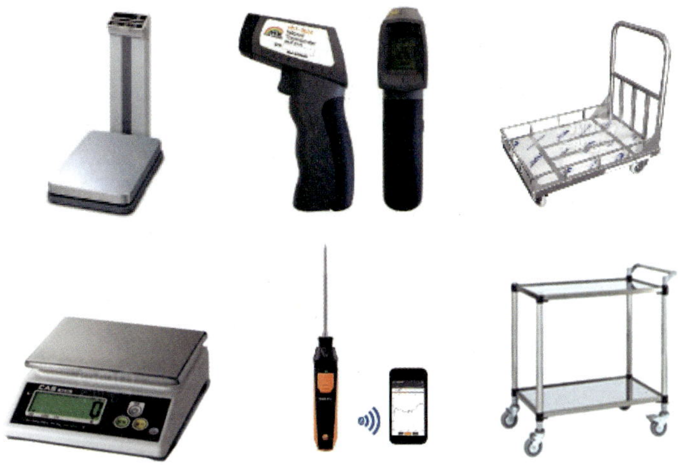

[그림 4-13] 검수기기

(3) 검수절차

물품구매명세서, 발주서와 납품서 대조 (수량, 규격, 품질 등) → 물품 인수 또는 반품 결정 → 인수 물품 입고 → 검수기록 및 문서정리

[그림 4-14] 단체급식소에서의 검수 절차

검수업무는 일반적으로 납품된 물품의 수량과 품질확인, 납품된 물품과 납품서 대조, 물품의 인수 또는 반품, 인수 물품의 입고, 검수 기록 및 문서 정리 순으로 진행된다(그림 4-14). 검수 순서는 냉장식품, 냉동식품, 채소, 공산품 순서로 검수한다.

납품된 물품이 온도, 품질, 위생상태 등이 정해진 검수기준에 미달되거나 주문하지 않은 물품, 가격이 일치하지 않은 물품, 배달 시기가 잘못된 물품인 경우에는 식재료 반품확인서를 작성한 후 반품 조치한다. 반품 절차와 규칙은 사전에 정해야 하며, 반품 이유는 검수 담당자와 공급업체 간에 서로 확인하고 기록으로 남겨야 한다. 인수 물품 중 즉시 사용하는 식재료는 조리 구역으로 이동하는데 이때 외부 포장은 오염될 수 있으므로 포장을 제거한 후 조리구역으로 운반한다. 보관해야 하는 식재료는 저장구역으로 이동하고 이동할 때 포장이나 케이스에 라벨이나 꼬리표를 부착한다. 라벨이나 꼬리표에는 검수날짜, 공급업체, 무게 또는 수량, 보관방법, 가격 등을 기재한다. 검수담당자는 검수일지에 납품된 물품과 공급업체에 대한 검수내용을 기록하고 보관한다. 검수가 끝난 식재료는 실온창고로 옮기거나 조리장으로 옮겨 즉시 전처리 한다. 전처리까지 지연되는 경우 냉장, 냉동고에 입고 보관한다.

식재료 검수·보관 관리는 왜 필요할까요?

신선하지 않거나 파손 · 훼손되어 품질이 저하된 식재료 및 위생적이지 않은 식재료를 사용하거나 식품원료가 실온에 오래 방치될 경우에는 병원균이 증식할 가능성이 높아짐에 따라 신선한 식재료 선별을 위한 식재료 검수 및 제품별 적절한 온도관리 필요

식재료 검수

검수준비

- 청결한 복장·마스크·위생장갑 착용
- 식재료 운반차량의 청결 상태 및 적정 온도유지 확인
  - * 식재료는 채소류·어패류·가공식품 등이 구분·보관, 차량 내부의 냉장·냉동 온도 준수 여부 확인

[그림 4-15] 식재료 검수

출처: 식품의약품안전처(2021, 조리종사자 Quick 매뉴얼)

<표 4-5> 식재료 유형별 검수시 확인사항 및 관련 사이트

구분	검수시 확인사항	사이트
농산물	원산지 표시	원산지표시에 관한 법률 (www.moleg.go.kr)
	친환경농산물인증품, 농산물표준규격(상 이상), 우수관리인증 농산물, 이력추적관리농산물, 지리적표시농산물	농산물이력추적관리 (https://www.gap.go.kr) 친환경인증관리정보시스템 (https://www.enviagro.go.kr)
	쌀: 수확연도 1년 이내	원산지표시에 관한 법률 (www.moleg.go.kr)
축산물	이력번호 표시	축산물이력제 (aunit.mtrace.go.kr)
	축산물안전관리인증기준	식품 및 축산물안전관리인증기준 (https://www.law.go.kr)
	등급판정확인서(쇠고기 3등급 이상 한우 및 육우, 돼지고기 2등급 이상, 닭고기 및 오리고기 1등급 이상 권장)	축산물품질평가원 (www.ekape.or.kr)
	수입육(수출국에서 발행한 검역증명서 및 수입신고필증)	농림축산검역본부 (https://www.qia.go.kr)
	원산지 표시	원산지표시에 관한 법률 (www.moleg.go.kr)
	냉장, 냉동 유통	
난류	세척, 코팅과정을 거친 제품 권장(2등급 이상)	원산지표시에 관한 법률 (www.moleg.go.kr)
	산란일자 표시	
수산물	원산지 표시	원산지표시에 관한 법률 (www.moleg.go.kr)
	품질인증품, 지리적 표시수산물	국립수산물품질관리원 (https://www.nfqs.go.kr)
	냉장, 냉동 유통	
전처리 농수산물	제품명, 업소명, 제조연월일, 전처리 전 식재료의 품질(원산지, 품질등급, 생산연도), 내용량, 보관 및 취급방법 등을 표시한 제품	식품위생법 (www.moleg.go.kr)
김치류	식품안전관리인증기준	한국식품안전관리인증원 (www.haccp.or.kr)
	포장상태가 완전한 제품	
양념류	표시기준을 준수한 제품	
가공품	유통기한	
	포장상태가 완전한 제품	

8) 기록의 보관 및 대금 지불

(1) 기록보관

검수에 관한 내용은 검수일지에 기록으로 남김으로써 납품업체 및 물품에 대한 정보를 관리하여야 한다. 검수일지는 검수원이 작성하며 급식 부서장과 회계 부서의 결재를 받게 되어 있으며 물품명, 단가, 수량, 총액, 배달에 관한 정확한 내용, 배달 날짜, 공급업자, 수량, 가격정보 등의 내용이 포함된다. 구매활동 중 수행된 모든 업무 내용은 문서로 기록하여 일정 기간 동안 보관하고 다음 구매활동의 참고자료, 대금결제의 근거로 사용한다. 법적인 효력이 발생하는 계약서나 발주서는 반드시 일정 기간 보관해 두어야 한다.

대금 결제는 구매활동의 종결단계이며, 공급업체는 검수담당자의 검수 승인을 받은 납품서(거래명세표)를 회계부서에 제출하면 대금 지불의 근거로 사용한다.

식재료 부적합 확인서

<table>
<tr><td>납품일시</td><td colspan="6">2020○년 월 일 요일 00:00</td></tr>
<tr><td rowspan="2">납품업체</td><td>업체명</td><td colspan="3"></td><td>대표자</td><td></td></tr>
<tr><td>식품군</td><td colspan="3"></td><td>연락처</td><td></td></tr>
<tr><td rowspan="2">요구품목</td><td>식품명</td><td>규격</td><td>수량</td><td>단위</td><td>지적사항</td><td>비고</td></tr>
<tr><td></td><td></td><td></td><td></td><td></td><td></td></tr>
<tr><td>구분</td><td>항목내용</td><td colspan="4">세부항목/위반항목</td><td>비고</td></tr>
<tr><td rowspan="10">❶ 품질
(Quality)</td><td rowspan="5">일반품질불량</td><td colspan="4">☐ 사양 및 규격 미준수</td><td></td></tr>
<tr><td colspan="4">☐ 수량 및 중량 부족</td><td></td></tr>
<tr><td colspan="4">☐ 품질 등급 불량</td><td></td></tr>
<tr><td colspan="4">☐ 미납, 미배송분 발생</td><td></td></tr>
<tr><td colspan="4">☐ 포장 및 외관 불량</td><td></td></tr>
<tr><td rowspan="3">오염 및 신선도불량</td><td colspan="4">☐ 교차오염, 이물질 혼입</td><td></td></tr>
<tr><td colspan="4">☐ 식품온도 불량</td><td></td></tr>
<tr><td colspan="4">☐ 상품 변질</td><td></td></tr>
<tr><td rowspan="2">법적 표시 사항</td><td colspan="4">☐ 법적 표시사항 준수여부</td><td></td></tr>
<tr><td colspan="4">☐ 원산지 표시사항 준수 여부</td><td></td></tr>
<tr><td rowspan="3">❷ 납기
(Delivery)</td><td>일반납기</td><td colspan="4">☐ 납품시각 준수 여부</td><td></td></tr>
<tr><td rowspan="2">반품 및 미배송 납기</td><td colspan="4">☐ 미배송분 납품시각 준수 여부</td><td></td></tr>
<tr><td colspan="4">☐ 반품 후 재배송 납품시각 준수 여부</td><td></td></tr>
<tr><td rowspan="5">❸ 위생 및 안전
(Safety)</td><td rowspan="2">배송차량 위생</td><td colspan="4">☐ 차량 청소상태 불량</td><td></td></tr>
<tr><td colspan="4">☐ 차량온도 및 표기</td><td></td></tr>
<tr><td>운반자 위생</td><td colspan="4">☐ 운반자 위생불량</td><td></td></tr>
<tr><td>배송차량 안전</td><td colspan="4">☐ 차량으로 인한 교내사고</td><td></td></tr>
<tr><td>위생관련 제출서류</td><td colspan="4">☐ 위생관련 법정 서류 미제출 (건강진단 결과서 등)</td><td></td></tr>
<tr><td rowspan="5">❹ 서비스 및
협조도
(Responsiveness)</td><td rowspan="2">클레임처리 협조도</td><td colspan="4">☐ 반품 및 납품 거부</td><td></td></tr>
<tr><td colspan="4">☐ 반품 시 재납품 품질 불량</td><td></td></tr>
<tr><td rowspan="2">검수 협조도</td><td colspan="4">☐ 대면검수 불이행</td><td></td></tr>
<tr><td colspan="4">☐ 무책임한 배송(택배)</td><td></td></tr>
<tr><td>업무 협조도</td><td colspan="4">☐ 시정서, 확인서 거부 및 미제출</td><td></td></tr>
<tr><td rowspan="3">❺ 기타</td><td>계약위임위탁</td><td colspan="4">☐ 타업체 차량 이용</td><td></td></tr>
<tr><td>공급업체 점검</td><td colspan="4">☐ 식약처 합동 및 교육청 점검 시 지적 발생(계약기간 내)</td><td></td></tr>
<tr><td>기타</td><td colspan="4">☐ 그 외 식재료 납품 과실로 원활한 학교급식 운영에 차질을 발생한 경우</td><td></td></tr>
<tr><td colspan="7">상기 내용으로 인하여 학교급식에 지장을 초래한 사실이 있었음을 확인하며
차후 이러한 사례가 없도록 하겠습니다.
2020○년 월 일
검 수 자 : 학교 직) 성명) ㊞
검수참여자 : 학교 직) 성명) ㊞
납 품 자 : 업체명) 성명) ㊞</td></tr>
</table>

[그림 4-16] 식재료 부적합품 확인서

출처: 교육부(2021, 학교급식 위생관리 지침서 5차 개정)

정상　　12022100558938

검수일지(거래명세서대체)

결재	담당	점장

영업장 :　　　　입고일자 : 2000-00-00

공급자		공급받는자	
사업자 등록번호		사업자 등록번호	
상 호		상 호	
성 명		성 명	
사업자 소재지		사업자 소재지	

○배송차량 확인 : 온도(냉장 ℃/ ℃)
○청결상태 : 월1회 이상 점검(양호,보통,불량), ○ 검수시설(검수대,온도계,저울) 구비여부:(○,×)
○차량 관리기준 : 냉장 10℃이하, 냉동-18℃이하, 냉장닭, 샐러드, 훈제연어, 액란은 냉장5℃ 이하
○냉장식품 : 어·육류,난류,두부,우유류 등의 냉장보관을 요하는 식품류 / 냉동식품 : 냉동보관을 요하는 식품류(해동 흔적이 없을것)
○검수확인 : 양호(○), 불량(×)으로 표기, 불량일 경우 반품 또는 폐기하고 조치사항 기록.
- 검수일지 작성 대상 : 육류, 어류, 냉동식품, 가공식품
- 포장상태 : 양호(○), 불량(×)으로 표기, 불량일 경우 반품 또는 폐기하고 조치사항 기록
- 품질상태 : 신선도(부패·변질, 색, 냄새 등), 이물질 혼입, 표시사항 등 확인하고 양호(○), 불량(×)으로 표기
　불량일 경우 반품 또는 폐기하고 조치사항 기록
- 유통기한(제조일) : 전 품목 유통기한 또는 제조일 작성 [○, × 표기 금지 *예시) 21. 00. 00]

발주확인						검수확인					개체식별번호/선하증권번호/수입유통식별번호	원산지	조치사항 (반품/폐기 등)
순번	단품 코드	단품명	규격	단위	발주량	검수량	포장상태	품질상태	품온 (℃)	유통기한 (제조일자)			
1	242277	적채(상품)	Kg	Kg	0.5							국산	
2	242317	열무(상품)	Kg/단	Kg	9							국산	
3	242136	H무(흙)	Kg	Kg	5							국산	
4	384758	H당근(상품,세척)	200g내외	Kg	4							중국	
5	244083	청피망(중품)	Kg	Kg	1.5							국산	
6	244085	홍피망(중품)	Kg	Kg	1.5							국산	
7	244086	파프리카(노랑,상품)	Kg,L	Kg	1							국산	
8	244090	파프리카(빨강,상품)	Kg,L	Kg	1							국산	
9	244094	파프리카(주황,상품)	Kg,L	Kg	1							국산	
10	242394	대파(흙,상품)	Kg	Kg	3							국산	
11	244599	H피양파(대)(상품)	200g이상/EA	Kg	12							국산	
12	304531	(C)H대파(파채)	3mm내외	Kg	2.5							국산	
13	408713	(C)청양고추(냉동,상품,슬라이스)	1kg/봉,개별냉동,5mm 원형슬라이스	EA	1							중국	
14	408721	(C)홍고추(냉동,상품)	1kg/봉,개별냉동,5mm 슬라이스	EA	1							중국	
15	242169	(C)도라지(냉장,상품,채썰기)	Kg	Kg	8							중국	

※ 1. 원산지 및 검수확인란은 반드시 영업점 검수자가 작성
2. 원산지 기록 : 육류[소,돼지,닭,오리,양(염소,산양 포함),이를 원료로 하는 식육가공품도 포함], 쌀(밥/죽/누룽지 제조용 쌀과 쌀가공품), 배추김치(배추,봄동,얼갈이/고춧가루,김치가공품), 수산물(광어,우럭,낙지,참돔, 뱀장어,미꾸라지,고등어,갈치,명태,참조기,꽃게,오징어,다랑어,아귀,주꾸미,이를 원료로 하는 수산물 가공품도 포함) 두부,콩국수,콩비지 제조 콩 또는 콩가공품 확인 후 ○, × 체크 및 수기작성

[그림 4-17] 식재료 검수일지

출처: 현대그린푸드

(2) 구매 관리의 전산화

최근 식재료 납품 전문업체의 전산시스템이 단체급식소나 상업급식소 등의 업체와 연결되어 구매업무의 효율성을 높이고 있으며, 전자식 식재료 납품 전문업체와의 거래를 희망하는 생산업체나 산지 및 도매상 등의 유통업체는 인터넷 비딩(internet bidding: 인터넷상에서 다수의 공급업자가 동시에 참여해서 공개적으로 입찰하는 제도)을 통해 입찰하고 있다. 학교급식의 경우 교육행정정보시스템(NEIS)을 이용하여 시장조사, 메뉴작성, 발주 등의 업무를 처리하고 있는 상황이다.

2022년부터 한국농수산식품유통공사는 학교급식 전자조달시스템(eaT)의 기능을 한층 개선한 버전으로 클라우드 기반 운영체계로 전환하여 과거 수,발주에 한정돼 있던 급식 지원센터의 기능을 농가 매입처 관리부터 물류, 재고관리까지 확대하고 센터 간 거래기능을 신규 추가해 지역에서 생산하는 농수축산물을 공공급식을 통해 계획 생산, 소비할 수 있도록 지원하였다.

[그림 4-18] eaT 공공급식 통합플랫폼(https://ns.eat.co.kr/NeaT/eats)

2. 저장과 출고

1) 저장

(1) 식재료 저장 원칙

저장이란 납품된 식재료를 조리에 이용하거나 직접 고객에게 서비스되기 전까지 일정기간 동안 합리적인 방법으로 품질을 유지하도록 보존하는 것이다. 급식생산 전까지 품질을 최적으로 유지하며 위생적으로 보관하기 위해서는 신속하고 올바른 식재료 보관의 기준과 절차가 필수적이며, 올바른 식재료 보관은 수익성과 원가관리에 도움을 줄 수 있다. 급식관리자는 식재료가 곧 현금이라는 사실을 인식시키고 철저한 관리가 이루어질 수 있도록 교육해야 한다.

<식재료 저장 원칙>

- **분류 저장 원칙**: 물품 품목별, 규격별, 품질 특성별로 체계적이고 위생적 상태로 분류하여 보관하여야 함. 알파벳, 가나다, 숫자 등으로 원칙을 가지고 분류함.
- **위치 표시 원칙**: 쉽고 빠른 출고를 위해 저장된 물품은 재고조사표 순서대로 배열하는 것이 좋음. 저장실의 물품 배치표를 출입문 주위에 부착해 놓아 위치를 파악하기 쉽고 시간을 절약할 수 있게 함.
- **공간 활용 극대화 원칙**: 선반 등을 경제적으로 활용하여 공간 활용을 극대화 함
- **선입선출 원칙(FIFO)**: 우선 입고된 물품을 우선 출고한다는 원칙. 식품의 낭비를 최소화하고 선도를 유지하여 양질의 음식생산에 도움을 줌
- **품질 보존의 원칙**: 납품 상태 품질이 최대한 보존될 수 있도록 식품별 특성을 고려하여 온도, 습도, 통풍, 구충 등의 저장 기준 및 저장 기간을 준수하는 원칙
- **안전성 확보 원칙**: 물품의 부정 유출을 방지하기 위해서는 창고에 잠금장치를 설치하고 창고의 방범관리를 철저히 하며, 창고의 출입은 시간 및 절차를 명확히 준수함

(2) 저장 시설

급식소에서는 저장시설의 위치, 창고의 내부 배치, 안전성, 저장상태 등을 적절하게 고려하여 저장품을 효과적으로 통제하여야 한다. 저장 창고의 위치는 검수구역과 조리구역의 사이, 즉 두 구역에서 인접하여 위치하는 것이 이상적이며 같은 층에 검수장소, 창고, 주방이 있는 것이 바람직하다.

급식소에서 사용하는 창고의 종류는 냉장고, 냉동고, 건조창고로 분류하며, 각 저장시설별 특성에 맞는 온도, 습도, 위생조건을 구비하여야 한다. 저장시설 내 선반은 조립식으로 저장할 수 있도록 하며 스테인리스 스틸 등의 금속제가 바람직하며 습기 방지를 위해 바닥에서 15cm, 환기를 위해 벽에서 약 15cm 떨어뜨려 설치하는 것이 바람직하다.

1 냉장고

냉장고는 신선식품의 단기 저장품의 보관에 사용되는데 냉장 보관할 품목의 식품류는 배달 즉시 냉장고로 운반하고, 사용하기 전까지 냉장고에 계속 보관하여 식품의 품질이나 영양가 손실을 최소화하여야 한다. 대규모 급식소는 창고형(walk-in-type) 냉장고를 소규모 급식소는 편의형(reach-in-type) 냉장고를 주로 이용한다. 냉장고에 식품을 보관하는 방법은 [그림 4-19]와 같다.

2 냉동고

냉동고는 −18℃이하에서 식품을 장기 보관하는 데는 유용하지만, 저장 기간이 길어질수록 품질이 저하될 가능성이 있으며, 탈수(dehydration), 오염(contamination), 손실(spoilage) 등이 생긴다. 냉동고 물품 배치는 물품 사이사이 찬 공기가 순환될 수 있도록 용량의 70%이 하로 배치하며, 냉동고는 안에서 문을 열 수 있게 하거나 경보장치를 설치하여 사람이 안에 갇혔을 때를 대비해야 한다.

철저한 검수를 거쳐 양질의 식품을 구매하였더라도 적정하게 보관·관리하지 않으면 식재료에 오염이 일어날 수 있다. 품질을 최적으로 유지하며 위생적으로 보관하기 위해서는 신속하고 올바른 식재료 보관이 필수적이다.

공통사항

- 식품을 보관할 때는 반드시 그 제품의 표시사항의 보관 방법(상온, 냉장, 냉동)을 확인한 후, 보관 방법에 맞게 보관하고, 유통기한을 준수한다.
- 선입선출 원칙을 지키고, 선입선출이 용이하도록 보관·관리한다.
- 냉장고(실) 내에 급식외품을 보관해서는 안 된다. 급식외품 보관이 필요할 경우 급식관리실이나 휴게실에 소형 냉장고를 갖추어 사용하도록 한다.

냉장·냉동보관 방법

- 적정량을 보관함으로써 냉기 순환이 원활하여 적정온도가 유지되도록 한다.
  (냉장·냉동고 용량의 70% 이하, 냉장실(walk-in cooler)의 경우 40% 이하)
- 오염방지를 위해 식재료와 조리된 음식은 다른 냉장고를 사용하되, 냉장고가 1개일 경우에는 식재료는 냉장실의 하부에, 조리된 음식은 상부에 보관한다.
- 오염방지를 위해 생(生)어·육류는 냉장고(실)의 하부에, 생(生)채소는 상부에 보관한다.
- 보관 중인 재료는 덮개를 덮거나 포장하여 보관 중에 식재료 간의 오염이 일어나지 않도록 한다.
- 냉동·냉장고(실) 문의 개폐는 신속하게, 최소한으로 한다.
- 개봉하여 일부 사용한 캔 제품은 깨끗하게 소독된 용기에 옮겨 담아 개봉한 날짜와 유통기한, 원산지, 제조업체 등을 표시하여 냉장 보관한다.
- 냉장제품은 냉장고(실)에 냉동제품은 냉동고(실)에 보관되어야 한다.
- 식재료와 조리된 음식의 분리보관 중 오염된 식품, 유통기한 경과제품, 라벨 없는 하루 이상 사용하는 내부 전처리 식재료는 폐기한다.

[그림 4-19] 식재료 냉장, 냉동보관 방법(학교급식 위생관리 지침서)

냉장·냉동고(실) 온도관리

냉장·냉동 보관 중인 식재료나 음식의 냉장·냉동 온도가 잘 유지되어 미생물 증식과 품질상의 변화를 예방한다. 따라서 냉장·냉동고(실)를 기준온도 이하로 유지되도록 관리해야 한다.

☞ **냉장·냉동고(실)의 온도관리 기록지(CP1)**

- 냉장고(실)는 5℃ 이하, 냉동고(실)는 -18℃ 이하의 내부온도가 유지되는가를 확인·기록하며, 온도가 기준을 벗어나면 고장인지, 제상(성에 제거) 중인지 확인하고 정상 상태에서 온도가 높을 때 온도 조절기를 사용하여 온도를 조정해야 한다.
- 온도계를 부착할 경우, 온도계의 온도 감지 부위를 냉장·냉동고(실) 내부에서 온도가 가장 높은 곳에 고정하고 온도계는 0.1℃ 단위로 읽을 수 있는 것으로 외부에 부착한다.
- 고장일 때 보관된 냉장식품이 10℃ 이하이거나 냉동식품이 아직 얼어있으면 다른 냉장·냉동고(실)에 옮겨 보관하고, 냉동식품이 녹았으나 10℃ 이하이면 즉시 사용하도록 하며, 냉장·냉동식품이 10℃ 이상이면 식품을 폐기토록 한다 (이상이 있는 냉장·냉동고(실)는 고장 표시 후 바로 수리 의뢰).
- 냉장·냉동고(실)의 응결수는 주기적으로 제거한다.

[그림 4-20] 냉장, 냉동고 온도관리(CP1)

3 건조창고

건조창고의 온도는 15~25℃, 상대습도는 50~60%가 적당하다. 건조창고에는 보통 식품과 비식료품이 혼합되어 보관되는데 구분하여 보관해야 한다. 건조창고에 주로 보관하는 품목들은 곡류, 가공식품, 건조식품, 소모성 비품, 세제류 등이며, 방충, 방서시설, 통풍 및 환기시설 구비 및 온, 습도계의 비치가 필수적이다.

상온보관 방법

- 정해진 곳에 정해진 물품을 구분하여 보관한다.
- 식품과 식품 이외의 것을 각각 분리하여 보관한다.
- 식품보관 선반은 바닥으로부터 15cm 이상의 공간을 띄워 공기 순환이 원활하고 청소가 용이하도록 한다.
- 대용량의 제품을 나누어 보관할 때는 제품명과 유통기한을 반드시 표시한다.
- 장마철 등 높은 온·습도에 의하여 곰팡이가 생기지 않도록 한다.
- 유통기한이 있는 것은 유통기한 순으로 사용할 수 있도록 유통기간이 짧은 것부터 라벨이 보이도록 진열한다.
- 식재료보관실에 세척제, 소독액 등의 유해물질을 함께 보관하지 않는다.

[그림 4-21] 식재료 상온 보관 방법(학교급식 위생관리 지침서)

2) 출고

출고(issuing) 관리는 식재료 관리의 가장 마지막 단계로서 납품된 물품이 사용부서의 요구에 의해 저장고로부터 조리작업장으로 분출되는 과정을 말한다. 출고는 필요한 양을 정해진 절차에 따라 출고 전표에 기록과 함께 반출하는 것이 중요하다. 출고 전표에 기재되어야 할 내용은 출고 전표 일련번호, 출고 일자, 사용 부서명, 물품명, 물품별 수량 및 단가, 출고 요구자의 서명 등이다. 사용부서에서 출고전표를 작성하여 출고담당자에게 청구하면 출고담당자의 확인을 거쳐 출고가 이루어진다. 위탁급식 전문 업체의 경우 출고전표를 별도로 작성하지 않으며 급식관리 전산 프로그램 안에서 출고 부분에 사용량을 기입하고 저장하면 온라인상에서 출고처리가 완료된다.

3) 재고관리

재고(inventory)란 조직이 보유하고 있는 물품자산의 기록으로 물품의 흐름이 어떤 지점에 정체되어 있는 상태를 말한다. 재고관리란 물품의 수요가 발생했을 때 신속하고 경제적으로 적응할 수 있도록 재고를 최적의 상태로 관리하는 절차를 의미하며, 적정 재고수준 유지는 유지비용을 감소시키고 물품 손실을 최소화 할 수 있다.

(1) 재고 조사 방법

재고조사의 방법으로는 실사재고조사(physical inventory)와 영구재고조사(perpetual inventory)가 있으며, 두 가지 시스템을 병용하면서 상호보완적으로 적정 재고관리에 활용하여 기록상황과 실제 상황 간의 격차를 좁혀야 한다.

1 실사재고조사(physical inventory): 정기적으로 현재 저장시설에 보유하고 있는 물품의 수량을 직접 조사하여 기록한 방법이다. 소규모 급식업체에서 주로 활용하며, 품목의 회전 속도가 빠른 것에 적합하다. 주로 월 1회, 월말에 실시하며, 2인 1조로 구성하여 한 사람은 수량을 확인하고 한 사람은 기록을 담당한다. 물품의 도난, 변패, 손실, 영구재고조사 문제점을 파악할 수 있으며, 재고자산의 총 가치를 평가하여 사용한 물품의 비용을 산출하는 데 정보를 제공한다. 반면, 시간이 많이 걸리고 부정확하게 파악될 수 있는 단점이 있다.

2 영구재고조사(perpetual inventory): 구매한 물품의 입고 및 출고 시에 물품의 수량을 계속적으로 기록하는 방법으로 남아 있는 물품의 품목과 수량을 알고 적정 재고량을 유지하게 하는 방법이다. 대규모 급식업체에서 대량 재고를 보유할 때, 건조식품 또는 냉동저장품, 고가의 품목에 많이 활용된다. 장점은 적절한 재고량 유지에 관한 정보를 제공하여 특정시점의 재고자산을

쉽게 파악할 수 있으며, 효율적인 재고관리에 도움이 된다. 하지만 재고관리가 수작업으로 기록할 경우 정확성에 문제가 있을 수 있고, 노동력, 경비 부담이 커서 효율성이 떨어질 수 있는 단점이 있다.

<표 4-6> 실사 재고조사법과 영구 재고조사법

	실사 재고조사법	영구 재고조사법
장점	• 직접 눈으로 물품 재고수준 파악하여 신뢰성 있는 정보제공 • 재고금액 확인 가능	• 적정 재고량 유지에 관한 정보제공 • 특정시점 재고수준 쉽게 파악 • 효율적 재고 관리
단점	• 노력, 시간 소모 많음 • 신속한 파악 어려움 • 부정확한 재고량 파악 문제	• 많은 경비 발생 • 기록체계 정확성 문제(수 작업시)

(2) 재고 관리 기법

급식소의 규모가 커짐에 따라 재고관리와 통제는 더욱 복잡하면서도 중요한 문제로 부각되고 있다. 급식 관리자는 원가관리, 적정 재고수준, 발주량, 재고 유지비용 등을 결정할 때 재고관리기법을 이용한다. 재고관리기법에는 ABC 관리기법, 최소-최대 관리기법 등이 있다.

1 ABC 관리 기법

ABC 관리기법(ABC inventory control method)은 재고를 물품 가치에 따라 A, B, C 세 등급으로 분류하여 그에 따라 차별적으로 관리하는 방식을 말한다. 재고관리에 소요되는 노력, 시간, 비용 등을 할당하여 차별적으로 관리하는 재고관리 기법이다.

재고가와 총 재고량을 기준으로 파레토분석(pareto analysis: 자료를 특성별, 유형별로 분류하여 중요도를 매기는 기법)을 통하여 곡선을 그린 후 물품의 중요도와 가치도에 따라 여러품목들을 A, B, C의 세 가지 범주로 분류한다.

<표 4-7> ABC 관리 기법 특징

등급	특징	품목	통제
A	고가품 (총재고량 10-20%, 총재고액 70-80%)	육류, 주류, 생선류 등	엄격
B	중가품(총재고량 20-40%, 총재고액 15-20%)	과일류, 채소류, 유제품 등	보통
C	저가품(총재고량 40-60%, 총재고액 5-10%)	밀가루, 조미료, 세제 등	약함

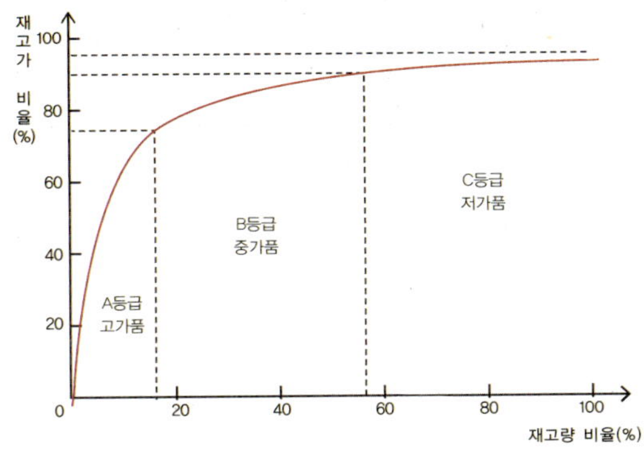

2 최소-최대 관리 기법

최소-최대 관리 기법(minimum-maximum method)은 재고량이 최소 재고량에 이르면 적정량을 주문하여 최대한의 재고량을 보유하도록 관리하는 방식이다. 최소 재고량은 예상 못한 상황에 대비해서 안전재고 수준의 재고량을 유지하는 재고량을 말하여, 적정량 주문은 주문 후 물품 조달 기한까지 사용되는 양을 고려한 양을 의미한다. 실제 단체급식소에서 가장 많이 사용되고 있으며 최대재고량은 최소의 안전재고량과 적정발주량의 합과 같다.

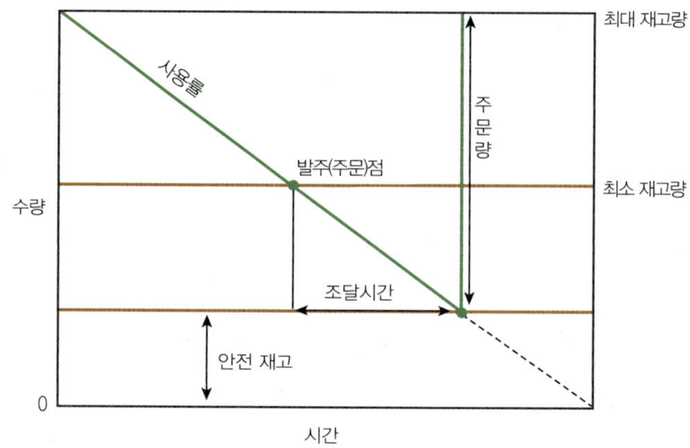

[그림 4-22] 최소-최대 관리기법

(3) 재고회전율

재고회전율(inventory turnover)은 급식소의 재고가 평균 회전하는 속도를 말하며, 일정기간 저장고에 있는 물품이 몇 차례나 사용되고 판매되었는가에 대한 평균 사용 횟수를 의미하며 자금이 재고자산으로 묶여 있는 정도를 평가하는 척도이다.

재고회전율이 표준치보다 낮으면 과잉 재고수준으로 인해 물품의 낭비가 발생할 수 있으며, 저장기간이 길어져서 물품 관리 비용이 증가할 수 있다. 반면, 재고회전율이 표준치보다 과도하게 높으면 재고수준이 낮아 물품의 부족으로 인해 급식 생산이 지연되거나 비싼 가격으로 급히 구매하는 경우가 발생하여 식재료비가 증가할 수 있으며 고객만족도가 저하될 우려가 있다. 단체급식소는 최소의 재고량과 최대의 회전율을 달성하기 위하여 꾸준히 관리해야 한다.

재고회전율과 재고량은 반비례 관계에 있고, 재고회전율과 수요량은 정비례 관계에 있다. 재고회전율이 너무 높으면 재고의 고갈을 초래하며, 현금자본의 회전이 빠르다는 뜻이고, 재고회전율이 너무 낮으면 불필요하게 과잉 재고를 보유함으로써 관리비용을 증가시키거나, 수요량이 적다는 뜻이다.

적정재고수준이란 수요를 가장 경제적으로 충족시킬 수 있는 재고량을 의미하며, 일반적으로 재고량은 월 매출액의 10~15%가 가장 적정범위로 알려져 있다.

식재료 재고회전율 = 당기 식재료 총액 or 총 사용량/
평균 재고가액 or 평균 사용량(기초+기말/2)

예제) A급식소의 10월 1일 된장 재고량이 10통이고, 10월 31일 마감 재고량은 2통이었으며, 10월 한 달 동안 18통의 된장을 사용하였다. 10월 된장 재고회전율을 계산하시오.
→ 재고회전율= 18통/(10+2)통/2 = 18통/6통 = 3회 (10월 된장 재고회전율은 3회전임)

(4) 재고자산의 평가

재고는 자산으로 평가되므로 재고조사를 실시한 후 현재의 재고상품에 대한 화폐적 가치로 환산이 필요하다. 회계기간의 마지막에 재고를 평가하는 것은 식자재 공급에 소요된 비용이 식단가 결정에 영향을 주고, 궁극적으로 경영 이익이나 손실에 영향을 주는 결과가 되기 때문이다. 따라서 급식소의 이익 및 손실을 파악하기 위해 재고 자산 평가가 주기적으로 이루어져야 한다. 물품은 구입 시기에 따라 실제 구입가에 차이가 있으므로 재고 가치 평가 방법에 따라 재고자산의 가치는 상당한 차이를 나타내게 된다.

대표적인 재고자산평가방법으로는 실제구매가법, 총 평균법, 선입선출법, 후입선출법, 최종구매가법이 있다.

1 실제구매가법

실제구매가법(actual purchase price method)은 각 물품의 실제 입고 가격으로 재고자산을 평가하는 방법으로 소규모 급식소에 적합한 방법이다. 구매한 물품을 검수한 후 창고에 저장할 때 물품에 구입단가를 표시해두며, 재고가는 입고 시 단가와 그날 발생한 재고수량을 곱한 액수를 합한 금액이다.

2 총 평균법

총 평균법(total average cost method)은 일정기간 동안 구입한 물품의 총액을 전체 구입 수량으로 나누어 평균 단가를 이용한 후 남아있는 재고량의 가치로 산출하는 방법이다. 물품이 대량 입, 출고 될 때 주로 사용된다.

3 선입선출법

선입선출법(first-in-first-out method)는 먼저 입고된 물품이 먼저 출고된다는 원리에 따라 최근 구입단가를 우선 사용하고 순차적으로 이전 구입시의 단가를 적용하는 방식이다. 시간의 변동에 따라 물가가 인상되는 상황에서 재고가를 높게 책정하고 싶을 때 사용한다.

4 후입선출법

후입선출법(last-in-first-out method)은 최근에 구입한 물품부터 사용한다는 가정 하에, 가장 오래된 물품이 재고로 남아있다고 생각하고 재고가를 산출하는 방법이다. 재고는 곧 자산이므로 물가가 인상되는 상황에서 소득세를 줄여 재무재표상의 이익을 최소화할 때 사용한다.

5 최종구매가법

최종구매가법(latest purchase price method)은 최종매입원가법이라고도 하며 가장 최근에 구매한 단가를 적용하여 재고가를 산출하는 방법이다. 계산이 간단하고 신속하므로 단체급식소에서 가장 많이 사용하는 방법이다.

<재고자산 평가방법>

예제) A급식소의 10월 1일 된장 재고량이 10통이고, 10월 31일 마감 재고량은 2통이었으며, 10월 한 달 동안 18통의 된장을 사용하였다. 10월 된장 재고회전율을 계산하시오.

날짜	구입량(cans)	단가(원/can)	현 재고량(cans)
4월 3일	20	2,000	0
4월 14일	25	3,000	5
4월 25일	15	2,500	3
4월 30일	10	3,100	2

→ **풀이**

① 실제구매가법:(3,000원 X 5개)+(2,500원 X 3개)+(3,100원 X 2개) = **28,700원**

② 총평균법 = 평균단가 X 현 재고량 = 2,621원 X 10개 = **26,214원**
평균단가 《(20개 X 2,000원)+(25개 X 3,000원)+(15개 X 2,500원)+(10개 X 3,100원)》 /70cans=2,621원

③ 선입선출법 :10개 X 3,100원 = **31,000원**

④ 후입선출법 : 10개 X 2,000원 = **20,000원**

⑤ 최종구매가법: 10개 X 3,100원 = **31,000원**

4장 실습서 작성

1. 다음 조사지를 활용하여 식품재고를 조사하세요.

실사재고 조사지

- 식품분류:
- 조사일자:
- 담당자: 000

코드 No	식품명	브랜드	단위	재고수량	단가(원)	유통기한
AS012	간장	샘표	14L	5	9,300	2024.8.12

코드 구분: A(지점), S(소스류)

2. 다음 시장조사서를 활용하여 식재료 가격을 조사하세요.

시장조사서

- 조사일자: 20 . . . ~ 20 . . .
- 급식일자: 20 . . .
- 조사장소: 1. / 2. / 3.

식품코드	식품명	브랜드 (상세식품)	단위	조사금액(원)		
				1. 00센터	2. 00마트	3. 00시장
AM002	소고기 (척롤)	불고기용 (호주산)	kg	11,000	13,520	17,300
코드 구분: A(지점), M(육류)						

3. 다음 식품발주서를 활용하여 식재료를 발주하세요.

식품 발주서

• 작성일자: 20 . . . ~ 20 . . .

• 발송일자: 20 . . . ~ 20 . . .

No.	식품명	브랜드 (상세식품)	단위	발주량	단가	합계	입고일
1	튀김가루	곰표	kg	20	2,340	51,480	10.25

4. 검수서 작성

식재료 검수서

식재입고일: 20　　.　　.　　/ 검수자:

코드	식품명	브랜드 (원산지 등)	단위	발주량	유통 기한	온도 (℃)	납품 업체	포장 상태	품질 상태
25669	감자	국내산	kg	20		상온	00마트	O	O
배송차량확인	·차량 내부 천장 및 칸막이에 이물질은 없는가?(양호, 불량) ·냉각팬에 곰팡이 및 먼지는 없는가? (양호, 불량) ·온도 확인은 하였는가? 냉장 (℃), 냉동 (℃) ·입고 시간을 준수하였는가? (양호, 불량)								

CHAPTER 05

급식 생산관리

1. 급식 생산관리
2. 급식 생산관리 절차

□ 실습서

학습목표

1. 급식 생산관리 의의를 이해할 수 있고 급식 계획에 필요한 도구를 알 수 있다.
2. 급식 생산체계의 네 가지 유형 특징 및 장·단점을 설명할 수 있다.
3. 표준레시피 개발 필요성을 이해하고 과정을 설명할 수 있다.
4. 대량 조리시 특징과 산출량 조절 방법을 설명할 수 있다.
5. 적온급식과 1인 분량 조절시 고려사항을 이해할 수 있다.
6. 급식 생산관리 절차를 파악하고 설명할 수 있다.
7. 급식서비스 형태를 나열하고 이를 설명할 수 있다.
8. 급식 생산단계별 음식물 쓰레기 감량방안을 제시할 수 있다.

1. 급식 생산관리

1) 급식 생산관리 개요

급식에서 생산관리(production management)란 구매한 식재료를 이용하여 고객에게 제공할 수 있는 음식으로 전환 시키는 과정을 관리하는 것으로 단체급식의 목적을 달성하기 위해서는 투입된 자원(input)으로부터 급식 서비스(output)를 산출하는 모든 과정에서 인적, 물적 자원을 효율적으로 운영해야 한다.

급식 생산관리란 생산관리 목적인 고객 만족과 이익 창출을 효과적으로 달성하기 위해 생산계획의 수립, 실행, 통제와 같은 일련의 경영활동을 말하며 예측된 수요량을 바탕으로 레시피를 표준화하고 대량조리 과정을 거쳐 배식 및 서비스를 하는 일련의 생산과정을 계획하고 통제하는 것이라 할 수 있다.

급식소에서의 생산관리 영역은 직접적인 생산영역인 조리공정뿐만 아니라 식재료의 전처리부터 고객 서비스에 해당하는 배식 및 배식 후 관리까지 포함한다.

<효율적 급식 생산관리 운영>

- **급식 생산 절차 파악:** 대량생산을 위한 표준레시피, 대량 조리기기 및 설비, 배식방법 등의 이해를 통해 영양적, 관능적, 위생적으로 우수한 품질의 음식을 생산한다.
- **적정 인원 산정 및 배치:** 급식소 운영 형태에 따라 생산성을 반영하여 필요 인력을 산출하고 작업 소요 시간을 고려하여 전처리 및 조리공정, 배식공정, 세척작업 등에 대한 작업 일정표를 작성한다
- **효율적 작업관리:** 생산성 향상 및 원가 절감을 위해 생산공정별로 작업방법을 측정하고 연구하여 효율적 작업이 이루어질 수 있도록 계획하고 통제한다.

2) 급식 생산관리 계획

단체급식에서 대량조리를 통해 대량 생산된 음식을 고객에게 제공하여 만족도를 높이기 위해서는 체계적인 생산관리를 위한 표준화된 레시피가 필요하다. 단체급식소에서는 메뉴가 상품이며 메뉴의 생산공정을 위해 필요한 양과 조리법을 기술한 것이 레시피(recipe)이다. 단체급식소에서는 질(quality), 양(quantity), 원가(cost), 시간(time)을 효율적으로 저절하기 위한 수단으로써 급식소의 상황에 맞는 표준레시피(standardized recipe)를 사용하고 있다.

<표준레시피 장점>

- 일관된 품질의 음식 제공
- 고객 만족도 증대
- 음식의 양적, 질적 표준 제시
- 음식 원가와 판매가격을 정확하게 산출
- 정확한 생산량 계산으로 생산초과, 부족으로 인한 손실 방지

(1) 표준레시피 구성요소

표준레시피에는 식재료의 이름과 재료량, 조리법, 총생산량 및 1인 분량, 배식방법 등이 기재되어야 한다. 최근에는 급식업무가 전산화됨에 따라 데이터베이스화하여 사용하고 있으며, 위탁급식업체의 경우 본사의 메뉴 개발팀에서 급식소 유형별, 메뉴 형태별, 단가별로 사용할 수 있는 표준레시피를 업장에 제공하기도 한다.

1 식재료 이름과 재료량

식재료의 양은 무게 또는 부피 단위로 기재하며, 식재료에 따라 가식부율이 다르므로 구입시 중량(As purchased: AP)과 가식부량(Edible portion: EP)을 함께 고려하여야 한다. 구입시 중량은 전처리나 조리과정에서의 손실까지 포함된 분량이다. 가식부량(EP)은 고객에게 제공되는 양이며, 식재료의 종류나 형태에 따라 구매품목이나 조리법이 결정되므로 규격화된 식재료명으로 표시하여야 하고, 전처리된 식재료의 경우에는 써는 모양이나 크기, 정해진 식재료 코드 등을 명시해 두는 것이 바람직하다.

2 조리법

전처리 및 조리방법은 조리 순서에 따라 명확하고 구체적으로 서술하는 것이 좋다. 또한 식재료의 절단 크기, 조리시간과 온도, 기기, 유의점 및 중요 포인트 등 필요한 사항을 기록해 둔다. 대량 조리시에는 동일한 조리법이라도 사용하는 재료나 기기에 따라 조리온도나 시간이 달라지게 된다. 예를 들어 생선구이를 할 때 컨벡션 오븐을 사용하는 경우 일반 오븐이나 생선 그릴을 사용할 때와 조리온도와 시간이 각기 다르다. 따라서 표준레시피에 조리기기에 따른 적정온도와 시간을 기록하여야 한다.

3 총생산량 및 1인 분량

음식의 총생산량을 산정할 때에는 조리인력 및 조리기기의 여건을 고려하여야 한다. 음식의 생산량은 조리 후 총생산 중량 또는 팬의 수, 제공 인원수로 나타내며, 1인 분량도 함께 제시하는 것이 배식량의 표준화를 위해 바람직하다.

4 배식 방법 및 기타 사항

조리법과 관련된 사항 외에도 배식 도구나 식기의 종류, 식기에 담는 방법을 기재한다. 필요에 따라 1인 분량에 대한 영양가 및 원가를 첨가하기도 한다.

[서식] 표준레시피

code No.____________

레시피명/____________________

총 분량 ________ 인분
1인분량 ________ (g/개)

수청량(인분)		재 료 명	재료량(100인분)		만드는 방법(순서대로 나열)
구입시 (AP)	가식부 (EP)		구입시 (AP)	가식부 (EP)	① ② ③ ④ ⑤ ⑥ ⑦ (각 단계별 소요시간 기록할 것)
조리후 총량 (100인분)					
비고 : 응용 아이디어란, 품질 기준, 레시피 변형					

영양가 분석(1인분)			
에 너 지(kcal)		엽 산(μg)	
수분 함량(%)		칼 슘(mg)	
탄수화물(g)		인(mg)	
섬 유 소(g)		철 분(mg)	
단 백 질(g)		나 트 륨(mg)	
지 방(g)		칼 륨(mg)	
비타민 A(R.E.)		아 연(mg)	
비타민 B_1(mg)		구 리(μg)	
비타민 B_2(mg)		콜레스테롤(mg)	
나이아신(mg)		다가불포화지방산(g)	
비타민 C(mg)		단일불포화지방산(g)	
비타민 B_6(mg)		포화지방산(g)	
비타민 B_{12}(μg)			
사용 장비			
조리온도(℃)			
오븐사용조건			

[그림 5-1] 단체급식 표준 레시피

출처: 대한영양사협회

(2) 표준레시피 개발 과정

현재 메뉴 중 아직 표준화 되지 않은 메뉴 혹은 개발하고자 하는 메뉴를 선정하여 레시피 양식에 맞춰 식재료 및 조리과정을 기록한다. 표준레시피의 생산을 대량조리에 맞도록 50인분, 100인분 등으로 점차 늘려가며 1차 실험조리를 실시하면서 조리과정을 검토한다. 조리된 메뉴의 맛, 향, 질감 등에 대해 관능평가를 실시하고 레시피를 수정하여 2차 실험조리를 실시한다. 2차 관능평가 후 만족스러운 결과가 나올 때까지 조정하고 새로운 조리사에 의해서도 동일한 결과가 나오면 표준레시피로 확정하고 영구적인 파일로 만들어 보관한다.

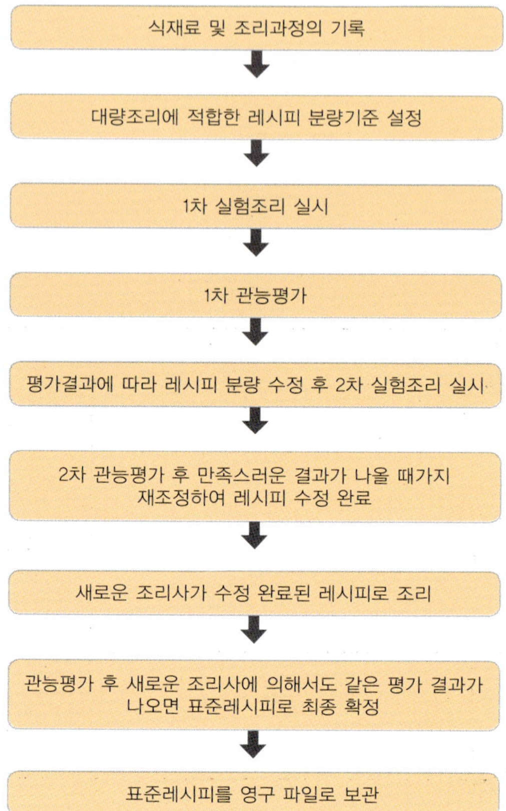

[그림 5-2] 표준레시피 개발과정

(3) 대량 조리 산출량 조정

단체급식 표준레시피는 대개 50인분 또는 100인분을 기준으로 작성되어 있으므로 급식하고자 하는 식수 인원에 맞게 산출량을 조절하게 된다. 최근 급식업무 전산화에 따라 단체급식용 표준레시피 데이터베이스를 구축하여 활용한다. 이 경우 표준레시피의 기준량을 식재료량 산출의 편이성을 위해 50인분이나 100인분이 아닌 1인 분량으로 정하는 경우도 있다. 표준레시피의 1인 분량에 예상식수를 곱하여 식재료 사용량을 산출하게 되며 이에 따라 조리계획표를 출력하여 사용한다.

1 변환계수 방법에 의한 조정

변환계수 방법은 다음과 같은 3단계로 진행한다.

- **1단계**: 산출해야 할 음식의 양을 표준레시피의 기준 식수로 나누어 변환계수(factor)를 구한다. 예를 들어 100인분을 500인분으로 조정한다면 변환계수는 5000인분 ÷ 100인분 = 5이다.
- **2단계**: 표준레시피에 나타나 있는 각 식재료의 양(가식부량 EP)에 변환계수를 곱해준다
- **3단계**: 측정하기 편리한 단위로 식재료 단위를 변경하고 반올림하여 각 재료의 필요량을 확정한다.

<표 5-1> 변환계수 방법에 의한 레시피 조정

- 레시피명: 오징어덮밥, 식수 500인분
- 기준 식수: 100인분 (1단계: 변환계수 산출 500÷100=5)

식재료명	100인분 중량 (Kg)	조정량 (Kg) 2단계:변환계수 곱하기	수정량 (Kg) 3단계: 반올림
쌀	12	60	60
오징어	15	75	75
양파	2.5	12.5	13
당근	1.5	7.5	8
양배추	3	15	15
대파	0.45	2.25	2
마늘	0.15	0.75	1
생강	0.1	0.5	1
고추장	1.05	5.25	5
간장	0.3	1.5	2
고추가루	0.08	0.4	0
설탕	0.3	1.5	2
청주	0.15	0.75	1
식용유	0.45	2.25	2
참기름	0.1	0.5	1
총량	37.13	185.65	186
조리 후 총량	48	240	240

2 백분율 방법에 의한 조정

백분율 방법은 음식 생산에 필요한 각 식재료들의 배합 비율을 구하고 이에 따라 산출량을 저정하는 방법으로 다음과 같은 단계로 진행된다. 먼저 식재료의 총량에 대한 각 식재료의 백분율을 구하고 생산하고자 하는 총량에 각 식재료 비율을 곱하여 필요한 식재료량을 산출한다. 이때 반드시 계량 단위를 통일하여야 하고 가식부량으로 계산하여야 한다.

- **1단계**: 식재료의 총량에서 각 식재료가 차지하는 양을 비율로 계산한다.
  식재료 비율(%) = 각 식재료의 중량 / 식재료의 총량 x 100
- **2단계**: 산출해야 할 총량을 얼마로 할 것인지 결정한다. 이때 기준 식수의 식재료 총량과 조리 후 총량 변화를 감안하여 총량을 산출하여야 한다.
- **3단계**: 식품을 전처리하거나 조리하는 과정에서 손실될 수 있는 양을 고려해서 총량을 조정한다. 손실률은 음식에 따라 1~30%까지 다양하며, 각 급식소의 여건과 메뉴의 특성을 감안하여 결정한다.
  조정된 총량 = 필요한 총량 / 100%−손실률(%)
- **4단계**: 조정된 총량에 각 식재료의 비율을 곱해서 각 식재료의 필요량을 계산한다.

<표 5-2> 백분율 방법에 의한 레시피 조정

- 2**단계**: 산출해야 할 총량 결정 (100인 총량 37.13kg×5배=185.65kg)
- 3**단계**: 손실률 고려 조정된 총량 계산:185.65kg/100%−5%(손실률) = 196kg

식재료명	100인분 중량 (Kg)	식재료 비율 (%) 1단계:식재료 비율 계산	조정된 식재료량 (Kg) 4단계: 총량x비율
쌀	12	32.3	63.3
오징어	15	40.4	79.2
양파	2.5	6.7	13.2
당근	1.5	4.0	7.9
양배추	3	8.1	15.8
대파	0.45	1.2	2.4
마늘	0.15	0.4	0.8
생강	0.1	0.3	0.5
고추장	1.05	2.8	5.5
간장	0.3	0.8	1.6
고추가루	0.08	0.2	0.4
설탕	0.3	0.8	1.6
청주	0.15	0.4	0.8
식용유	0.45	1.2	2.4
참기름	0.1	0.3	0.5
총량	37.13	100.0	196
조리 후 총량	48		253kg

3) 급식 생산체계

급식 생산체계는 생산과정의 흐름에 따라 크게 전통적 급식체계, 중앙공급식 급식체계, 조리저장식 급식체계, 조합식 급식체계의 네 가지로 나누어진다. 각 급식체계는 구입 식재료의 상태, 생산방식, 음식의 운송, 저장 여부 등에서 서로 다른 특징을 보인다.

(1) 전통적 급식체계

전통적 급식체계(conventional foodservice system)는 가장 오래된 형태로서 대부분의 일반 음식점이나 단체급식소에서 사용되고 있다. 전통급식체계에서 음식의 생산, 분배, 서비스가 모두 같은 장소에서 연속적으로 이루어진다. 식재료는 원재료 상태 또는 전처리식품을 대부분 사용하지만 인건비 상승 및 식품 기술 발전으로 인해 조리가공 식품 사용이 늘고 있다. 이 급식체계에서는 적온배식과 분산조리 방법으로 미생물적, 관능적, 영양적 품질을 더 좋게 할 수 있다.

1 장점: 고객들의 다양한 요구를 맞추기 쉽고 식재료 가격 변화에 따라 메뉴를 융통성 있게 수정할 수 있다. 계절이나 다양한 요인에 맞게 메뉴나 레시피를 저정하여 창의적인 메뉴를 제공 할 수 있고, 품질기준 설정도 용이하다. 다른 급식체계에 비해 냉장, 냉동 저장공간을 덜 차지하므로 에너지 비용도 크지 않다. 지역사회에 많은 일자리를 제공 할 수 있어 노동력이 풍부하여 인력 수급이 원활한 곳, 규모가 작은 급식소에 적합한 급식체계이다.

2 단점: 노동생산성이 떨어지고 인건비 부담이 가장 큰 단점이다. 단체급식 업무 특성상 식사 시간에 인력이 집중적으로 요구되므로 노동력 활용이나 인력관리에 어려움이 크다. 식수 인원이 예상보다 갑자기 증가되면 기기나 인력 제한으로 원활하게 대처하지 못하는 경우가 발생한다. 양질의 음식을 생산하기 위해서는 숙련된 조리인력이 필요하며 수요가 많은 시간에 업무가 편중되어 작업에 대한 스트레스가 크다.

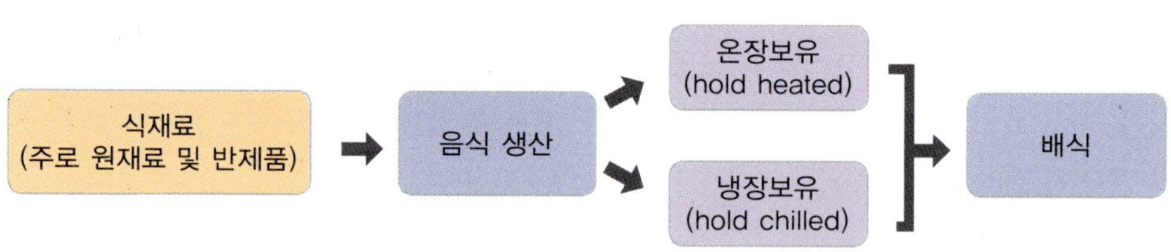

[그림 5-3] 전통적 급식체계

(2)중앙공급식 급식 체계

중앙공급식 급식체계(commissary foodservice system)는 급식 인건비 상승, 인력 감소, 이직률 증가 등의 어려움이 부각되자 새로운 급식체계가 필요해지면서 도입되었다. 지역 내 가까운 급식소들을 묶어 공동조리장(central kitchen)에서 음식을 대량으로 생산하고, 1인분씩 혹은 대량으로 담아 단위 급식소로 운송 한 후 음식분배와 배식이 이루어진다.

국내에서는 1992년부터 정책적으로 추진된 학교급식 확대과정에서 개별 학교의 시설비 및 인건비를 절감하기 위해 중앙공급식 급식체계를 도입하고 이를 공동조리방식이라 명하였다. 학생수가 비교적 많고 큰 주방을 설치할 장소가 있는 학교에 공동조리장을 설치하고, 그곳에서 생산한 음식을 인접한 3~4곳의 작은 비조리교로 운반하여 학생들게게 제공하는 방식으로 운영되고 있다. 공동조리장을 선정할 때에는 인근 급식소까지의 운송거리, 시간, 급식소 추가 가능성 등을 고려하여야 한다.

급식품 운송 및 배식하는 방법에는 뜨거운 상태로 운송한 후 그대로 배식하는 방법과 냉동이나 냉장상태로 운송하여 배식 전 재가열하는 방법이 있는데, 국내 학교급식에서는 뜨거운 상태로 운송 후 그대로 배식하는 방법을 주로 사용한다. 추운 겨울에는 운송하면서 음식이 식어 적온급식이 어려워지므로 비조리교에도 배식 전에 국류나 따뜻하게 먹어야 하는 음식을 재가열할 수 있는 시설설비를 설치해야 한다.

1 장점: 주방시설을 마련할 수 없는 곳에서도 음식을 제공할 수 있으며, 급식시설, 설비 투자 및 인력을 별도 배치할 필요가 없어 비용 절감 효과가 크다. 또한 공동조리장에서 식재료를 대량 구매하여 생산이 이루어지므로 생산성이 증가되고 경제적이다. 동일지역내에서는 같은 질의 음식을 공급할 수 있다는 장점도 있다.

2 단점: 음식 생산장소와 배식장소가 분리되어 있어 음식이 배식되기까지 시간이 걸려 음식의 위생적, 관능적 품질이 떨어질 수 있다. 음식을 보관하는 보온기구, 운반차량이 필수적이며, 만약 교통사정이나 차량에 문제가 발생하였을 때 음식 운송이 늦어져 급식제공이 원활하지 못할 가능성이 있다.

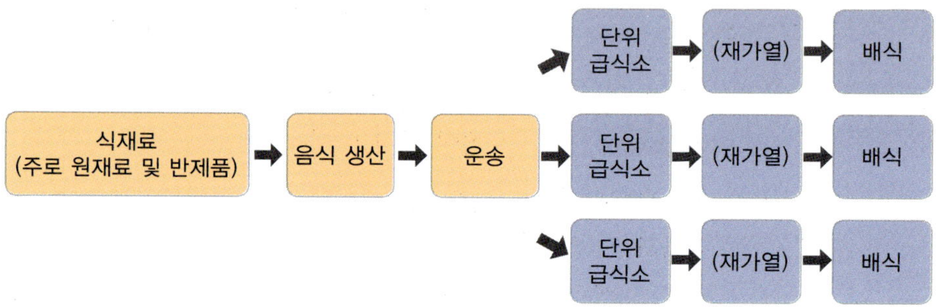

[그림 5-4] 중앙공급식 급식체계

(3)조리저장식 급식체계

조리저장식 급식체계(ready prepared foodservice system)는 음식을 조리된 형태로 미리 준비하여 저장해 두었다가 배식 직전에 재가열하여 제공하기 때문에 음식의 생산과 소비가 시간적으로 분리된다는 것이 가장 큰 특징이다. 조리저장식 급식체계에서의 식재료 사용은 전통식급식체계와 유사하여 원재료부터 가공품까지 다양하다.

조리저장식 급식체계에서 가장 중요한 기술은 급냉기술과 식품 포장기술이다. 조리된 음식의 저장온도에 따라 0~3℃ 온도에서 보관하는 조리-냉장(cook-chill)방식과 -18℃이하에서 보관하는 조리-냉동(cook-freeze)방식, 진공조리법인 수비(sou-vide)방식 등이 있다. 수비(sou-vide)방식은 식품원료를 플라스틱 파우치에 진공포장하여 완전 조리 혹은 반조리하여 급속 냉각한 후 0~2℃에 보존하는 조리-냉장 방식의 일종이다. 개별포장음식에 더 적합하며 육류, 해산물 등에 적용하면 고유의 풍미와 식감을 잘 살릴 수 있다. 국내외 호텔 및 레스토랑과 외국인 환자의 주메뉴 등에 활용되고 있다. 국내에서는 기내식과 병원급식에서 이용되고 있다.

1 장점: 음식의 생산과 소비가 분리되므로 계획적으로 생산 할 수 있다는 큰 장점을 가지고 있다. 전통적인 급식체계에서는 음식을 장시간 보유할 수 없기 때문에 생산관리 면에서 어려운 점이 많았으나, 조리저장식 급식체계에서는 노동력, 기술 정도를 최적으로 활용하여 조리나 서비스 인력을 좀 더 효율적으로 배치할 수 있기 때문에 일반적으로 노동시간의 20% 정도 절감 효과가 있는 것으로 보고되고 있다. 즉, 우수한 노동인력을 조리작업에만 계속 투입할 수 있어 피크타임이 아닐 때 미리 음식을 대량으로 만들어 놓을 수 있어서 조리장에서의 집중작업으로 인한 작업 스트레스를 감소 시킬 수 있다.

이처럼 계획생산에 의해 저장해 둔 음식을 배식하기 직전에 필요한 양만큼만 재가열하므로 과잉생산에 의한 잔식을 줄 일 수 있어 식재료비의 절감효과를 거둘 수 있다. 피크타임 직접에 재가열하므로 음식에 따라서는 장시간 고온에서 음식을 보유하는 것보다 음식의 질이 향상될 수 있다. 또한 여러 종류의 음식을 미리 준비해 두었다가 필요 할 때 공급하므로 메뉴를 더 다양하게 제공할 수 있다.

2 단점: 냉각, 냉장, 냉동 등의 시설과 기기를 마련해야 하므로 초기 투자비용이 많이 요구된다. 조리한 음식을 장기간 보존하게 되므로 음식의 품질을 유지하기 위한 통제프로그램이 필수적이며 이에 따라 종업원들을 특별히 교육, 훈련시켜야 한다. 조리-냉장 방식의 경우 냉장상태에서 음식을 너무 장기간 보존하지 않도록 정확한 수요예측과 생산계획이 필요하다. 미리 음식을 조리하여 저장해 두어야 하므로 정확하게 조리하고 취급해야만 음식의 안전성을 확보할 수 있다. 또한 조리법에서도 특별한 레시피가 필요하다. 조리-냉동 방식의 경우 장기간 냉동보존한 음식을 먹기 전에 재가열하는 과정에서 음식의 조직이나 질감이 많이 달라지거나 냄새가 나는 문제점이 발생한다. 따라서 저장 온도, 시간, 포장, 안정제 첨가 등에 대한 다양한 실험조리를 통해 적합한 레시피를 개발하여야 한다.

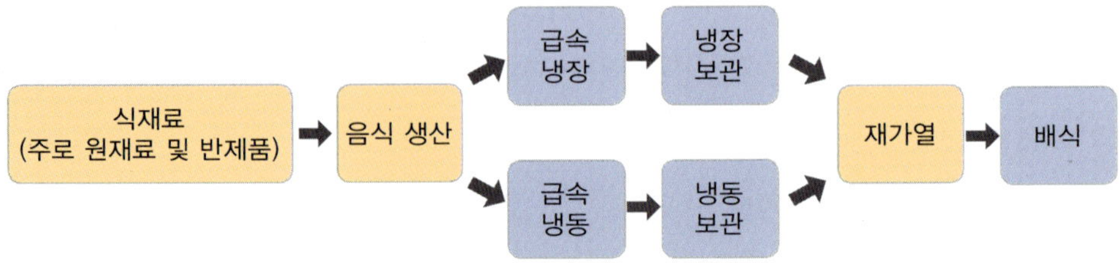

[그림 5-5] 조리저장식 급식체계

(4) 조합식 급식체계

조합식 급식체계(assembly foodservice system)는 편이식 급식체계(convenience foodservice system)이라고도 한다. 전처리 과정이 거의 필요하지 않은 가공 및 편이식품을 식재료로 대량 구입하여 조리를 최소화하기 때문에 저장, 조립, 가열, 배식의 기능만 필요하다.

가공된 식재료들을 대량 단위 또는 1인분 단위로 구매하거나 때로는 1인분씩 냉동한 상태 등 여러 가지 형태로 구입할 수 있다. 구매한 식품을 냉동이나 냉장 상태로 저장해 두었다가 최소한의 조리나 재가열 후 다른 메뉴 품목과 조합하여 제공하면 된다. 인건비 사스, 인력난, 이직률 등의 문제점을 해결하기 위한 대안으로 각광받고 있다.

1 장점: 음식의 질이 동일하게 유지되고 급식서비스 장소에서는 최소한의 기기로 급식 할 수 있으며 어느 시간에나 빠른 서비스가 가능하다. 가공, 편이식품을 구매하므로 숙련된 조리원이 필요치 않고 노동시간이 줄어들고 인건비가 절감되며 생산성이 증가된다.

2 단점: 냉장, 냉동식품 발달로 음식의 질이 예전에 비해 좋아진 편이지만 여전히 다양한 메뉴를 제공하는 데는 한계가 있으며, 식재료를 가공 또는 반가공, 냉동상태 등으로 구입하게 되어 단가가 비싸고 구입한 식재료의 저장공간이 필요하다. 병원급식과 같이 개별적인 환자 치료식 제공에는 적합하지 않다.

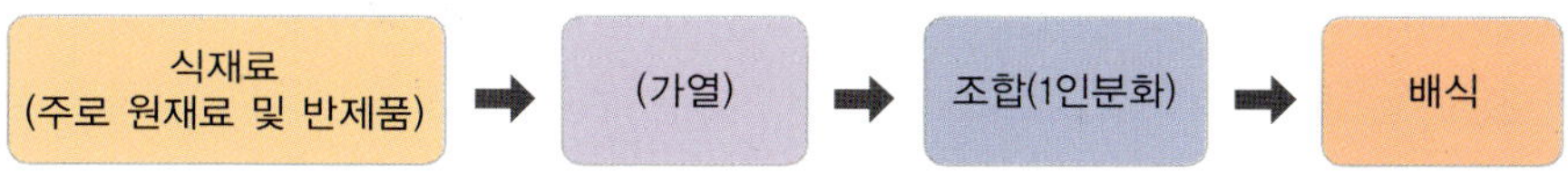

[그림 5-6] 조합식 급식체계

2. 급식 생산관리 절차

<표 5-3> 급식 생산관리 절차

전처리 관리		조리공정 관리		배식 전 관리		배식 중 관리		배식 후 관리
• 메뉴별 조리 방법 확인 • 메뉴별 규격에 맞게 식재료 세척, 소독, 커팅 실시 • 전처리 완료된 식재료 보관	→	• 메뉴별 작업 분장 및 인력 배치 • 조리순서, 조리량에 따라 조리 실시 • 중심온도 관리 조리중, 완료시 검식실시	→	• 검식실시 및 기록 • 보존식 관리 • 음식 온, 냉장 관리 • 게시메뉴 준비 • 원산지, 영양 성분 표시 • 배식대, 테이블 위생상태 확인 • 유니폼 청결 상태 확인	→	• 고객 응대 • 시간대별 식수 확인 • 배식량 확인 • 대체 음식 조리 여부 확인 • 퇴식구 주변 청결상태 확인 • 고객 모니터링을 통한 만족도 확인	→	• 잔반, 잔식 확인 • 식기세정관리 • 가스, 전기, 수도 등 안전관리 • 정리 정돈

1) 조리 작업관리

(1) 전처리 관리

대량조리에서 전처리는 정해진 시간 내에 제한된 인력으로 대량조리를 효과적으로 실행하기 위해 꼭 필요하다. 전처리과정은 재료에 열을 가하기 전에 재료의 세척 및 썰기 그리고 필요한 조리도구 및 기기를 준비하는 것으로 채소 등을 표준 레시피에 제시된 크기로 썰어놓는 것, 육수를 미리 만들어 놓는 것, 고기의 연육 작용을 위해 양념에 미리 재워두는 것, 오븐을 쓸 경우 적정 온도에 예열 해 놓는 것을 포함하고 있다. 다음과 같은 사항을 고려하여 전처리를 진행해야 효과적으로 대량조리를 할 수 있다.

< 전처리 관리 >

- **부착수 최소화**: 세척시에 식재료 표면에 묻는 물인 부착수를 최소화하도록 한다. 부착수가 많으면 삶거나 볶은 음식의 품질에 영향을 줄 수 있다.
- **폐기량 관리**: 식재료의 써는 방법, 조리방법, 기계의 성능에 따라 식재료 폐기량은 달라진다.
- **일정한 품질 유지**: 밑간은 재료의 처리량, 조리조작, 조미순서, 조미시간을 통제해야 일정한 품질을 유지할 수 있다

(2) 대량조리 특징

대량조리는 조량조리와 달리 많은 양을 한꺼번에 조리하므로 대량조리 기기를 합리적으로 활용할 수 있어야 하며, 정해진 시간 내에 조리종사원들의 협력하여 음식생산을 완료해야 하므로 대량조리 기기의 활용방법과 지식, 숙련도가 필요하다. 또한 음식의 맛과 질의 저하가 급속히 이루어지므로 작업일정에 따른 계획적인 생산관리가 필요하다.

대량조리에서의 기본 조리과정은 물, 기름, 공기라는 세종류의 매체에 의해 이루어진다. 물을 이용하는 조리법으로는 끓이기(boiling), 데치기(blanching), 찌기

(steaming)가 있으며, 기름을 이용하는 조리법으로는 튀기기(deep-frying), 볶기(pan-frying), 공기를 이용하는 조리법으로는 구이(roasting)을 들 수 있다.

<표 5-4> 대량 조리법의 종류 및 특징

구분 (열 전달 매개체)	내용	
물(습식) 가열	끓이기	국, 찌개, 탕, 전골 등 100℃ 이상 끓임 익힘과 조미를 동시에 진행 식품에서 용출된 성분과 조미성분 간 맛 교류 질긴 고기 경우 85~96℃ 조금 낮은 온도에서 오래 끓이는 것이 조직을 연하게 함
	삶기	끓는 물에 식품을 넣어 익힘 가열기기, 물의 양, 식품 투입량에 따라 가열시간 달라짐
	데치기	단시간 식품 표면을 가볍게 익히는 방법 숙채요리에 많이 활용 조직연화, 효소작용 억제, 색 발현 등 목적
	찌기	재료를 물과 접촉시키기 않고 수증기로 익힘 수용성 성분 용출이 적어 영양손실 최소화 부서지기 쉬운 음식에 활용 시간이 오래 걸리고 연료 소모가 많음
기름(건식) 가열	볶기	소량의 기름 이용하여 고온에서 재료를 빨리 익히는 방법 수용성성분 용출 적고, 색 선명 유지 비교적 고온에서 단시간 볶는 것이 성분 용출 막음
	튀기기	150~200℃ 고온 유지에서 익힘 수분을 증발시켜 바삭함 식감 유지
	부치기	번철, 프라이팬에 소량 기름 두르고 지져냄 채소,해물 등 재료에 밀가루, 달걀 반죽입혀 지짐
공기(대류) 가열	구이	수분, 유분 없이 불로 공기나 팬을 직접 달궈 익힘 수용성분 용출이 적고 특유 향미를 냄

(3) 분산조리

분산조리(batch cooking)는 일시에 대량으로 조리하지 않고 배식시간에 맞게 일정량씩 나누어 조리하는 방식을 일컫는다. 메뉴의 총생산량을 한꺼번에 조리할 경우는 음식 품질이 저하되므로 분산조리를 할 경우에는 고객수와 기기 용량에 맞추어 시간 간격을 두고 조리를 한다.

분산조리는 배식대에 근접한 조리기기르 활용하는 것이 좋으며, 식재료들을 1회 생산 분량만큼 배분하여 냉장보관하였다가 조리에 바로 투입할 수 있도록 한다. 필요한 양념이나 소스도 미리 준비해 둔다. 분산조리 시간을 계획할 때는 기기에 넣고 꺼내는 시간, 조리 소요시간, 양념이나 소스를 첨가하는 시간, 배식대까지의 운반시간 등을 모두 고려해야 한다.

조리한 음식을 배식하기까지 보유해야 할 경우 조리 속도를 늦추거나 가열강도를 조절하도록 한다. 분산조리한 음식들은 익힘 정도나 음식의 색, 질감이 다르므로 서로 섞지 않도록 한다. 특히 채소음식과 같이 조리 후 시간이 경과함에 따라 품질이 현저하게 떨어지는 음식은 분산조리가 필수적이며, 요즘에는 고성능 기기들이 많이 개발되어 조리시간을 단축할 수 있기 때문에 분산조리가 더욱 활성화되고 있다.

2) 배식 작업관리

(1)배식 전 관리

조리가 완료된 후 배식시간 전까지의 관리업무로는 검식, 보존식 관리, 음식의 적온보관, 게시메뉴 준비, 배식을 위한 위생상태 점검 등이 있다. 특히 검식 및 보존식은 급식 운영을 위한 의무적이고 법적인 사항으로 아주 중요한 관리사항이라 할 수 있다.

1 검식

검식은 조리가 완료 된 후 표준레시피, 조리순서, 조리포인트 등 생산계획에 따라 적정하게 생산되었는지 평가하고 기록하는 관리 절차이다. 조리가 완료되면 배식 전 배식을 위한 1인 분량의 음식을 상차림한 후 배식량, 음식의 맛, 온도, 외관, 색상, 이물, 이취, 위생상태 등과 같은 음식의 품질을 확인 한 후 평가하여 검식일지에 기록하는 과정으로 진행된다.

검식의 목적은 관능적, 기호적, 영양적, 위생적인 관점에서 음식을 평가하고 그에 대한 개선 및 보완사항을 사전에 조치함으로써 고객의 식사에 대한 불만을 줄이고 고객 만족을 향상시키는데 있다. 따라서 고객에게 제공될 음식을 사전에 점검한다는 의미에서 검식은 중요한 과정이다.

검식은 영양사, 조리책임자, 조리종사자 등 최소 2인 이상이 참여하여 실시하며, 검식과정에서 음식의 맛, 색깔, 온도 등 조리상태가 부적합할 경우 양념 및 조리방법 조절, 재가열 등을 통하여 보완한 후 제공하도록 한다. 또한 이물, 이취 등이 발견되어 배식이 불가능하다고 판단될 경우에는 전량 폐기하고 대체 식품으로 조리하여 제공한다. 이러한 평가결과에 대한 최종 승인 및 사후 조리는 급식관리자인 영양사에게 권한이 있다.

〈검식 시 주의사항〉

- 검식은 조리 완료 후 배식 전에 실시한다.
- 조리 완료된 음식을 모두 확인한다.
- 조리 후 맛을 보는 검식 용기 및 기구는 구분하여 사용하며 사용 후 반드시 세척, 소독, 보관하여야 한다.
- 검식 결과 이상이 있거나 배식이 불가능하다고 판단되는 음식은 즉시 폐기한다.
- 뜨거운 음식은 60℃ 이상, 차가운 음식 5℃이하인지 확인한다.
- 검식을 위한 음식은 1인 분량씩 상차림한다.
- 관능적, 위생적, 1인 분량 적절성 평가를 통해 영양적 평가를 실시한다.
- 조리종사자들과 의견을 공유한다.
- 검식일지에 날짜, 검식시간, 검식참여자, 식단명, 평가 및 조치사항 등을 기록하고 보관한다.

2 보존식

보존식은 식중도 사고에 대비하여 그 원인을 규명할 수 있도록 검체용으로 음식을 냉동보존해 두는 것이다. 보존식 시행은 식품위생법 제88조 제2항 제2호 및 시행규칙 제95조 제1항에 의거하여 집단급식소 설치, 운영자가 반드시 준수해야 하는 법적 의무사항이다. 보존식 보관의무를 위반한 경우 50만원 과태료가 부과된다. 식중독 발생시 보존식이나 사용한 식재료는 역학조사가 완료될 때까지 폐기하거나 소독 등으로 현장을 훼손해서는 안 되고 원 상태로 보존하여야 한다(식품위생법 시행령 별표2).

보존식은 배식 직전에 소독된 보존식 전용용기 또는 멸균 봉투에 조리, 제공된 모든 음식을 종류별로 각각 1인 분량을 담아, −18℃이하의 보존식 전용 냉동고에 144시간(6일간)보관한다. 보존식은 소독이 용이한 용기에 각각의 음식물을 독립적으로 담아서 보존해야 한다. 소량만 제공하는 음식의 경우 1인 분량은 미생물 분석에 필요한 시료량을 충족시키지 못할 수 있어서 150g이상 보존하는 것이 바람직하다. 가공 완제품을 그대로 제공하는 식품의 경우에는 개방하게 되면 원인균의 출처를 확인하기 어려워지므로 포장을 뜯지 않은 원상태로 보관한다. 가공 완제품의 경우 유통기한 내에서 해당 식품의 제조업자가 정한 보관 방법에 따라 보관할 수 있다.

보존식

- 보존식은 배식 직전에 소독된 보존식 전용용기 또는 멸균봉투(일반 지퍼백 허용)에 조리·제공된 모든 음식을 종류별로 각각 1인분 분량을 담아 -18℃이하에서 144시간(6일) 이상, 냉동 보관한다.
  ※ 가볍거나 소량 제공하는 음식의 1인분 분량은 미생물 분석 시 요구되는 시료의 양을 충족시키지 못할 수 있으므로 가급적 용기에 채워서 보관(150g 이상 보존 바람직)
- 납품받은 가공완제품 중 포장을 뜯지 않고 그대로 제공하는 식품은 개봉할 경우 식중독 원인균의 출처를 확인하기 어려우므로 포장을 뜯지 않은 원상태로 보관해야 한다.
  ※ 완제품 형태로 제공한 가공식품은 유통기한 내에서 해당 식품의 제조업자가 정한 보관 방법에 따라 보관할 수 있음(식품위생법 시행규칙 제95조)
- 보존식을 용기에 담아 보관할 경우 용기는 소독이 용이해야 하고 각각의 음식물을 독립적으로 보존해야 한다.
- 보존식 기록지에 날짜, 시간, 채취자 성명을 기록하여 관리한다. 또한, 보존식 투입 시 냉동고(실)의 온도를 기록한다.

[그림 5-7] 보존식 관리 기준

출처: 교육부(2021, 학교급식 위생관리 지침서 5차 개정)

〈보존식 보관 기간 계산하기〉

- 월요일에 보존식을 보관하였으며 6일(144시간) 후인 일요일 이후에 폐기한다.
- 일요일이 쉬는 날이면 월요일에 폐기하면 된다
- 토, 일, 국경일 등 상관없이 무조건 144시간 이후에 폐기하면 된다
- 화요일 보존식 → 월요일 이후 폐기
- 수요일 보존식 → 화요일 이후 폐기
- 목요일 보존식→ 수요일 이후 폐기
- 금요일 보존식→ 목요일 이후 폐기
- 토요일 보존식→ 금요일 이후 폐기
- 일요일 보존식→ 토요일 이후 폐기

3 적온배식

급식소에서 조리가 완료된 음식은 고객에게 제공되기 전까지 또는 배식을 하는 동안 일정시간 보관과정을 거치게 된다. 따라서 배식 전 보관부터 배식하는 동안에 음식의 품질 저하가 일어나지 않도록 적절하게 관리해야 할 필요가 있다. 특히, 음식의 안전성을 확보하고 영양적, 관능적으로 우수한 품질의 음식을 고객에게 제공하기 위해서는 뜨거운 음식은 뜨겁게, 차가운 음식은 차갑게 유지될 수 있도록 보온, 보냉기기를 이용하여 적온보관을 해야 한다.

〈적온 배식 주의 사항〉

- 조리 완료된 음식은 배식 용기에 담은 후 덮개를 덮어 이물질 혼입 방지
- 더운 음식 57℃ 이상 보온
- 찬음식 5℃ 이하 보냉
- 식품 중심부 온도 철저히 관리
- 분산조리 방법 사용으로 보관시간 줄임
- 음식별 적정온도: 밥(75~85℃), 국(65℃), 찌개(85℃), 조림(50℃), 찬음식(5℃)

보온, 보냉 배식대　　보온, 냉장고　　국 보온 배식차

[그림 5-8] 적온보관을 위한 보온·보냉기기

4 배선관리

배식 전 배식대가 청결한지, 배식 1시간 전 보온, 보냉고를 사전 예열하고 식판, 수저, 국그릇은 덮개를 사용하며 이물이 없이 건조가 잘 되었는지 확인한다. 배식 전 제공 음식이 배식대에 모두 세팅되었는지 확인하고 당일 메뉴에 대한 음식을 고객에게 제공되는 음식과 동일하게 상차림하여 급식소 입구에 게시용 음식을 게시함으로써 메뉴에 대한 정보를 사전에 고객에게 제공할 수 있도록 한다. 음식 품절로 인하여 대체 메뉴가 조리되어 배식되면 게시용 음식도 교체해야 한다. 테이블 및 의자, 식수대, 컵 보관고, 퇴식구 등 홀의 청결 상태를 확인한다.

게시용 식단표 내의 영양성분, 원산지, 알레르기 유발물질 등에 대한 정보가 기록되어 있는지 확인하며, 최종적으로 배식담당자들의 용모, 복장 등 개인 위생 상태를 점검하고 배식을 위한 대기를 한다.

(2) 배식 중 관리

배식 중 관리사항에는 고객 응대, 적절한 배식을 위한 배식 관리, 퇴식구 주변 청결 상태 확인, 고객 모니터링을 통한 만족도 확인 등이 있다.

1 정량배식

배식에서는 고객들에게 동일한 1인 분량을 제공하는 정량배식(portion control)이 필수적이다. 1인 분량은 메뉴의 생산량과 원가를 통제하는 요소로, 1인 분량이 일정하지 않거나 적절하지 않다고 여기는 경우 불만이 발생할 수 있다. 정량배식이 지켜지려면 배식에 앞서 조리단계에서부터 1인빈량에 대한 개념이 확립되어 있어야 하고 예상식수에 따른 정확한 총생산량이 명시된 표준레시피를 활용하여야 한다.

배식 단계에서는 1인 분량 배분에 필요한 배식도구들의 용량을 파악하고 지정된 배식도구로 일정량씩 배분하도록 훈련할 필요가 있다. 배식할 때마다 제공량을 매번 측정하기는 힘들기 때문에 배식용 국자나 스푼 용량에 따라 메뉴별 배식도구를 정해두면 동일한 양을 배분하기가 쉬워진다. 용량규격에 따라 국자 손잡이의 색을 다르게 한 배식도구를 사용하면 편리하다. 배식도구들은 스테인리스 스틸 재질로 만들어져 내구성을 지니며 고온에 변성이 없어야 한다.

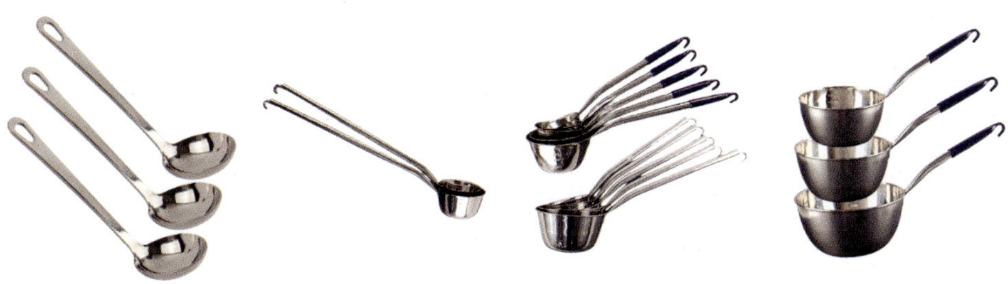

[그림 5-9] 배식용 도구

2 서비스 형태

음식의 서비스 형태는 서비스 수준, 생산과 서비스 장소의 분리 여부에 따라 달라진다. 현재 급식소에서 사용하고 있는 서비스 형태는 셀프 서비스(self service), 트레이 서비스(tray service), 테이블 서비스(table service), 카운터 서비스(counter service)로 구분할 수 있다.

• **셀프 서비스**: 셀프 서비스는 진열된 음식을 고객이 직접 가져다가 식사하는 방식으로 패스트푸드 및 뷔페 레스토랑을 비롯하여 휴게음식소, 단체급식소 카페테리아에서도 널리 이용되고 있다. 다수의 고객을 대상으로 일정한 시간 내에 신속하게 음식을 제공해야 하는 급식소의 경우 효율적인 운영 방법이다. 원하는 음식을 고객이 직접 주문한 뒤 식탁으로 가져와 먹기 때문에 인건비를 줄일 수 있고 고객들의 기호에 맞는 다양한 음식을 제공하므로 자유로이 음식을 선택하고 해당하는 가격을 지불하는 방식으로 산업체 급식이나 대학교급식에 많이 이용되고 있으나 품목별 수요예측이 정확하지 못하면 배식량 과부족이 발생할 수 있다.

• **트레이 서비스**: 트레이 서비스는 병원 환자급식과 기내식, 그리고 호텔 룸 서비스에서 이용되고 있으며 중앙조리장에서 조리하여 1인분씩 배분한 식사를 쟁반에 차려서 고객들이 있는 장소로 가져다 주는 형태이다. 기내식은 공항 근처에 있는 쿡칠 시스템을 갖춘 기내식 센터에서 만든 음식을 1인분씩 개별 포장하여 냉장상태로 기내로 운반한 다음 기내에서 배식 직전에 재가열하여 배식한다. 병원에서의 환자급식은 대개 중앙 조리장에서 1인분씩 트레이에 담아 카트에 적재하여 각 병동으로 운반한 후 배식원들이 트레이를 환자들에게 전달한다. 환자 수가 많은 대형 병원에서는 자동 컨베이어를 이용하여 상차림한 뒤 보온 카트에 실어 배식 전용 승강기를 이용하여 각 병동으로 운반하여 음식을 서비스한다.

트레이 서비스의 가장 중요한 요소는 고객들에게 음식이 전달 될 때까지 보온, 보냉이 잘 이루어져야 한다는 점이다. 또한 배식원들은 청결한 복장으로 신속하고 친절한 자세로 서비스 할 수 있도록 훈련되어야 한다.

• **테이블 서비스**: 테이블 서비스는 외식업에서 흔히 볼 수 있는 형태이다. 직원이 주문을 받고 주방으로부터 고객의 테이블까지 음식을 가져다주는 방법이다. 고급 레스토랑의 경우에는 정교하고 전문화된 서비스가 요구되기도 한다. 따라서 테이블 서비스에서는 고객 응대를 위한 직원의 교육과 훈련이 아주 중요하다.

• **카운터 서비스**: 카운터 서비스는 신속한 서비스를 원하는 고객들을 위한 식당이나 커피숍, 초밥집, 스낵바 등에서 이용되고 있다. 카운터에 있는 종업원이 주문부터 음식제공, 상차림의 업무까지 모두 맡기 때문에 적은 수의 직원으로 효율적인 운영이 가능하다는 장점이 있다.

3) 퇴식 작업관리

(1) 잔반처리

퇴식구에서 잔반 줄이기 운동을 지도 및 홍보하며, 잔반량을 매일 체크하여 1인당 잔반량 및 잔반 비용을 환산하여 게시하고 급식 생산계획에 참고한다. 일주일에 한번 정도는 잔반통 없는 날을 정하여 잔반을 남기지 않도록 유도하기도 한다. 음식물 쓰레기를 줄일 수 있는 적절한 활용 방안을 모색하고 잔반은 이물질이 혼합되지 않도록 배출 기준에 따라 처리한다.

급식업무 단계별 음식물 쓰레기 감량 실천

급식업무단계	세 부 사 항	실행여부	비 고
식단계획	피급식자의 영양과 기호도를 고려하였는가?		
	제철식품을 이용하였는가?		
	다양한 조리법을 선택하였는가?		
	다양한 식재료를 사용하였는가?		
식품발주	잔반이 많이 발생하는 음식의 1인 분량을 조절하였는가?		
	폐기량을 고려하여 정확히 발주하였는가?		
	재고량을 고려하여 정확히 발주하였는가?		
	수요예측을 정확히 하였는가?		
식품구매	비가식부를 고려해서 구매하였는가?		
	재활용 포장제품을 구매하였는가?		
식품검수	식품 종류별 필수 검수항목을 체크하였는가?		
	발주내용에 맞게 입고되었는가?		
식품보관	식재료별로 보관 온도 및 습도에 맞게 보관되었는가?		
	선입선출이 용이하도록 보관되었는가?		
	입고날짜, 출고량 및 재고량을 기재하였는가?		
식품전처리	폐기량이 가장 적게 발생되도록 전처리 하였는가?		
	폐기량을 기록하였는가?		
	가식부를 최대한 활용하였는가?		
조 리	표준레시피를 사용하였는가?		
	표준레시피에 따라 조리하였는가?		
	음식의 맛과 외관 등을 고려한 조리법을 선택했는가?		
배 식	적절한 온도로 배식되었는가?		
	적정 1인분량을 진열하였는가?		
	적정 1인분량을 배식하였는가?		
퇴 식	음식물 쓰레기 감량에 대한 홍보 및 교육을 실시하였는가?		
	잔반이 많이 발생하는 음식에 대한 원인 조사를 실시하였는가?		
남은 음식물 재활용	Food Bank 등 남은 식재료를 재활용할 수 있도록 조치하였는가?		
	남은 음식을 재활용할 수 있도록 HACCP 기준을 고려하였는가?		

실행여부를 ○, ×로 표기하고 비고란에 개선사항을 기재한다.

사단법인 대한영양사협회

[그림 5-10] 급식업무 단계별 음식물 쓰레기 감량 실천

출처: 대한 영양사협회

(2) 음식물 쓰레기

음식물 쓰레기는 생활 폐기물에 포함되며 전처리와 생산과정, 배식 후의 모든 과정에서 버려지는 음식쓰레기를 말한다. 과다한 음식물 쓰레기 발생은 귀중한 식량자원 낭비와 2차 환경오염을 초래하므로 정부와 민간 차원에서 음식물 쓰레기 감량 사업을 역점 추진하고 있으나 매년 증가하는 추세이다.

단체급식소에서 발생하는 음식물 쓰레기는 크게 전처리 쓰레기, 잔반, 잔식으로 나눈다. 전처리 쓰레기는 원재료 상태로 입고된 식품을 전처리 할 때 발생하는 것으로 식재료를 대량 처리하는 단체급식소에서 많이 발생한다. 잔반(plate waste)은 제공된 음식을 고객이 먹고 남긴 것으로 잘못된 1인 1회 분량 설정, 기호에 맞지 않는 음식 제공 등이 원인이 된다. 잔식은 초과생산(over production)으로 제공되지 못하고 남는 음식을 의미하며, 수요예측의 부정확 또는 1인 1회 분량을 제대로 배식하지 못했기 때문에 발생할 수 있다.

음식물 쓰레기는 가급적 수분을 줄이고 이물질을 제거하여 배출하도록 한다. 음식물 쓰레기 감량 의무 사업장(1일 평균 급식원 100인 이상, 유치원은 1일 평균 200인 이상인 집단급식소)은 자체적인 처리설비를 갖추어 감량하여 배출하거나 퇴비, 사료화하여 재활용하거나 음식물류 폐기물을 재활용하는 업체에 위탁하여 처리하여야 한다.

5장 실습서 작성

1. 단체급식 메뉴의 표준레시피를 작성하세요.

• 레시피명:					
총분량(　　인분)		재 료 명	재료량(100인분)		조리법(순서대로 나열)
구입시 (AP)	가식부 (EP)		구입시 (AP)	가식부 (EP)	① ② ③ ④ ⑤ ⑥ ⑦ (각 단계별 소요시간 기록할 것)
조리후 총량 (100인분)					

• 영양가 분석(1인분)					
에너지(㎉)		나이아신(㎎)		나트륨(㎎)	
수분 함량(%)		비타민 C(㎎)		칼륨(㎎)	
탄수화물(g)		비타민 B6(㎎)		아연(㎎)	
섬유소(g)		비타민 B12(㎍)		구리(㎍)	
단백질(g)		엽산(㎍)		콜레스테롤(㎎)	
지방(g)		칼슘(㎎)		다가불포화지방산(g)	
비타민 A(R.E.)		인(㎎)		단일불포화지방산(g)	
비타민 B1(㎎)		철분(㎎)		포화지방산(g)	
비타민 B2(㎎)					
사용 장비					
조리온도(℃)					
오븐사용조건					

2. 검식 일지와 보존식 일지를 작성하세요

• 급식 일일 위생, 안전 및 검식일지　　　점검일: 0000. 00. 00

구분	점검사항	점검결과	시정사항
1. 개인위생	설사, 발열, 구토 및 화농성 질환 여부	여, 부	
	가족 및 동거인의 상기질환 여부	여, 부	
	조리 종사자의 심리적 안정상태 여부	여, 부	
2. 원료 및 가공식품 취급	변질, 부패 및 유통기한 경과여부	여, 부	
	저장건조, 포장, 용기 등의 적정 상태	양호, 불량	
	교차오염 방지를 위한 구분보관 여부	여, 부	
	적정보관 음료 준수 여부	여, 부	
	가열 조리식품과 비가열 조리식품의 구분 여부	여, 부	
	가열조리식품의 신속냉각 및 적정 보관 여부	여, 부	
	과채류 등 원료의 절단시 세척 선행 여부	여, 부	
	식품 조리 및 배식시 마스크 착용 여부	여, 부	
	유통기한이 경과, 조리 음식 재사용 여부	여, 부	
3. 조리,가공 설비 및 시설	오염구역, 청결구역, 준청결구역 구분 여부	여, 부	
	방충, 방서 및 이물질 혼입 방지여부	여, 부	
	육류, 채소류 등 원료별 조리기구의 구분 여부	여, 부	
	칼, 도마, 행주 등 조리기구 및 설비의 소독	여, 부	
	작업장내 수세시설 및 소독시설 구비, 작동	여, 부	
	작업장 바닥의 물고임 방지 및 배수구 개폐 용이	여, 부	
4. 안전점검	수돗물이 아닌 물 사용시 먹는 물 수질검사 여부	여, 부	
	조리실내 환기실시 여부	여, 부	
	가스기구, 환풍기등의 안전관리 상태, 작동방법 숙지	예, 아니오	
	조리기구 중 고장, 수리 여부	예, 아니오	
	소화기가 적절한 위치에 비치되고 사용법을 아는가?	예, 아니오	
	쓰레기 및 쓰레기장의 청결관리 여부	여, 부	
	작업 후 각종 전열기의 전원 관리	양호, 불량	
	작업 후 가스중간밸브, 가스실용기밸브 관리	양호, 불량	
	문단속은 잘 되어 있으며 수도꼭지는 잘 잠궜는가	예, 아니오	
	보일러실 연수기 작동상태, 청관제, 소등은 적절한가	예, 아니오	
5. 종합의견			

	식단명					
검식일지	평가		상	중	하	비고
	외관	1인 분량 영양균형 색, 형태				
	관능	맛 질감 온도 풍미				
	위생	적온 청결도				
참고사항						

3. 음식물 줄이기 홍보용 브로셔를 만들어보세요.

- 환경부 사이트: http://me.go.kr
- 대한영양사협회:http://www.dietitian.or.kr
- 음식물 쓰레기관리시스템: http://www.citywaste.or.kr
- 식품의약품안전처: http://www.mfds.go.kr
- 위와 같은 다양한 관련 기관 사이트를 방문하고, 단체 급식장에서 음식물 쓰레기 줄이기 캠페인을 위한 다양한 형태의 팜플렛을 만들어 보세요.

CHAPTER 06

위생관리

1. 식중독 관리
2. 급식 공정별 위생관리
3. 급식 관련 종사자 위생관리
4. 시설·설비위생관리
5. HACCP 시스템

□ 실습서

학습목표

1. 단체급식에서의 식중독 관리에 대해 이해할 수 있다.
2. 식중독의 발생현황과 주요 원인균에 대해 이해할 수 있다.
3. 급식생산 공정별 식재료 위생관리에 대해 설명할 수 있다.
4. 식재료 세척 및 소독과정의 방법을 설명할 수 있다.
5. 올바른 손씻기에 대해 자세히 설명할 수 있다.
6. 조리종사자의 위생관리와 건강진단 관리에 대해 설명할 수 있다.
7. 방문객, 업체위생관리에 대해 서명할 수 있다.
8. 시설 · 설비 위생관리에 대해 설명할 수 있다.
9. 급식실 청소계획을 세울 수 있다.
10. 급식 생산과정을 HACCP수행의 원칙으로 이해할 수 있다.

1. 식중독 관리

단체급식에서 위생관리의 목적은 식중독 등 식품 위생상의 사고를 미연에 방지하여 고객들에게 위생적이고 안전한 급식을 제공하여 급식운영이 효율적으로 이루어지도록 하는 데 있다.

단체급식의 안전한 위생관리를 위하여 관련 급식 종사자에게 식중독 및 위생적인 식품 취급을 위한 사전 교육과 안전한 급식을 위해 정기적인 건강진단 및 위생교육 등을 실시하여 안전하고 맛있는 식사를 공급하기 위한 노력을 해야 한다.

위생적이고 안전한 식품을 제공하기 위해서는 메뉴의 구성에서부터 검수, 전처리, 조리, 배식, 세척, 정리 등의 전반적인 과정뿐만 아니라 식품의 온도, 시간, 시설·설비관리, 식품을 취급하는 자의 개인위생에서 식재료 납품업체까지 위생적이어야 완전무결한 식사를 제공할 수 있다.

급식에서 식중독 등 안전사고 예방을 위해 식품에 포함될 수 있는 위해요소에는 생물학적 위해요소(Biological hazard)에는 세균, 바이러스(조류 인플루엔자 등), 곰팡이, 기생충 등이 포함되며, 화학적 위해요소(Chemical hazard)란 살충제, 식품첨가물, 세척제, 조리기구 및 설비의 유독한 금속 및 화학 성분 등이며, 물리적 위해요소(physical hazard)에는 식품에 혼입될 수 있는 미물질로 먼지, 도자기 파편, 깨진 유리, 머리카락, 쇳조각, 프라스틱 조각, 수세미, 기타 이물질 등이 있다.

1) 식중독

(1) 정의와 발생현황

식중독이란 유독·유해한 물질(각종 유해 화학물질, 유해금속, 유해첨가물, 농약 등)이나 병원성 미생물(병원성세균, 바이러스, 곰팡이, 원생동물 등)로 오염된 음식물을 섭취하여 일어나는 건강 장해를 뜻한다. 근래에는 식중독과 경구감염병(장티푸스,

세균성이질, 콜레라 등)을 명확히 구분하지 않고 식품을 매개로 하여 일어나는 질병을 총칭하여 "식품매개감염증"으로 분류하기도 한다. 세계보건기구(WHO)는 '식품 또는 물의 섭취에 의해 발생되었거나 발생된 것으로 생각되는 감염성 또는 독소형 질환'으로 규정하고 있다.

집단식중독은 식품 섭취로 인하여 2인 이상의 사람에서 감염성 또는 독소형 질환을 일으킨 경우를 말한다. 이와 비슷한 '장염'이라는 용어는 소장이나 대장에 염증이 생긴 상태를 말하며 대부분 음식 섭취와 관련이 있고 증상이 유사하기 때문에 식중독과 비슷한 의미로 사용되고 있다.

식품의약안전처의 식중독 발생 현황 조사에 따른 추이는 [그림 6-1]과 같다. 2006년에 발생한 CJ푸드시스템 학교급식 식중독 사례 이후 10,833명의 식중독 환자 발생 이후 매년 2~300건 이상의 식중독이 발생하였고, 2018년에는 학교급식 초코케이크와 노로바이러스 원인 등으로 11,504명의 많은 식중독 환자가 전년 대비 2배로 발생하였다. 2020년 이후에는 코로나의 영향으로 인하여 식중독의 수가 급격하게 줄어들었다. 2021년 식중독 건수 및 환자 수는 전년('20년) 대비 발생 건수 49%, 환자 수 104% 증가하였다. 2021년 한 해 동안 원인균별로 보면 기타 부분이 가장 높게 나타났고 다음으로 노로바이러스, 살모넬라·병원성 대장균 순으로 높게 나타났다. 이는 어린이집·유치원 등 면역력이 취약한 어린이 단체시설에서 식중독 의심 신고 증가가 주요 원인이 되었고, 코로나19 이후 배달 또는 포장 음식 섭취 증가, 거리두기 해제로 사적 모임 증가 등 음식점 식중독 증가, 지역축제 등으로 대형 식중독(100명 이상)발생이 증가한 것으로 나타났다. 최근 5년간('17~'21) 여름철에 발생 건수가 높게 발생하는 것을 볼 수 있으며, 여름철에는 고온다습해 세균이 번식하기 쉬우므로 식재료와 조리식품의 취급과 보관에 주의를 기울여야 한다. 월별 주의해야 할 식중독은 〈표 6-1〉을 참조하면 된다.

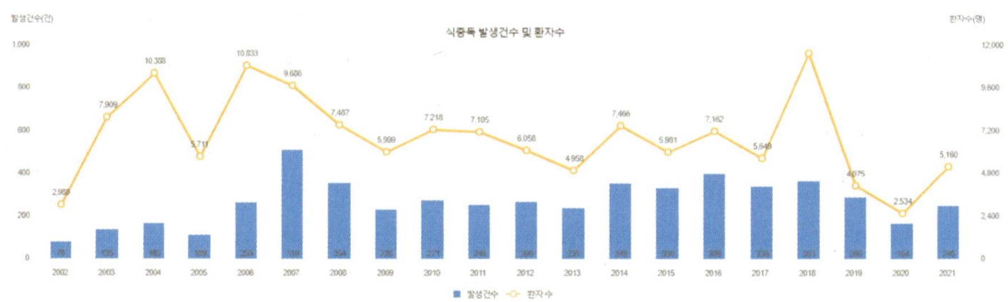

* 출처 : 식품의약품안전처

연도 · 월별 발생 건수 및 환자 수

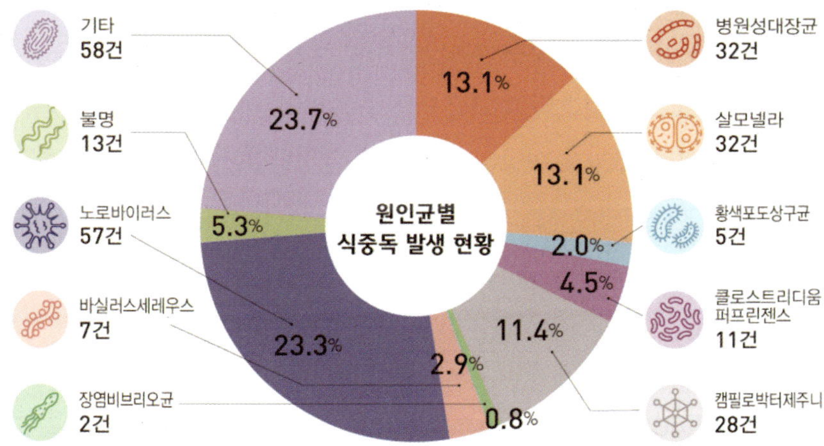

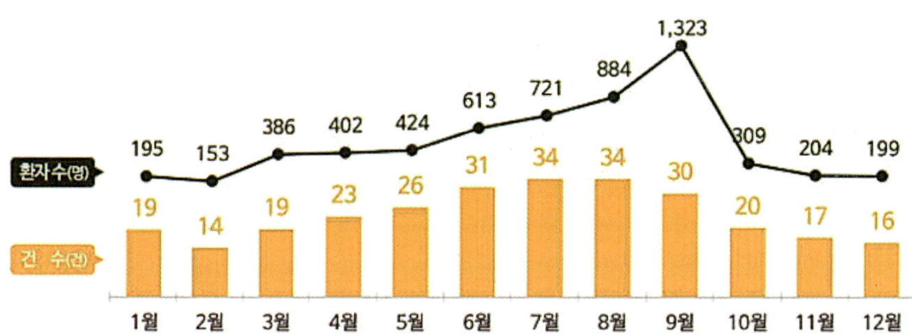

최근 5년(2017~2021) 간 월별 식중독 발생 건수 및 식중독 환자 발생 수 (출처:식품의약품안전처 홈페이지)

[그림 6-1] 식중독 발생현황

출처: 식중독 통계 | 식품안전나라 (foodsafetykorea.go.kr)

<표 6-1> 월별 주의해야 할 식중독

봄 : 퍼프린젠스
여름 : 병원성대장균, 캠필로박터 제주니, 살모넬라, 장염비브리오
봄, 가을, 겨울 : 노로바이러스

		봄			여름			가을			겨울		
	월	3	4	5	6	7	8	9	10	11	12	1	2
주요 원인균	병원성대장균			5~10월									
	노로바이러스	3~6월								11~2월			
	퍼프린젠스	3~5월							10~2월				
	캠필로박터				6~8월								
	살모넬라				6~10월								
	장염비브리오					7~10월							
주요 원인식품		육류, 가금류, 지하수			닭 등 가금류, 비가열식품 등			수산물, 비가열식품 등			수산물 (굴, 홍합, 회 등)		

출처: 식품의약품안전처(2022, 2023년 식품안전관리지침)

(2) 주요 식중독의 원인균

식중독의 원인은 크게 미생물과 화학물질로 구분(표 6-3)할 수 있다.

미생물에 의한 식중독은 세균성 식중독과 바이러스성 식중독으로 구분하고, 세균성 식중독은 독소형과 감염형으로 세분화된다.

대부분의 식중독균은 5~60℃의 온도에서 증식한다. 따라서 뜨거운 음식은 최소한 60℃ 이상으로, 찬 음식은 최대한 5℃ 이하로 보관하면 세균의 증식을 방지할 수 있다. 식중독균의 번식 속도는 세균마다 차이가 있으나, 대부분 35~36℃ 내외에서 가장 빠르다. 따라서 기온이 높은 여름철에 세균성 식중독의 위험이 가장 높다.

세균성 식중독은 세균의 종류에 따라 잠복기와 증상이 다양하지만, 크게 독소형과 감염형으로 구분할 수 있다. 세균의 독소로 오염된 음식물을 섭취한 경우는 잠복기가 1~6시간이며, 세균을 섭취한 후 체내에서 독소가 만들어지는 경우는 8~16시간, 감염성 식중독인 경우는 잠복기가 16시간 이상이다. 독소형 식중독의

원인균은 황색포도상구균, 바실루스 세레우스균, 웰치균(클로스트리디움균) 등이고, 감염형 식중독의 원인균은 병원성 대장균, 장염비브리오균, 살모넬라균, 시겔라균 등이 있다.

바이러스는 동물, 식물, 세균 등 살아 있는 세포에 기생하는 미생물로 크기가 매우 작아 일반 광학 현미경으로 관찰할 수 없고, 세균 여과기에 제거되지 않으며 일부 바이러스는 식중독을 유발할 수 있다. 식중독을 유발하는 대표적인 바이러스는 노로바이러스와 로타바이러스가 있다. 최근 위생 관념이 발달하고 생활이 윤택해지면서 부패한 음식에 의한 세균성 식중독보다는 바이러스성 식중독이 상대적으로 증가하고 있다. 노로바이러스는 물을 통해 전염되고 2차 감염이 흔하기 때문에 집단적인 발병 양상을 보이고, 로타바이러스는 영유아에게 겨울철 설사 질환을 일으키며 과거에는 가성 콜레라로 알려져 있다. 세균과 바이러스에 특성 및 증상은 〈표 6-2〉에서 볼 수 있고, 노로바이러스는 예방법(그림 6-2)이 중요하다.

<표 6-2> 세균과 바이러스의 특성 및 증상

구분	세균	바이러스	비고
특성	균에 의한 것 또는 균이 생산하는 독소에 의하여 식중독 발병	크기가 작은 DNA 또는 RNA가 단백질 외피에 둘러 쌓여 있음	
증식	온도, 습도, 영양성분 등이 적정하면 자체 증식가능	자체증식이 불가능하며 반드시 숙주가 존재하여야 증식가능	
발병량	일정량(수백~수백만) 이상의 균이 존재하여야 발병 가능	미량(10~100) 개체로도 발병 가능	
증상	설사, 구토, 복통, 메스꺼움, 발열, 두통 등	메스꺼움, 구토, 설사, 두통, 발열 등	증상은 유사함
치료	항생제 등을 사용하여 치료 가능하며 일부균은 백신이 개발되었음	일반적 치료법이나 백신이 없음	
2차감염	2차 감염되는 경우는 거의 없음	대부분 2차 감염	

출처: 서울시식품안전정보

<표 6-3> 식중독의 분류

대분류	중분류	소분류	인균 및 물질
미생물	세균성	독소형	황색포도상구균, 클로스트리디움 보툴리눔, 클로스트리디움 퍼프린젠스 등
		감염형	살모넬라, 장염비브리오균, 병원성 대장균, 캠필로박터, 여시니아, 리스테리아 모노 사이토제네스, 바실러스 세레우스
	바이러스성	공기, 접촉, 물 등의 경로로 감염	노로바이러스, 로타바이러스, 아스트로 바이러스, 장관아데노바이러스, 감염A 바이러스, 감염E 바이러스
화학 물질	자연독	동물성 자연독에 의한 중독	복어독, 시가테라독
		식물성 자연독에 의한 중독	감자독, 버섯독
		곰팡이 독소에 의한 중독	황변이독, 맥가독, 아플라톡신 등
	인공 화합물	고의 또는 오용으로 첨가되는 유해물질	식품첨가물
		본의 아니게 잔류, 혼입되는 유해물질	잔류농약, 유해성 금속화합물
		제조 · 가공 · 저장 중에 생성되는 유해물질	지질의 산화생성물, 미트로소아민
		기타 물질에 의한 중독	메탄올 등
		조리기구 · 포장에 의한 중독	녹청(구리), 납, 비소 등

출처 : 질병관리청 국가건강정보 포털

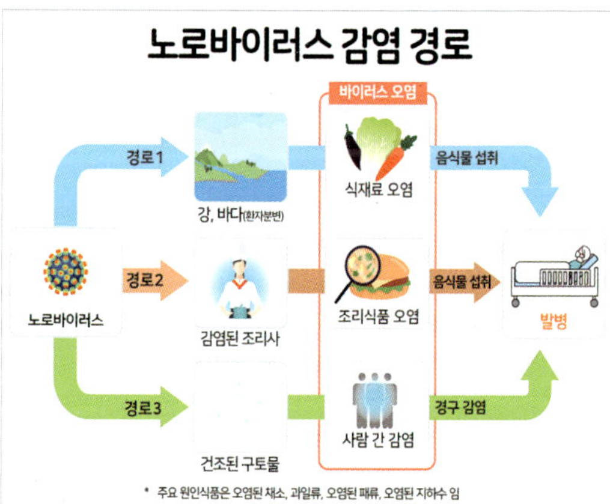

[그림 6-2] 노로바이러스 예방법

출처: 식품의약안전처 식품안전나라(2022.10.21. 보도자료)

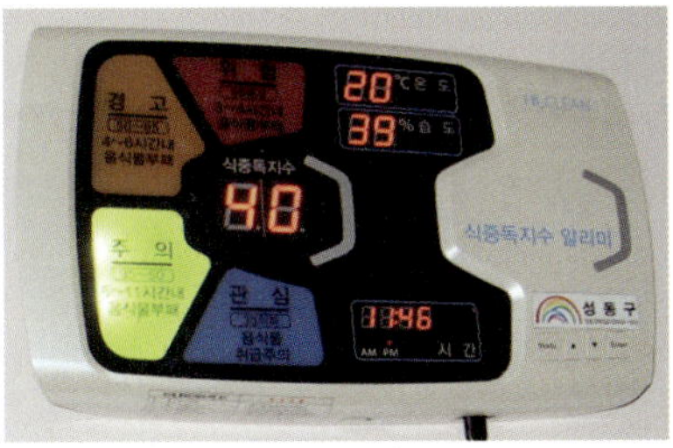

식중독 지수(Food Poisoning Index: FPI)란?

- 식중독지수는 기상청, 식약처, 국민건강보험공단, 국립환경과학원이 공동으로 개발한 지수입니다.

- 여름철 식중독을 예방하고 국민의 위생을 위하여 개발된 정량적이고 수치적인 개념으로서 여름철 그날의 온도에 따른 미생물에 의한 식중독 위험도를 나타낸 지수이다.
  식중독 원인균의 최적 성장조건(40℃, pH=6.5–7.0, 수분활성도=1~0.99)에서 식중독을 유발시킬 수 있는 시간과 특정 온도에서 식중독을 발생시킬 수 있는 시간에 대한 비율을 백분율로 표시한다. 최고값 100은 음식물을 외부에 보관시 초기 균수가 1000마리/g일 경우 약 3시간 30분 만에 식중독이 일어날 수 있게 된다는 뜻으로 지수 50의 개념은 최고값 대비 식중독을 유발시키는 시간이 2배 소요되는 것으로, 시간상으로는 7시간 이후 상온에서 저장된 음식물은 식중독을 일으킬 수 있다는 개념이다.

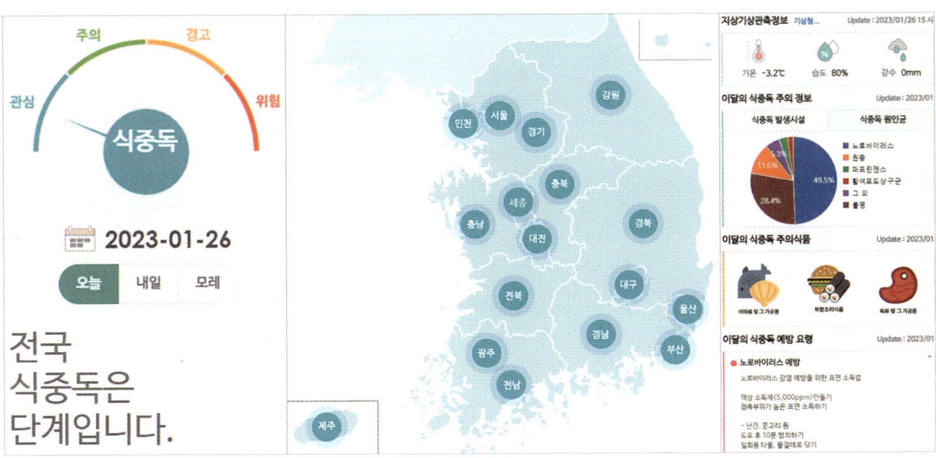

출처 : 식중독 예측비도 http://poisonmap.mfds.go.kr/

▲ 식중독 사례

- 2015년~2018년까지 교육(지원)청에 보고된 학교급식에서 발생한 수인성·식품매개질환 역학조사 보고서 146건 중 식중독 추정 원인병원체-추정감염 음식군별 예방 및 대처방안은 다음과 같다.

추정원인 병원체-추정감염음식군	발생 연월	학교급	제공 식수	발생규모	추정감염 음식	대처방안
병원성 대장균 - 김치	15.08	고	2	172명/1,937명 (8.8%)	김치류 (총각김치, 배추김치)	- 학교급식 김치납품업체에 대해서는 보존식 보관을 권장 - 납품업체가 아닌 제조업체명 확인 및 관리
	17.08	중	1	216명/633명 (34.1%)	깍두기, 총각김치	
	17.06	고	1	22명/1,379명 (1.6%)	배추겉절이	
	17.06	중	1	104명/1,167명 (8.9%)	배추겉절이	
	17.06	중/고	3	211명/920명 (22.9%)	배추겉절이	
	17.08	고	2	356명/1,175명 (30.3%)	총각김치	
	17.08	중	1	62명/971명 (6.4%)	총각김치	
	18.05	고	1	29명/128명 (22.7%)	EPEC 환자, 배추김치	사람 간 감염을 예방하기 위한 손 및 환경소독관리
노로바이러스 - 김치	16.11	초	1	10명/795명 (1.3%)	돌산갓김치	학교급식 김치납품업체(김치제조업체)에 대해서는 보존식 보관을 권장
	17.08	중/고	1	20명/605명 (3.3%)	포기김치	
	17.10	중	1	22명/287명 (7.7%)	깍두기	
	18.03	고	2	110명/603명 (18.2%)	포기김치	
	18.03	초	1	79명/722명 (10.9%)	김치류	

추정원인 병원체-추정감염음식군	발생 연월	학교급	제공 식수	발생규모	추정감염 음식	대처방안
병원성 대장균 – 채소	18.09	초	1	32명/322명 (9.9%)	무생채	현대화 사업으로 외부위탁 시 계약조건 강화
	18.09	초	1	189명/968명 (19.5%)		
	18.09	중	1	240명/630명 (38.0%)		
	18.09	초	1	46명/527명 (2.8%)		
캠필로박터균 – 가금류	15.06	초	1	37명/831명 (4.5%)	구운오리김치 볶음	식재료 관리
	16.05	고	3	153명/808명 (18.9%)	삼계탕	닭을 재료로 이용시 전처리 과정에서의 교차오염의 가능성이 높아 위생관리 강화
	16.06	초	1	117명/553명 (33.8%)	닭다리구이	다량의 오븐조리 시 겹쳐지지 않게 배치하여 조리
리스테리아균 – 복합조리	18.09	중/고	2	653명/2,096명 (31.2%)	숙주맛살무침 식재료 교차오염	특이사례 발생 시 중앙부처와 시/군/구간 정확한 의사소통과 중복적인 보고체계를 방지하기 위한 핫라인 설치 필요
살모넬라 – 난류	16.06	중	1	96명/258명 (37.2%)	달걀말이	현장체험 활동 사전 장소 확인 시 식사를 할 경우 식당에 대한 위생·안전 관리 내용 추가
캠필로박터균 – 두류	16.04	초	1	14명/119명 (11.0%)	블랙두부 커틀렛	조리된 음식의 안전한 보관 관리

자료 : 한국교육환경보호원(2020, 학교급식 식중독 발생원인 분석 및 예방·관리 체계 개선방안 연구)

2) 식단별 관리

급식에서 식단작성 후 식단을 검토하여 급식에 제공하기 부적절한 식단을 파악하여 배제하여 식단별 관리해야 할 CCP를 확인(표 6-4)하고 제공하기 부적절한 식단은 배제한다.

식단 작성 후 급식으로 제공하기 부적절한 식단이 없음을 확인한다. 밥, 국, 김치, 후식용 가공완제품은 검토 대상에서 제외(단, 볶음밥과 비빔밥처럼 조리 후 공정이 있는 경우는 검토 대상에 포함)하고, 한 음식(메뉴)을 두 가지 이상의 음식으로 조리하여 제공하는 경우 각각 기록(예:비빔밥은 생채, 숙채로, 탕수육은 돈육 튀김, 탕수 소스로 나누어 기록)한다.

<표 6-4> 식단별 관리해야 할 공정

공정	비가열 조리	가열조리 후 처리	가열조리
내용	가열공정이 전혀 없는 조리공정	식재료를 가열조리 후 처리 조리공정, 가열조리 후 냉장과정을 거치는 공정	가열조리 후 바로 배식하는 조리공정
예시	무침, 겉절이, 냉채, 샐러드, 과일 등	볶음밥, 비빔밥, 잡채, 나물 등	국, 찌개, 탕, 찜, 볶음, 조리, 튀김, 전 등
공정별 기록해야 할 CCP	검수, 소독, 배식	검수, 가열조리 없이 혼합되는 식재료 소독, 배식	검수, 가열, 배식

출처: 교육부(2021, 학교급식 위생관리 지침서 5차 개정)

- 학교급식으로 제공하기 부적절한 식단(예시)

– 가열조리 되지 않은 생 동물성 식품이 들어간 모든 음식(예 : 굴무생채, 회덮밥, 젓갈 비빔밥 등)
– 자연독을 함유한 식재료로 만든 음식(예 : 원추리나물 등)
– 생산과정에서 미생물 오염과 증식이 많은 식품을 넣은 음식(예 : 새싹 비빔밥, 생해조류 무침 등)

※ 가열 등의 공정을 통해 병원성미생물이나 자연독이 제거된 경우는 제공 가능

- 조리 시간이나 노동력이 과도하게 소요되어 타 음식의 공정관리에 어려움을 주는 식단(예 튀김, 전 등) 중복 제공 자제

2. 급식 공정별 위생관리

1) 식단관리

식단작성 시 위험도가 높은 식재료나 계절적으로 사용하기 부적절한 식재료는 가급적으로 제외하는 것이 바람직하다.

학교급식 식중독 사고 예방을 위해서는 이러한 식품들의 사용 빈도를 줄여 식단관리를 하는 것이 바람직하다. 국내·외에서 식중독 사고를 빈번히 유발하는 식품은 다음과 같다.

- 껍질이 없거나 껍질을 벗기지 않고 먹는 과일(예 딸기, 블루베리, 자두 등 및 생채소)
- 냉동과일(예 냉동 딸기, 냉동 블루베리, 냉동 망고, 냉동 홍시 등)
- 급식용으로 제조되어 납품되는 가열조리한 동물성 음식(예 족발, 달걀말이 등)

2) 구매 및 검수

식중독 예방과 안전한 급식을 제공하기 위해서는 위생적인 식재료 구입은 매우 중요하다. 식재료를 공급하는 업체의 선정 및 관리기준을 마련하고, 위생관리 능력과 운영 능력이 있는 업체를 선정함으로써 더욱 신선하고 질이 좋은 위생적으로 안전한 식재료를 구입하여야 한다.

검수는 물리·화학적 위해요소의 혼합여부와 냉장·냉동상태로 납품되는 식품의 온도를 확인하여, 사용되는 식재료의 안전성을 확보하기 위한 목적이다.

검수 시 구매의뢰에 따라 식재료 납품업체가 공급하는 식재료에 대하여 식품의 원산지, 포장상태, 식품온도, 유통기한이 표시되지 않은 제품은 제조일자, 산란일자, 품질상태, 규격(등급) 등이 요구기준에 부합되는지를 확인해야 한다. 선 납품, 후 검수는 식재료의 위생 및 안전에 중대한 영향을 미칠 수 있으므로 납품 시에 급식관계자, 영양사 등 입회하여 복수 대면 검수를 하도록 한다. 검수 시 유의 사항으로는 식재료를 검수대 위에 올려놓고 검수하며, 식재료는 맨바닥에는 놓지 않는다. 이때 검수대의 조도는 540Lux 이상이어야 한다.

3) 저장

철저한 검수를 거쳐 양질의 식품을 구매하였더라도 적정하게 보관·관리하지 않으면 식재료에 오염이 일어날 수 있다. 품질을 최적으로 유지하며 위생적으로 보관하기 위해서는 신속하고 올바른 식재료 보관이 필수적이다. 식품을 보관할 때는 반드시 그 제품의 표시사항의 보관 방법(상온, 냉장, 냉동)을 확인한 후, 보관 방법에 맞게 보관하고, 유통기한을 준수하고 선입선출 원칙을 지키고, 선입선출이 용이하도록 보관·관리한다.

(1) 냉장

냉장고의 온도는 5℃를 항상 유지해야 한다. 냉장식품을 냉장하지 않고 운반할 경우 표면온도가 상승하므로 표면 온도계를 사용했을 때 표면이 10℃ 이하면 '적합'으로 판정한다. 반대로, 냉장보관이 되지 않은 냉장식품을 구매하여 냉장차량에 운반할 경우, 표면은 10℃ 이하로 냉각될 수 있으나 중심온도는 10℃를 넘을 것으므로 이 경우 탐침온도계를 사용하여 중심온도를 측정하여 확인하는 것이 바람직하다. 전처리하지 않은 채소는 상온유통이 허용되나, 깐 양파와 같이 전처리된 채소는 10℃ 이하로 유통해야 한다. 올바른 냉장고 사용 보관은 [그림 6-3]과 같다.

<냉장·냉동보관 방법>

- 적정량을 보관함으로써 냉기 순환 원활하기 위해. (냉장 · 냉동고 용량의 70% 이하, 냉장실(walk-in cooler)의 경우 40% 이하)
- 식재료는 냉장실의 하부에, 조리된 음식은 상부에 보관
- 오염방지를 위해 생(生)어 · 육류는 냉장고(실)의 하부에, 생(生)채소는 상부에 보관
- 보관중인 재료는 덮개를 덮거나 포장하여 보관 중에 식재료 간의 오염이 일어나지 않도록 보관
- 냉동 · 냉장고(실) 문의 개폐는 신속하게
- 개봉한 캔 제품은 깨끗하게 소독된 용기에 옮겨 담아 개봉한 날짜와 유통기한, 원산지, 제조업체 등을 표시하여 냉장 보관
- 냉장제품은 냉장고(실)에 냉동제품은 냉동고(실)에 보관
- 식재료와 조리된 음식의 분리보관 중 오염된 식품, 유통기한 경과제품, 라벨 없는 하루 이상 사용하는 내부 전처리 식재료는 폐기

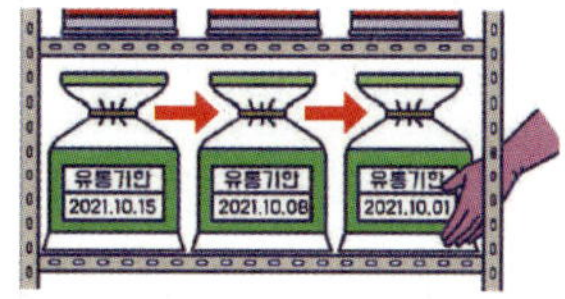

먼저 들어온 식재료부터 사용(선입선출)

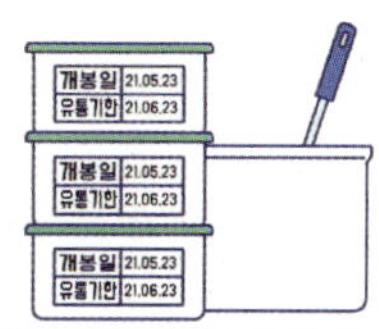

양념 등 다른 용기에 덜어서 사용하는 경우, 개봉일과 유통기한 표시

[그림 6-3] 올바른 냉장고 사용 보관

출처: 식품의약안전처(2022, 대체 조리종사자 교육용 식중독 예방 QUICK 매뉴얼)

(2) 냉동

냉동고 온도는 −18℃를 항상 유지해야 한다. 포장식품에서 골판지 상자가 젖은 채 얼어 있는 경우, 냉동식품(예: 만두류)에서 개체들이 붙어서 얼어있는 경우 등은 운반 중 온도관리가 부적절했다고 추정되는 증거이다. 냉동식품은 −18℃ 이하로 운반되어야 하나, 이 온도의 제품을 받으면 당일 사용이 어려울 수 있으므로 해동 상태로 배송을 요청할 수 있다. 입고 검사 시 −18℃ 이하는 아니지만 얼어 있는 상태로 받는 것이 바람직하다.

(3) 식품창고(상온저장)

식품과 식품 이외의 것을 각각 분리하여 보관한다. 식품보관 선반은 바닥으로부터 15cm 이상의 공간을 띄워 공기 순환이 원활하고 청소가 용이하도록 한다. 대용량의 제품을 나누어 보관할 때는 제품명과 유통기한을 반드시 표시하며 장마철 등 높은 온·습도에 의하여 곰팡이 피해를 입지 않도록 한다. 유통기한이 있는 것은 유통기한 순으로 사용할 수 있도록 유통기간이 짧은 것부터 라벨이 보이도록 진열한다. 식재료보관실에 세척제, 소독액 등의 유해물질을 함께 보관하지 않는다(그림 6-4).

바닥에서 15cm, 벽에서 15cm 간격을 유지하며, 온도 15~25℃, 적합한 상대습도 50~60%

식품과 비식품은 반드시 구분하여 보관

- 식품이 비식품(세제, 소독제 등)에 오염되는 것을 방지, 세척제나 소독제는 별도 관리

[그림 6-4] 올바른 식재료 보관

출처: 식품의약안전처(2022, 대체 조리종사자 교육용 식중독 예방 QUICK 매뉴얼)

4) 전처리

전처리실이 조리실과 분리되어 있거나 전처리 작업대가 확실히 분리되는 경우, 정해진 장소에서 구분된 도구를 사용해서 작업하여 생(生)식재료로부터 조리된 음식으로의 미생물 오염을 차단하고, 식재료 속의 식중독균의 영양세포를 사멸시킬 수 있는 온도로 가열조리 한다.

전처리 공간이 분리되지 않은 급식소는 식재료의 전처리 작업을 모두 수행한 후 조리실의 작업대를 세척 소독한 후 시차를 두고 구분된 도구를 사용하여 조리 작업을 하여 생식재료로부터 조리된 음식으로의 미생물 오염을 차단하고, 식재료 속의 식중독균의 영양세포를 사멸시킬 수 있도록 식품 중심온도가 75℃(패류 85℃) 1분 이상 가열조리를 해야 한다.

식재료의 전처리 시에는 칼, 도마, 고무장갑, 조리기구 등을 구분 사용하여 교차오염을 방지해야 하고, 칼, 도마는 어류·육류·채소류로 구분 사용해야 한다(그림 6-5).

재배, 수확, 유통 시 오염되어 있는 채소·과일 표면의 이물질들과 미생물 감소시키기 위해 적절한 방법으로 세척, 소독, 헹굼을 실시해야 한다.

- **교차오염의 방지**

- **구역 구분** : 일반작업구역과 청결작업구역으로 구역을 설정
- **세정대** : 어·육류용, 채소류용 2개로 구분하여 사용 전후에 충분히 세척·소독한 후 사용
- **식재료 및 식품 취급 등의 작업** : 바닥으로부터 60cm 이상에서 실시
- **고무장갑** : 소독 · 보관된 조리용 고무장갑 또는 일회용 고무장갑(라텍스)을 사용
- **조리용 고무장갑을 착용하고 냉장고 문 손잡이 접촉, 소독고 문 손잡이 접촉, 호스나 양념 통 접촉, 기구·기물 운반 등을 하지 않는다.**
- **칼, 도마** : 칼 · 도마는 식품위생법 시행규칙 제2조 별표1 '식품등의 위생적인 취급에 관한 기준'에 따라 어류 · 육류 · 채소류로 각각 구분하여 사용

  ※ 다만, 조리실에서가열조리하여 미생물이 제거된 음식(가열조리 후 완료된 음식)은 한 종류의 칼·도마 사용 가능
- **식품 보관** : 전처리하지 않은 식품과 전처리된 식품, 전처리된 식품과 조리완료된 음식은 분리 · 보관
- **용수** : 전처리에 사용하는 용수는 반드시 먹는 물을 사용

출처: 교육부(2021, 학교급식 위생관리 지침서 5차 개정)

세척 순서(한 개의 싱크대를 사용하는 경우)
싱크대는 식재료별 (채소류, 어패류, 육류)로 구분해서 사용 전후에 충분히 세척 · 소독한다.

교차오염방지
식품원료별로 주방용품(칼, 접시 등)을 사용하는 경우, 각 원료별로 사용하여 주방용품에 의한 오염 방지

중심 온도 측정 순서

고무장갑 구분 사용법

[그림 6-5] 음식물 조리 시 주의점

출처: 식품의약품안전처(2020, 어린이집, 유치원, 식중독 예방관리 매뉴얼-시설운영자용), 식품의약품안전처(2021, 집단급식소·식품접객업소 생활방역 수칙 안내 가이드-공무원용)

(1) 채소 · 과일 소독

가열하지 아니하고 생으로 먹는 채소 및 과일류는 우선 전처리실에서 반드시 흐르는 물로 흙이나 이물질 제거를 위해 세척하고 소독을 실시한다.

- 소독제는 식품위생법 제7조제1항에 따라 식품의약품안전처장이 식품에 대한 살균 · 소독제로 승인하여 고시한 식품첨가물로 표시된 제품을 사용하여야 한다(그림 6-6).
- 소독방법은 염소계 살균 · 소독제의 경우 유효염소농도 100~130ppm 또는 이와 동등한 살균효과가 있는 소독제(식품첨가물 표시제품)에 5분간 침지(혹은 소독제 사용설명서의 표기된 방법대로 사용)한 후 냄새가 나지 않을 때까지 먹는 물로 헹군다.

– 소독제 희석농도는 채소 및 과일류를 담그기 전에 test paper의 색변화 또는 농도측정기로 확인한다(그림6-7).

[그림 6-6] 소독제 선택 시 · 살균소독제 사용 시 주의사항

출처: 식품의약안전처(2020, 집단급식소·식품접객업소 생활방역 수칙 안내 가이드-공무원용),
식품의약안전처(2022, 식중독예방 QUICK매뉴얼-대체조리사 교육용)

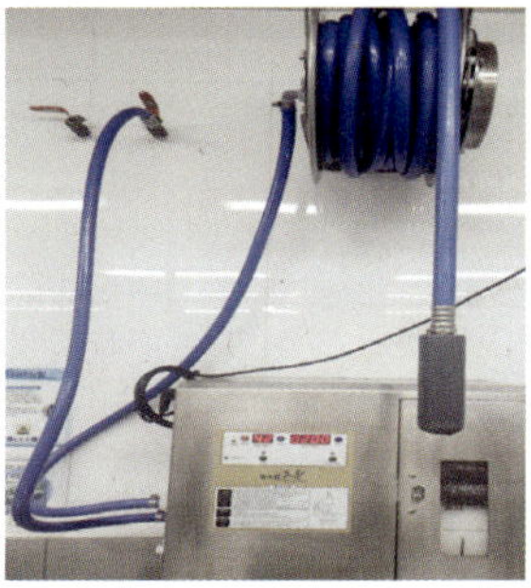
소독용 염소 제조기

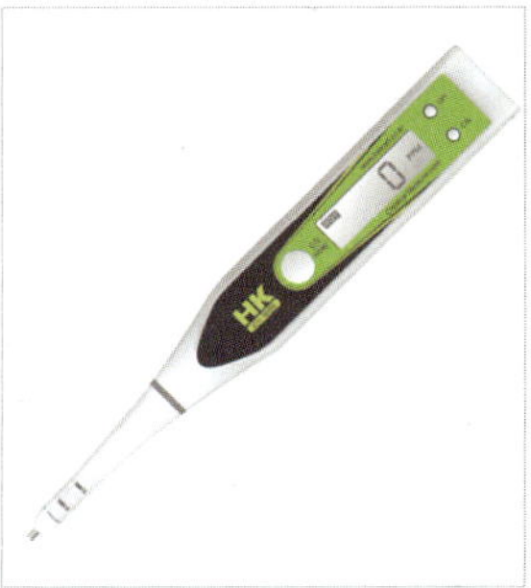
염소 농도측정기

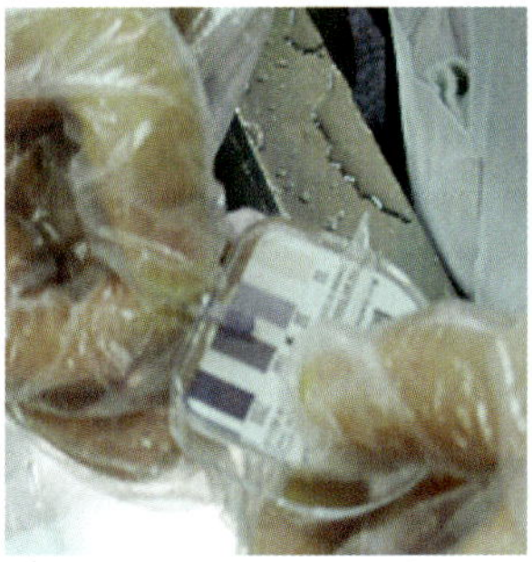
염소 테스트페이퍼
(chlorine test paper)

[그림 6-7] 염소소독제 조제 방법

출처: 식품의약품안전처(2019, 어린이집, 유치원 식중독 예방관리 매뉴얼)

【소독제 희석 계산방법】

- (원하는 유효염소농도)ppm × (희석액 용량)mL = 원액의 유효염소농도(%) × 희석할 차아염소산나트륨 용량(mL)

– 유효염소농도 1% = 10,000ppm

※ 주의 : 급식소에서 사용하는 소독제마다 원액의 유효염소농도는 다르므로 유효염소농도를 확인하여 계산

(2) 생선 · 육류의 해동

해동은 냉장 상태에서 하도록 하고, 급속 해동 시에는 흐르는 찬물(21℃ 이하)에서 4시간 이내 또는 소량일 경우에는 전자레인지 해동하는 것이 바람직하다. 해동된 식품의 표면온도는 5℃ 이하로 유지하여야 한다. 냉장고(실)에서 해동할 경우 보관의 오해가 없도록 "해동 중" 표시를 하는 것이 바람직하며, 한번 해동된 식품은 재냉동 하지 않는다(그림 6-8).

생식품은 조리된 식품과 분리 해동해야 하며, 생식품은 조리되기 전에 완전해동 한다. 단, 국거리용 고기나 생선은 해동 과정 없이 냉동상태로 가열조리 가능하다.

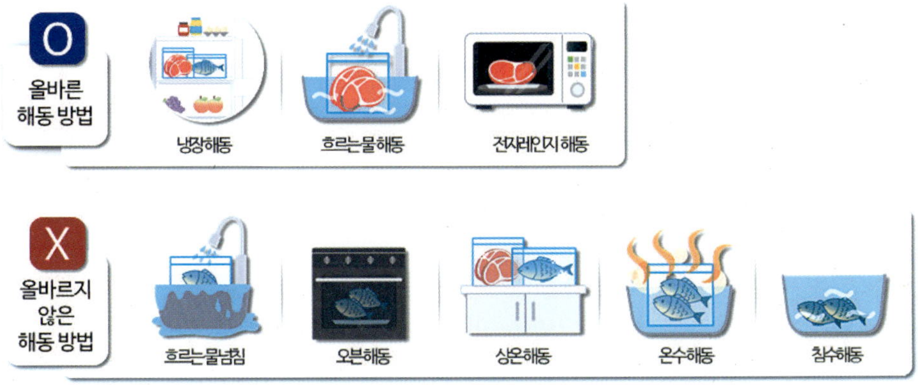

[그림 6-8] 올바른 해동방법

출처: 식품의약안전처(2022, 하반기 학교급식 조리종사자 교육)

5) 조리

가열조리는 정해진 장소에서만 실시하고 조리 후 오염을 방지해야 한다. 동일 작업을 반복하는 경우 작업별로 식품의 중심온도를 측정하여 그 중심온도가 75℃(패류 85℃) 1분 이상 유지되었음을 확인한다. 급식소 전용으로 제조·납품된 가공 완제품(예 : 달걀말이, 족발 등)은 가열조리와 같은 조건으로 재가열해야 한다.

■ **가열 조리 시 온도 확인법**

- 온도 확인은 음식을 불에서 내리기 전에 확인하고 온도가 적합하면 불에서 내린다.
- 식품의 중심을 재기 어려운 작거나 얇은 식품(예 : 멸치볶음, 시금치 데치기 등)는 표면온도계를 사용할 수 있다.
- 두께가 얇은 전류는 3개 정도 쌓아 올려 중심온도를 측정한다.
- 튀김의 경우에는 가운데 1개, 가장자리에서 2개 크기가 큰 것 골라 중심온도를 측정하고, 오븐의 경우에는 상, 중, 하단의 크기 큰 것 골라 측정하며, 모두 한계 기준 이상이어야 한다.
- 튀김류는 기름 온도가 설정된 온도(냉동식품 160℃, 채소류 170℃, 어육류 180℃ 이하)로 된 것을 [그림 6-9]와 같은 기름 온도측정용 탐침온도계를 설치하여 확인한다.

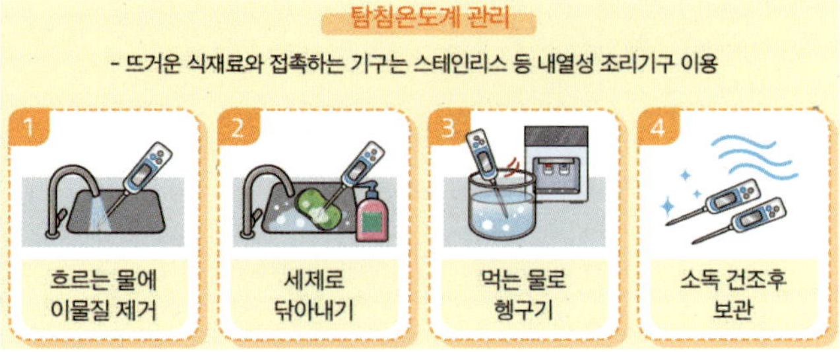

[그림 6-9] 기름온도 측정용 탐침온도계 및 올바른 탐침온도 관리

출처: 교육부(2021, 학교급식 위생관리 지침서 5차 개정),
식품의약품안전처(2019, 어린이집, 유치원 식중독 예방관리 매뉴얼)

※ 올바른 냉각 방법

- 냉장고에 뜨거운 음식을 식히면 냉장고 내부온도가 올라가 다른 냉장 식품의 온도가 높아지는 문제가 발생함
- 얼음물에 용기를 넣어 냉각시키거나, 아이스 패들이나 급속 냉각기를 이용해 음식을 식히는 것이 좋음
- 나물류 등은 데치거나 볶은 후 낮은 팬에 담아 빨리 온도를 낮춘 후 뚜껑을 덮어 배식 전까지 냉장고에 보관
- 감자샐러드나 훈제오리샐러드 등 가열 조리한 재료와 가열조리를 하지 않은 재료를 혼합하여 차게 제공해야 하는 음식을 조리할 때는 가열조리 한 재료를 높이가 낮은 팬에 담아 신속하게 냉각시킨 후 뚜껑을 덮고 냉장고에 보관하여 온도를 충분히 낮춘 다음 다른 재료와 혼합

얇은 용기나 작은 용기 이용, 얼음 담긴 용기 이용, 막대로 저으면서 냉각, 급속냉각기 이용

많은 양은 여러 용기로 나누어 냉각

선풍기를 이용한 냉각 방법 금지(교차오염 우려)

출처 : 식품의약품안전처(2022, 대체조리종사자 교육용 식중독예방 QUICK매뉴얼), 한국교육환경보호원(2020, 학교급식 식중독 예방을 위한 종사자 대상 위생 교육자료 개발)

6) 조리완료 및 배식

조리가 완료된 음식은 열장 온도(57℃) 이상 제공하거나 여건상 열장 온도를 유지할 수 없을 때는 가열 조리완료 시점에서 2시간 이내에 배식을 완료하여야 한다. 이는 사멸시킬 수 없는 식중독 유발 포자의 발아와 증식을 방지할 수 있기 때문이다. 또한, 냉장 온도(5℃) 이하 제공하거나 냉장 온도를 유지할 수 없을 때는 조리완료 시점에서 2시간 이내 배식을 완료하여야 한다. 배식시간과 온도관리는 배식 시 위생 원칙을 지켜 오염을 방지하는 목적이 있다.

■ **시간과 온도관리가 필요한 식단 관리**

- 가열조리 후 처리 식품과 비가열조리 식품을 혼합할 경우 배식 직전에 혼합하도록 한다 (예 오리훈제 채소무침).
- 안전을 위해 시간·온도 관리가 필요한 식품의 예
  - 생 혹은 익힌 동물성 식품
  - 익힌 식품성 식품(숙채류)
  - 병원성 미생물의 증식과 독소형성을 억제하도록 조절되지 않은 새싹 식품(새싹채소), 자른 메론(산도가 낮은 과일류), 자른 엽채류, 자른 토마토, 자른 토마토가 혼합된 채소, 채친 채소(오이채, 양배추채 등), 개봉한 상업적 멸균제품(통조림, 레토르트 식품)

■ **배식**

- 배식대는 배식 전·후에 철저히 세척·소독하고, 배식에 사용하는 기구는 세척·소독하여 건조된 배식 전용 기구를 사용하도록 한다.
- 식기, 수저, 컵 등은 세척·소독 후 별도의 보관함에 보관 후 사용하며, 외부에 비치할 때는 별도의 덮개를 사용하여 배식 전까지 보관한다.
- 배식 담당자는 위생복, 위생모, 마스크를 착용한다.

- 보온·보냉 배식대를 준비하여 배식하는 동안 음식은 적정한 온도가 유지되도록 하며, 남은 음식에 새 음식을 같이 섞지 않는다.(그림 6-10)
- 맨손 배식은 금지하며 청결한 도구(집게, 국자 등)를 사용하여 배식하고 어려운 경우 부득이하게 일회용 위생장갑만을 착용하고 배식할 때에는 찢어지지 않도록 관리 및 수시 확인
- 배식하던 용기에 남은 음식을 새로운 배식용 음식 위에 혼합하여 배식하지 않는다.
- 식당 배식을 하는 경우 미리 상차림을 하여 식판을 쌓아두는 행위를 금한다.
- 2식·3식 급식에서는 남은 음식을 다음 급식에 사용하지 않는다.

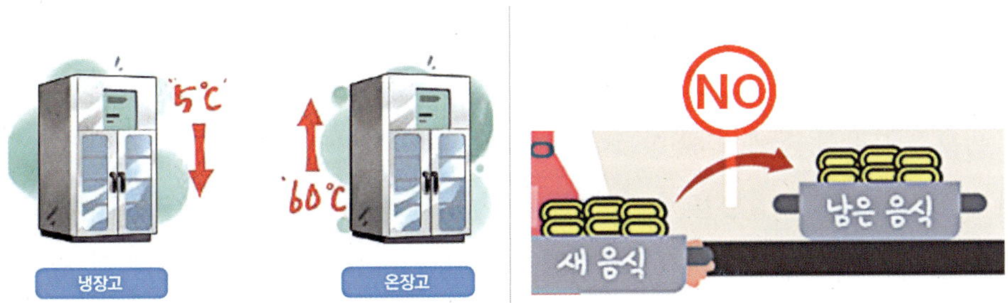

– 조리 후 바로 배식을 권장하나 부득이한 경우에는 적정 온도에서 보관
– 완성된 음식은 세척·소독된 용기에 뚜껑을 덮어 오염을 방지
– 차가운 음식은 5℃ 이하, 더운 음식은 60℃ 이상에서 보관 후 배식

[그림 6-10] 배식 시 안전관리

출처: 식품의약안전처(2020, 집단급식소 조리종사자 단계별 위생관리 매뉴얼 및 뷔페음식 위생가이드라인)

7) 보존식

보존식은 배식 직전에 소독된 보존식 전용용기 또는 멸균봉투(일반 지퍼백 허용)에 조리·제공된 모든 음식을 종류별로 각각 1인분 분량을 담아 –18℃이하에서 144시간(6일) 이상, 냉동 보관한다. 납품받은 가공완제품 중 포장을 뜯지 않고 그

대로 제공하는 식품은 개봉할 경우 식중독 원인균의 출처를 확인하기 어려우므로 포장을 뜯지 않은 원상태로 보관해야 한다. 보존식을 용기에 담아 보관할 경우 용기는 소독이 용이해야 하고 각각의 음식물을 독립적으로 보존해야 하고 보존식 기록지에 날짜, 시간, 채취자 성명을 기록하여 관리한다. 또한, 보존식 투입 시 냉동고(실)의 온도를 기록한다.

※ 가볍거나 소량 제공하는 음식의 1인분 분량은 미생물 분석 시 요구되는 시료의 양을 충족시키지 못할 수 있으므로 가급적 용기에 채워서 보관(150g 이상 보존 바람직)

3. 급식관련 종사자 위생관리(조리종사자, 방문객, 업체)

음식은 사람의 손에 의해 만들어지므로 조리종사자는 건강한 사람이어야 하며, 기본적인 위생관리 방법을 숙지하여 위생개념을 익히고 실천하는 것을 생활화하여야 한다. 청결 단정한 용모, 개인의 위생관리는 안전한 식품의 조리에 있어서 가장 기본적이면서도 매우 중요한 요소이다. 이 장에서는 종사자의 건강 확인, 개인 위생관리, 복장 등에 대한 기준을 제시하였다.

1) 조리종사자

건강진단은 식품위생법 제40조 규정에 따라 채용 시 신체검사서와 함께 정기적인 건강진단을 급식종사자는 1년 1회이며, 「학교급식법 시행규칙」 제6조제1항 규정에 의거 6개월에 1회 건강진단을 시행하고(폐결핵검사는 연1회 실시) 그 기록은 2년간 보관하도록 한다.

「식품위생법」제40조제3항 및 제4항, 「식품위생법 시행규칙」제50조에 의한 영업에 종사하지 못하는 질병의 종류는 다음과 같다.

- 결핵(비감염성인 경우는 제외)
- 감염병(콜레라, 장티푸스, 파라티푸스, 세균성이질, 장출혈성대장균감염증, A형 간염)
- 피부병 또는 그 밖의 화농성(化膿性)질환

영양사는 조리종사자별로 검진일, 다음 검진일, 이상 여부 등을 상시 파악할 수 있도록 건강진단 결과를 기록·관리하며, 감염병 유행 시 또는 필요시에는 비정기 건강진단을 받도록 하여 조리종사자의 건강이상 여부를 확인한다.

일일 건강상태 확인

- 매일 조리 작업 전에 영양교사·영양사는 조리종사자의 건강상태를 확인한다.
- 발열, 복통, 구토, 황달, 인후염 등의 증상이 있는 자는 식중독이 우려되므로 조리 작업에 참여시키지 않으며, 의사의 진단을 받도록 한다. 특히, 설사자의 경우 조리작업에 참여하지 않도록 주의를 기울여 관리한다.
- 본인 및 가족 중에서 법정감염병(콜레라, 이질, 장티푸스 등) 보균자, 노로바이스 질환자가 있거나, 발병한 경우에는 완쾌 시까지 조리장 출입을 금지한다.
- 손 등에 상처나 종기가 있는 자는 적절한 치료와 보호로 교차오염이 발생하지 않도록 조치한 후 작업에 참여하도록 하며, 보호할 수 없을 경우에는 작업에서 배제한다.

출처: 교육부(2021, 학교급식 위생관리 지침서 5차 개정)

■ 손 씻기

육안으로는 확인되지 않는 많은 미생물이 우리 손에는 존재하여, 조리작업 과정에 식재료, 식기구, 음식 등에 오염되어 식중독을 일으킬 수 있다. 이러한 미생물을 제거하기 위해서는 올바른 손 씻기가 매우 중요하며, 이를 위해서는 올바른 손세척 방법의 설정, 적절한 세척제와 살균 소독제의 선택과 사용, 설정된 방법에 따른 충실한 손세척이 필수적이다. 손 표면의 지방질 용해와 미생물 제거가 용이하도록 40℃ 정도의 흐르는 물을 사용하며, 30초 이상 충분히 닦아야 한다.

손 소독이 필요한 경우는 70% 에틸알코올 또는 동등한 소독 효과를 가진 살균소독제를 용법에 맞게 사용하고, 손 소독이 손 씻기 과정을 대신할 수 없으며, 손을 씻고 건조 후 소독한다(그림 6-11). 다음은 손을 씻어야 하는 경우이다.

- 작업 시작 전
- 화장실을 이용한 후
- 미생물 등에 오염된 기구 등과 접촉했을 경우
- 쓰레기나 청소도구를 취급한 후
- 일반작업구역에서 청결작업구역으로 이동하는 경우
- 육류, 어류, 난각 등의 식품과 접촉한 후
- 귀, 입, 코, 머리 등 신체일부를 만졌을 때
- 음식찌꺼기를 처리했을 때 또는 식기를 닦고 난 후
- 음식 또는 차를 섭취한 후
- 전화를 받고 난 후
- 식품 검수를 한 후
- 코를 풀거나 기침, 재채기를 한 후

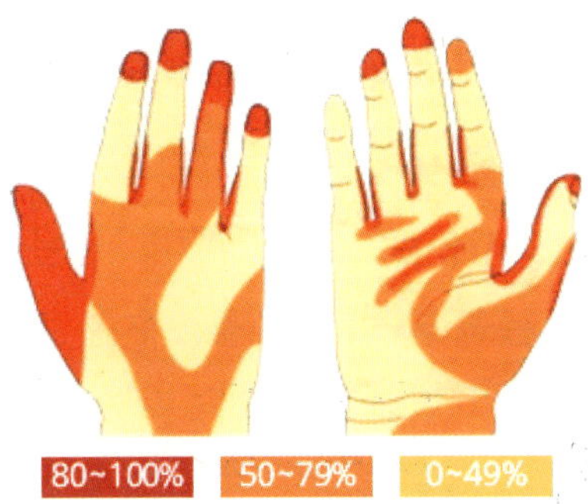

• 잘 안 씻기는 부위 : 엄지손가락, 손가락 끝, 손가락 사이, 손바닥 손금 부위

※ 붉은 부분은 잘 안 씻기는 부위

➡ 손 세정 용품을 구비하여 손이 깨끗하게 유지될 수 있도록 구비해야 함

구비해야 할 물품	
손세정제, 비누	비누받침대에 물이 고여 있지 않도록 할 것
손 소독제	유통기한 넘기지 않도록 할 것
종이타월 또는 전기(에어)건조기	수건은 교차오염 등의 우려로 사용 지양
손톱솔	주기적으로 교체

※ 주의사항

① 손에 로션을 바르지 않는다.

→ 로션은 세균에 필요한 수분과 양분을 공급하여 세균의 번식을 도움

② 작업으로 돌아가기 전에 손을 오염시키지 않도록 한다.

→ 화장실 문을 열 때는 (손을 말릴 때) 사용한 종이타월을 이용

[그림 6-11] 올바른 손 씻는 방법

출처:식품의약안전처(2019, 어린이, 유치원 식중독 예방관리 메뉴얼)

위생복장은 조리장 내에서는 위생복, 위생모, 위생화를 착용하고, 청결하게 관리하며, 위생복을 착용한 채 외부 또는 화장실을 출입하지 않는다.

조리종사자의 복장기준으로 앞치마 착용 시 목부분의 쓸림이 없도록 칼라가 있는 것으로 구입하고, 매일 세탁하여 교대로 착용하는 것을 원칙으로 한다.

위생모는 뒷부분이 망사가 있는 것은 착용하지 않으며 이는 머리카락 빠짐이 있어 착용이 불가하며, 머리를 단정히 정리한 후 반드시 머리카락이 나오지 않도록 머릿수건이나 위생모를 착용한다. 위생화의 바닥은 미끄럼 방지용을 착용하며, 신고 벗기가 편리한 것이 물에 젖지 않아야 하며 위생화를 신고 화장실이나

외부로 출입을 해서는 안 된다.

앞치마는 전처리용, 조리용, 청소용으로 색깔을 구분하여 사용하며, 앞치마의 길이는 가슴부터 발등 위까지, 앞치마가 몸에서 돌지 않게 허리에 끈을 묶는다. 고무장갑도 전처리용, 조리용, 청소용으로 색깔을 구분하며, 음식을 배식할 때에는 일회용 장갑이나 라텍스 장갑 등을 사용한다. 손톱은 짧게 깎고 매니큐어를 칠해서는 안 되며, 팔찌, 반지 등은 조리 시 착용해서는 안 된다(그림 6-12).

식품의약품안전처(2019, 어린이집, 유치원 식중독 예방관리 매뉴얼))

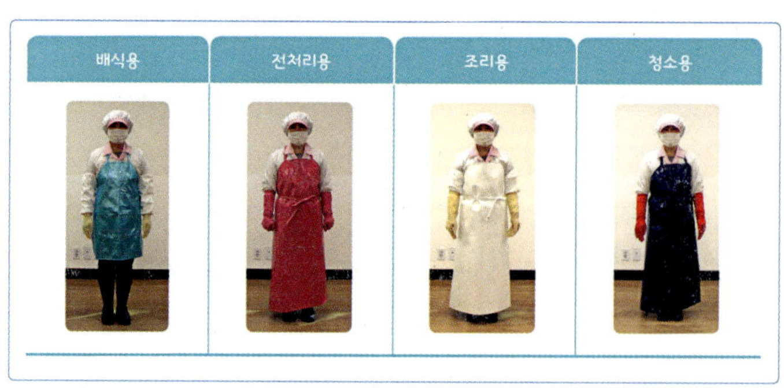

출처: 교육부(2021, 유치원급식 위생관리 안내서)

[그림 6-12] 조리원 올바른 위생복장

2) 방문객

급식실 방문객은 조리장 입구에 방문객 전용 위생복, 위생모, 위생화, 마스크를 비치하고 청결하게 관리한다. 특히 식품취급지역에 들어오는 방문객은 식품을 오염시키지 않도록 위생복, 위생모, 위생화, 마스크를 착용하고 신발 바닥을 소독해야 한다. 위생복, 위생모, 위생화, 마스크를 착용하지 않은 채 조리장에 출입해서는 안 된다(그림 6-13).

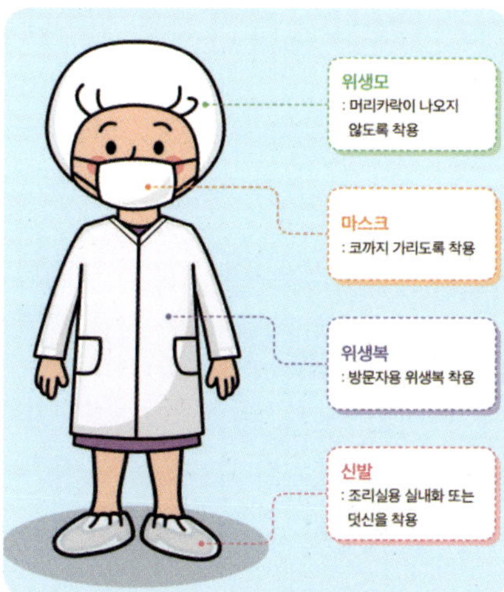

[그림 6-13] 방문객 복장

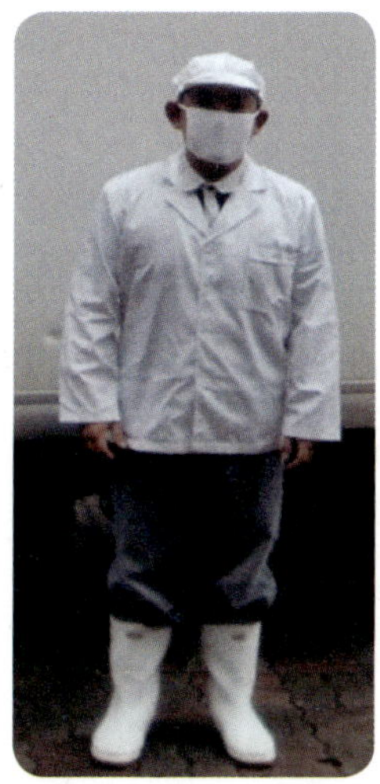

[그림 6-14] 납품업자 위생복장

※ 신발 소독조의 활용

- 조리장의 출입구, 화장실 출입구, 일반작업구역과 청결작업구역의 경계면에 신발 소독조를 둔다.
- 소독조에 사용하는 소독제는 식품위생법 상 "기구 등의 살균소독제"로 허가된 제품을 적정 농도로 사용한다.
- 소독판 내부에 플라스틱 깔판을 비치하여 위생화 바닥의 이물질을 제거할 수 있게 한다.

※ 출입·검사를 실시한 관계 공무원은 해당 학교급식 관련 시설에 비치된 출입·검사 등 기록부에 그 결과를 기록하여야 한다(「학교급식법 시행규칙」 제8조).

3) 업체위생관리

학교급식 관리자는 식재료를 운반하는 식품 납품업자는 6개월마다 건강진단을 실시하고, 그 사본을 납품하는 학교에 제출하여야 한다. 납품 시 납품업자의 출입은 검수실까지 제한하며 출입이 꼭 필요한 경우에는 위생복, 위생모, 위생화를 착용하고 손 손독 후 출입을 할 수 있다(그림 6-14). 급식관리자는 납품하는 차량 내부의 식재료 구분상태 및 포장상태 등을 확인하고 차량의 소독필증 위생 상태도 점검한다. 또한 배송 차량의 온도(냉장은 5℃ 이하, 냉동은 －18℃ 이하로 유지) 확인하고 검수 시에는 차량 온도와 tachometer를 확인한다. 분기 또는 월마다 업체 대상으로 위생교육을 실시하는 것이 바람직하다.

5. 시설 · 설비 위생관리

안전한 급식을 제공할 수 있는 시설을 갖추어야 한다. 급식실은 온도·습기가 높은 곳이므로 시설이 청결하지 못하면 교차오염을 일으킬 수 있는 여지가 많은 곳이다. 기기 및 기구는 구입 시 선정 조건을 잘 확인하여 구입하는 것이 바람직하다.

1) 급식기기 위생

미국의 위생안전기관에서는 모든 기기들은 안정성, 유지성, 적합성을 보증할 수 있는 NSF(National Sanitation Foundation) 표시가 부착되었는지를 확인하고 있다.

- **위생적인 설계 및 시공:** 기기 · 설비는 세척이 가능해야 하며 음식이 닿는 표면에는 세균이나 다른 미생물이 있을 가능성이 없다는 것을 입증해야 한다.
- **재료 안전:** 정상적인 사용 중에 식품과 접촉하는 어떤 물질도 유해한 화학물질을 식품에 침출시킬 수 없다.
- **성능:** 해당될 경우, 제품은 안전한 온도, 청정 장소 절차 등에서 식품을 보관하기 위한 표준의 최소 요구 사항을 충족해야 한다.

(1) 세척

세척이란, 식품용 기구 또는 용기의 표면에서 세척제를 사용하여 음식성분과 기타 유기성분을 제거하는 일련의 작업과정을 말한다. 식품용 기구별 세척방법을 정확히 숙지하고 실천해야 하여야 하며, 세척제는 식품과 구분하여 안전한 장소에 보관하여야 한다.

1종은 2종 및 3종 세척제로, 2종은 3종 세척제로 사용 가능하나, 3종으로는 2종 및 1종, 2종으로는 1종의 목적에 사용할 수 없으므로 세척하고자 하는 대상에 따라 바르게 선택하여야 한다(그림 6-15). 또한, 세척제는 용도 이외로 사용하거나 규정 사용량 이상을 사용하여서는 안되며 사용한 후에는 조리기구 등에 세척제가 남지 않도록 음용에 적합한 물로 반드시 씻어야 한다.

- **세척제 사용 시 유의사항**

- 세척제는 식품의약품안전처 고시 「위생용품의 규격 및 기준」에 적합한 제품을 구매하여 사용하도록 한다.
- 세척제의 용도, 효율성 및 안전성을 고려하여 구매한다.
- 사용방법을 숙지하여 사용한다.
- 세척제를 다른 약제와 임의로 섞어 사용하는 일이 없도록 한다(염소계와 산성계 약품을 함께 사용하거나 혼합해서 사용하면 유해가스 발생).
- 세척제는 반드시 식품과 구분하여 안전한 장소에 보관한다.

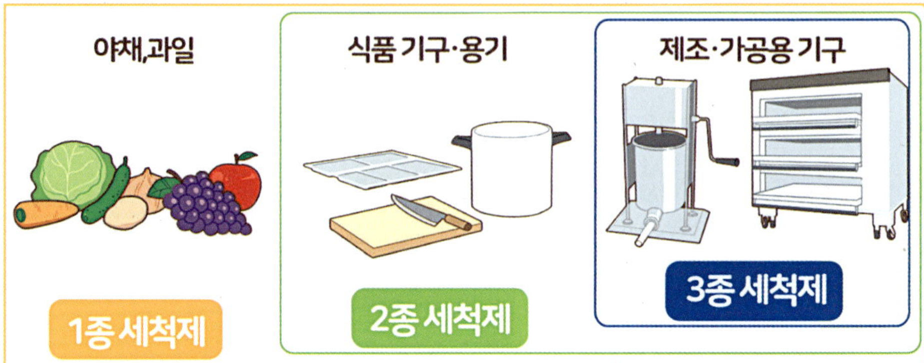

- 1종은 2종 및 3종(또는 2종 ⇨ 3종)으로 사용가능하나, 3종은 2종(또는 2종 ⇨ 1종)으로 사용불가
- 2, 3종 세척제 사용후에는 잔류하지 않도록 음용에 적합한 물로 씻어야 함.

※ 2,3종 세척제를 사용하는 경우 용도 이외도 사용하거나 규정량 이상 사용하여서는 안됨

구분	내용
1종 세척제	사람이 그대로 먹을 수 있는 채소, 과일 등을 씻는데 사용
2종 세척제	가공기구, 조리기구 등 식품기구(자동식기세척기 포함)·용기를 씻는데 사용 NaOH(수산화나트륨) 함유량 5% 미만의 제품사용
3종 세척제	식품의 제조장치, 가공장치 등 제조 ·가공용 기구 등을 씻는데 사용되는 세척제

[그림 6-15] 세척제 용도별 분류 및 사용

출처: 식품의약안전처(2020, 집단급식소 생활방역 수칙 안내 가이드)

(2) 소독

소독이란 급식기구, 용기 및 음식이 접촉되는 표면에 존재하는 미생물을 완전히 제거하거나 안전한 수준으로 감소시키는 것을 말한다. 소독의 종류 및 방법을 아래와 같이 제시하였다(표 6-5).

또한 「감염병의 예방 및 관리에 관한 법률 시행령」 제 24조에 따라 급식시설에 재하여 소독을 실시하고 소독필증을 비치하여야 한다. 식기세척시의 세척 및 헹굼 온도에 따라 식판의 소독 여부를 알 수 있는 온도측정지(thermolabel)는 식기세척기를 통과 했을 때 식판의 표면 온도가 71℃ 이상이 되어야 한다(그림 6-16).

「감염병의 예방 및 관리를 위한 법률」 제54조 제1항 및 같은 법 시행규칙 제40조 제2항에 따라 급식실 및 식당 등을 정기적인 소독을 실시하여야 한다(표 6-6).

<표 6-5> 소독의 종류 및 방법

종 류	대 상	소 독 방 법	비 고
열탕소독	식기, 행주	100℃에서 30초 이상	*열탕소독 전용 사용 *그릇을 포개어 소독할 경우 끓이는 시간 연장
건열살균	식기	식기 표면온도 71℃ 이상	식기소독고
화학소독	칼, 도마, 조리도구, 고무장갑, 앞치마	• "기구 등의 살균소독제"를 구입하여 용법에 맞게 사용 ※ 식품첨가물 살균소독제 중 "기구 등의 살균소독제"로 인정된 제품은 사용 가능	도마와 고무장갑의 경우 소독제에 일정시간 침지

출처: 교육부(2021, 학교급식 위생관리 지침서 5차 개정)

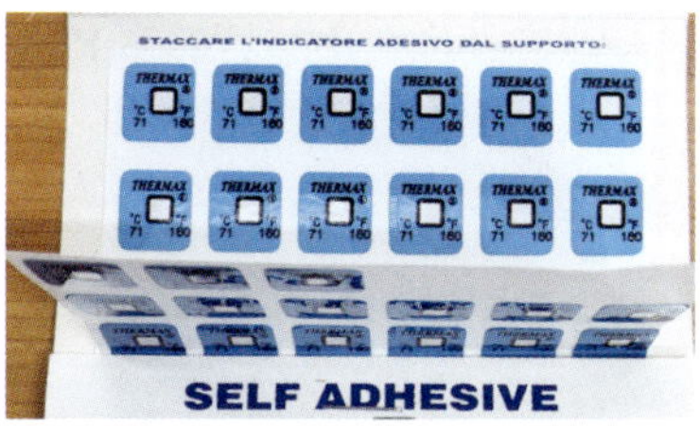

온도 측정지

온도 측정지 (71℃ 확인)

[그림 6-16] 온도 측정지(thermolabel)

• **세척과 소독의 일반원칙**

○ 세척하기 전에 소독이 끝난 용기를 보관할 받침이나 선반 등을 미리 준비한다.

○ 수작업 세척 및 소독을 할 때

- 1단계 : 물로 기구 및 용기에 붙은 음식물 찌꺼기를 제거한다.
- 2단계 : 세척제로 오염물을 제거한다.
- 3단계 : 흐르는 물에 세척제를 충분히 헹궈낸다.
- 4단계 : 적정농도의 소독제 혹은 열탕으로 살균 · 소독하고 건조시킨다.

○ 소독 방법은 살균 소독제 사용이나 열탕소독 모두 가능하다. 열탕소독 시 화상 위험, 실온과 습도 상승, 에너지 낭비 등의 단점이 크므로 살균 소독제 사용을 권장한다.

- ○ 정해진 사용기준에 적합하게 사용하여야 하고, 살균 · 소독한 기구 및 용기는 식품과 접촉하기 전에 자연 또는 열풍 등의 방법으로 건조한다.
- ○ 식기세척기를 사용할 때는 음식물 찌꺼기를 제거하고 식기세척기에 급식기구 및 용기를 투입하면 세척 · 헹굼 · 소독 · 건조가 자동으로 이루어져야 한다.
- ○ 세척기로 소독이 되지 않을 때에는 전기 식기소독고를 사용하여 소독하여야 한다.
- ○ 소독 후에는 식품 접촉면을 공기로 건조하거나 청결히 보관할 수 있는 선반 또는 보관고에 넣어둔다.

출처: 교육부(2021, 학교급식 위생관리 지침서 5차 개정)

<표 6-6> 정기적인 소독실시

소독주기(기간)	소독 횟수
4월~9월	2개월에 1회 이상
10월~3월	3개월에 1회 이상
• 50인 이상 집단 급식소 – 소독 전문업체를 통해 정기적으로 소독을 실시하고 관련 증빙 서류를 보관	
• 50인 미만 소규모 급식소 – 소독 전문 업체를 통한 소독 또는 자체소독 실시 후 기록지 보관	

출처: 식품의약품안전처(2019, 어린이집, 유치원 식중독 예방관리 매뉴얼)

2) 청소계획

청소란, 조리장 내의 모든 표면의 오염물질을 제거하고, 세제로 세척한 후 헹굼, 소독하는 단계를 말하는 것이다. 특히 급식에 사용되는 식품의 오염을 막기 위하여 모든 장비와 기구는 일별, 주별, 월별, 연간으로 청소계획을 수립하여 정기적으로 실시하며 청소와 소독과정에 대한 작업기록을 작성·비치한다. 주기별 청소계획과 주(일)별 세척·청소 점검표의 예시를 〈표 6-7〉, 〈표 6-8〉에 각각 제시하였다.

<표 6-7> 주기별 청소계획(예시)

시 기	청 소 구 역	비 고
일 별	• 전처리실, 조리실 및 식당 • 쉽게 오염되는 벽 및 바닥 • 냉장·냉동고의 내·외부(손잡이 등) • 배수구 및 트랜치, 찌꺼기 거름망 • 내부 설치된 그리스 트랩 • 식재료 보관실 및 화장실	
주 별	• 배기후드 • 보일러 및 가스, 기화실 • 조명·환기설비	지정일(1회 이상) 지정일(1회 이상) 지정일(1회 이상)
월 별	• 유리창 청소 및 방충망 청소 • 식재료 보관실 대청소	지정일(1회 이상) 쌀입고 전(1회 이상)
연 간	• 개학 및 방학 대비 대청소 • 식판 및 기기 스케일 제거(약품사용) • 덕트 청소 • 위생 관련 시설·설비·기기 점검 및 보수 • 외부 그리스 트랩 청소	년1회 이상(방학 중) 년4회(2, 7, 8, 12월) 년2회 이상(방학 중 등) 년2회(방학 중) 년2회(방학 중)

출처: 교육부(2021, 학교급식 위생관리 지침서 5차 개정)

<표 6-8> 주(일)별 세척·청소 점검표(예시)

항 목		담당	월	화	수	목	금	토	지적사항	조치사항
일별	취사기									
	국솥									
	조림솥 · 튀김솥									
	식판									
	검수대 · 작업대									
	분쇄기									
	세정대									
	무침기									
	절단기									
	도마 · 칼									
	오프너 · 믹서기									
	밥통 · 찬통 · 국통									
	밥판									
	세미기									
	배식용바구니									
	운반차 · 배식차									
	식기세척기									
	냉장냉동고(실)									
	가스렌지 · 오븐									
	식재료 보관실									
	배식기기류									
	주방 및 식당									
	벽 및 바닥									
	배수구 · 트랜치									
	그리스 트랩									
	화장실 · 전용 손세정대									
주별	배기후드									
	유리창 · 방충망									
	전기 소독고									
	조명 · 환기시설									
	보일러실									
	휴게실									
청소 시 유의사항		- 식기 · 조리도구용 고무장갑과 청소용 고무장갑은 구분 사용한다 - 전열기구의 코드를 뽑거나 차단기를 내려 감전사고에 유의한다. - 음식물이 청소오물에 오염되지 않도록 보호 조치 후 청소한다.								

출처: 교육부(2021, 학교급식 위생관리 지침서 5차 개정)

3) 음식물처리

음식과 관계된 폐기물은 수분과 영양성분이 많아 쉽게 상하고 오수와 악취가 발생되고, 위생해충을 유인하여 환경오염을 유발시키므로 관리에 유의해야 한다.

폐기물관리법령에 따라 1일 평균 총 급식인원이 100명 이상인 집단급식소는 음식물류 폐기물 배출자의 범위에 해당되므로 음식물 쓰레기 감량 또는 재활용하거나 적합한 업체에 위탁하여 수집 · 운반 또는 재활용하여야 한다.

※ 예시 : 아침(30인), 점심(40인), 저녁(50인)인 경우 1일 평균 총 급식인원은 120명

※ 지자체 조례로 정한 사항을 준수하고, 지자체장에게 신고

6. HACCP 시스템

1) HACCP시스템의 발전

HACCP시스템은 1960년대 미국 우주비행사용 식품제조에 Pillsbury사가 참가하여 이러한 시스템으로 우주비행사가 먹을 식량을 안전하게 성공적으로 개발함에 따라 알려지기 시작하였다. 현재 세계적으로 식품안전을 확보하는 최선의 도구로 통용되고 있다.

우리나라는 1995년 식품위생법을 개정하여 식품제조에 HACCP시스템 적용을 규정한 이후 현재는 '식품안전관리인증기준'(개정 2014.5.28.)이라고 명칭을 변경하였다. HACCP은 자율 적용을 근간으로 하나 식품의약품안전처에서는 식품별 기준을 고시하여 의무적용 품목을 확대해나가고 있다.

교육부는 학교급식의 위생과 안전성 확보를 위하여 1999년에 "학교급식에 HACCP제도 도입 및 위생관리시스템 구축"에 관한 특별정책연구를 실시하여 학교급식 HACCP제도 일반모델을 개발 · 보급하고, 2000년에 시 · 도교육청 별로 3개교씩 선정하여 시범적용을 통해 문제점을 분석 · 수정 · 보완과정을 거쳐 2001년

부터는 규모가 큰 학교에서 조리실이 설치된 모든 급식학교에 점진적으로 적용을 확대하였다. '학교급식 위생관리 지침서'는 2002년 1차, 2004년 2차, 2010년 3차, 2016년 4차 개정판을 발간하여 현재는 5차 개정판을 발간하였다.

2) 학교급식 HACCP시스템 운영에 필요한 절차들

팀 구성과 9절차(표 6-9)는 학교급식 HACCP제도 수립을 위한 것이며 교육부에서 일반 모델을 만들기 위해 대신 수행한 부분이고, 학교 현장에서 HACCP제도 운영을 위해서는 아래와 같이 실시하고 있다.

① 개별 학교 단위의 운영용 HACCP팀 구성과 HACCP팀 회의 실시한다.

② 선행요건 관리 : 조리종사자 건강상태 확인과 관리, 청소계획 수립과 위생상태 점검, 방충 방역 활동 관리, 식재료 적정 보관, 장소 도구 분리 준수, 온도계 검교정 기록 유지 등을 한다.

③ CCP와 CP 기록 유지 : 각 CCP와 CP 기록 수행한다.

④ 검증 수행 : CCP 및 CP별 점검결과 및 조치, HACCP 자체검증 결과표 작성과 간이 미생물 검사 실시한다.

<표 6-9> HACCP의 팀 구성과 9절차

팀 구성	HACCP팀 구성	최고경영자가 HACCP 제도의 개념과 중요성을 분명히 인식하고 적극적인 지원이 중요하다. HACCP팀장은 급식 관련 총괄책임자가 맡고 또한 완전한 실천을 위하여 시설·설비지원, 교육·홍보 등에 관여, 팀원 전원이 참여 활동하며, 목적의식과 추진 의욕을 가져야 한다.
	⬇	
절차 1	선행요건 개발	급식소에서 안전하고 위생적인 음식의 생산을 위해 식재료 및 조리공정 과정에서 생물학적·화학적·물리적 위해요소에 의한 식품의 오염을 방지하고, 온도관리를 통해 세균의 번식을 막으며, 기기·기구의 위생적인 관리가 선행되어야 하는 것을 말한다.
	⬇	

절차	단계	내용
절차 2	조리공정 분류	우리나라의 학교급식에서는 모든 음식을 당일 조리 제공하므로 미국 FDA에서 제시한 공정접근법에 의한 분류보다는 국내 급식체계에 맞게 비가열 조리공정, 가열조리 후 처리 공정, 가열조리 공정이 있는 음식으로 분류하여 적용하였다.(표 6- 참조)
절차 3	위해요소 분석	급식에 사용하는 식재료 및 조리공정 과정에는 생물학적·화학적·물리적 위해요소가 잠재해 있으나, 여기서는 발생 빈도가 높으며 관리가 가능한 생물학적 위해요소를 중심으로 분석하고 공통으로 파악되는 과정이다.
절차 4	CCP와 한계기준 설정	CCP(중요관리점)란 파악한 위해요소를 식품조리과정 중에 제거·방지 또는 안전한 수준이하로 감소시킬 수 있는 단계·처리·공정을 말한다.
절차 5	감시 절차 수립	중요관리점에서 한계기준으로 설정된 온도, 시간, 방법 등이 잘 준수되고 있는지를 확인하고 육안관찰로 이루어진다. 이때 무엇을, 어떻게, 언제(얼마나 자주) 감시할 것이며, 감시의 책임자가 누구인지를 정해야 한다.
절차 6	개전조치 방법 설정	중요관리점마다 관리기준이 적절하게 준수되고 있는지를 모니터링하며, 그 한계기준을 벗어난 사실이 확인된 경우는 그 원인에 따라 식재료 반품 및 납품업체에 대한 경고 조치, 냉장·냉동고(실) 온도조정, 계속 가열 등의 오염식품 폐기 등 개선조치를 취하고, 그 기록을 남기며 필요에 따라서는 HACCP계획을 조정한다.
절차 7	검증수행	위생관리가 수립된 HACCP계획에 따라 수행되는지 또는 계획의 수정이 필요한지를 판단하기 위하여 행하는 방법, 절차, 시험검사 등을 말한다.
절차 8	기록유지	모니터링, 개선조치, 검증 등의 실시 결과를 정확히 기록·보존하는 일은 HACCP계획을 적절히 실시하고 있다는 증거가 됨은 물론, 외부 점검(감사)시에도 시설의 위생관리, 공정관리상태를 조사하는데 효과적인 자료가 되며, 또한, 만일 식중독 등 식품의 안전성에 관한 문제가 발생한 경우에도 식품 위생관리 실태를 추적하여 조사할 수 있는 자료가 되어 원인규명을 용이하게 한다.
절차 9	주기적인 감사 실시	급식소에서 HACCP계획이 잘 수행하고 있는지 확인하기 위하여 주기적인 감사가 실시되어야 한다. 외부 전문가에 의한 컨설팅에 의해 실시할 수도 있다.

출처: 급식소 HACCP제도 수립의 9절차 (자료 : US FDA 2006)

3) 조리공정 분류

미국 FDA에서 제시한 공정접근법에 의한 분류보다는 우리나라의 학교급식에서는 모든 음식을 당일 조리 제공하므로 국내 단체급식체계에 맞게 비가열 조리공정, 가열조리 후 처리 공정, 가열조리 공정이 있는 음식으로 분류 적용하여 아래 〈표 6-10〉, 〈표 6-11〉, 〈표 6-12〉의 흐름도와 같이 실시하고 있다.

• 조리공정 분류

Ⅰ. **비가열 조리공정** : (표 6-10) 가열공정이 전혀 없는 조리공정(무침, 겉절이, 냉채, 샐러드, 과일 등)

Ⅱ. **가열조리 후 처리 공정** : (표 6-11) 식재료를 가열 조리한 후 수작업을 거치는 가열조리 공정, 가열 조리 후 냉각과정 거치는 공정(볶음밥, 비빔밥, 잡채, 나물 등)

Ⅲ. **가열조리 공정** : (표 6-12) 가열조리 후 바로 배식하는 조리공정(국, 찌개, 탕, 찜, 볶음, 조림, 튀김, 전 등)

<표 6-10> 조리공정 Ⅰ(비가열 조리공정) 흐름도

구역	단계		
	식단검토	식단명 : 생채무침(예시)	
		무	당근, 감자, 양파
일반작업구역	구매 및 검수	1. 무는 신선한 상태의 것을 구매하고, 검수일지에 따라 검수한다.	1. 파, 마늘, 고춧가루는 신선한 상태의 것을 구매하고, 검수일지에 따라 검수한다.
일반작업구역	전처리(세척, 소독)	2. 무의 가식부분을 선별하고, 흐르는 물로 세척 후 소독하고 헹군다.	2. 파, 마늘은 흐르는 물로 세척 후 소독하고 헹군다.
청결구역	조리(소독 후 절단)	3. 무를 알맞은 크기로 썬다.	3. 파는 썰고, 마늘은 다진다.
청결구역	조리(혼합)	4. 썰어둔 무와 양념을 넣고 버무린다.	
	배식	5. 배선, 운반하여 급식한다.	

<표 6-11> 조리공정Ⅱ (가열조리 후 처리 공정) 흐름도

구역	공정	식단명 : 콩나물 무침(예시)	
	식단검토	콩나물	파, 마늘, 고춧가루, 참기름
일반작업구역	구매 및 검수	1. 콩나물은 신선한 상태의 것을 구매하고, 검수일지에 따라 검수한다.	1. 파, 마늘, 고춧가루는 신선한 상태의 것을 구매하고, 검수일지에 따라 검수한다.
일반작업구역	전처리 (세척, 소독)	2. 콩나물을 흐르는 물로 세척한다.	2. 파, 마늘은 흐르는 물로 세척 후 소독하고 헹군다.
청결구역	조리(절단)		3. 파는 썰고, 마늘은 다진다.
청결구역	조리(삶기)	4. 콩나물을 삶는다..	
청결구역	조리(혼합)	5. 삶아놓은 콩나물과 양념을 넣고 버무린다.	
	배식	5. 배선, 운반하여 급식한다.	

<표 6-12> 조리공정 Ⅲ (가열조리 공정) 흐름도

구역	공정	식단명 : 닭볶음(예시)		
	식단검토	닭	당근, 감자, 양파	파, 마늘, 고춧가루
일반작업구역	구매 및 검수	1. 닭은 신선한 상태의 것을 구매하고, 검수일지에 따라 검수한다.	1. 당근, 감자, 양파, 파, 마늘, 고춧가루는 신선한 상태의 것을 구매하고, 검수일지에 따라 검수한다.	
일반작업구역	전처리 (세척)	2. 닭은 흐르는 물에 씻는다.	2. 당근, 감자, 양파, 파, 마늘은 흐르는 물에 세척한다.	
일반작업구역	조리(절단)	3. 닭은 알맞은 크기로 썬다.	3. 당근, 감자, 양파, 파는 알맞은 크기로 썰고 마늘은 다진다.	
청결구역	조리	4. 닭을 볶다가 채소류, 양념을 넣고 충분히 익힌다.		
	배식	5. 배선, 운반하여 급식한다.		

학교급식의 일반 HACCP계획(Generic HACCP Plan)

공 정	위해 요소	한계기준 (관리기준)	모니터링 방법				개선조치
			대상	방법	빈도	작성자/ 확인자	
식단검토	미생물의 생존 및 증식	• 학교급식으로 제공하기 부적절한 식단 배제 • 공정별 CCP 확인	식단	식단검토	식단작성, 변경 시	영양교사·영양사	• 식단 변경 • 조리법 변경
CCP1. 검수	미생물 증식	• 냉장식품, 전처리된 농산물 10℃ 이하, 생선 및 육류 5℃ 이하, 냉동식품은 냉동상태 유지 • 품질은 학교급식 식재료의 품질관리기준 준수	식재료	• 온도측정 • 관능검사	검수 시	검수자	• 반품 및 교환 • 식재료 부적합 확인서 발급
CCP2A. 식품취급 및 조리 (장소 구분이 될 경우)	교차 오염	• 장소 구분(전처리실, 조리실) • 도구 구분(식재료 및 조리 전·후)	구분여부	육안관찰	해당 공정시	영양교사·영양사/조리사/조리원	• 장소 변경 • 도구 변경 • 재가열 혹은 폐기
	미생물 생존	• 소독제 유효염소농도 100~130ppm 5분 침지 혹은 동등한 효과를 가진 살균소독제의 용량 용법 준수	채소·과일	소독제 희석농도 확인 (Test paper, 농도 측정기)	채소 및 과일 소독 시	영양교사·영양사/조리사/조리원	• 소독제 희석 농도 조정
		• 식품 중심온도 75℃ (패류 85℃) 1분 이상	가열조리 식품	온도측정	식품 가열 조리 시	영양교사·영양사/조리사/조리원	• 계속 가열
CCP2B. 식품취급 및 조리 (장소 구분이 안 될 경우)	교차 오염	• 전처리와 조리 사이에 작업대 세척·소독 • 도구 구분	세척·소독 및 도구 구분 여부	육안관찰	해당 공정시	영양교사·영양사/조리사/조리원	• 작업대 세척·소독 • 도구 변경 • 재가열 혹은 폐기
	미생물 생존	• 소독제 유효염소농도 100ppm 5분 침지 혹은 동등한 효과를 가진 살균소독제의 용량 용법 준수	채소·과일	소독제 희석농도 확인 (Test paper, 농도 측정기)	채소 및 과일 소독 시	영양교사·영양사/조리사/조리원	• 소독제 희석 농도 조정
		• 식품중심온도 75℃ (패류 85℃) 1분 이상	가열조리 식품	온도측정	식품 가열 조리 시	영양교사·영양사/조리사/조리원	• 계속 가열

공 정	위해 요소	한계기준 (관리기준)	모니터링 방법				개선조치
			대상	방법	빈도	작성자/ 확인자	
CCP3A. 조리완료 및 배식 (단독조리: 식당배식)	미생물 증식과 오염	• 열장 음식 57℃ 이상 유지, 혹은 2시간 이내 배식 • 혼합음식은 배식 직전에 혼합	열장 음식	온도측정 시간확인	배식 완료 시	조리사/ 조리원	• 오븐 또는 열장 설비 확보 • 음식 재가열 혹은 폐기
CCP3B. 조리완료 및 배식 (단독조리: 교실배식)	미생물 증식과 오염	• 조리 후 2시간 내 배식 완료(혼합 시작 후 2시간 이내 배식)	열장 음식	시간확인	배식 완료 시	조리사/ 조리원	• 공정관리 • 음식교체 • 식당 공간 확보
CCP3C. 조리완료 및 배식 (공동조리)	미생물 증식과 오염	• 열장 음식 57℃ 이상 유지, 혹은 2시간 이내 배식 • 운반과 배식 시 오염 방지	열장 음식	온도확인 시간측정 육안관찰	운반 급식 시	조리사/ 조리원 (비조리교 담당자)	• 상차 시 온도 조정 • 운반용기 개선
CP1. 냉장 · 냉동고 온도관리	미생물 증식과 오염	• 냉장고(실) : 5℃ 이하 • 냉동고(실) : −18℃ 이하	냉장 · 냉동고(실)	온도확인	2~3회	조리사/ 조리원	• 온도 보정 • 고장시 수리 • 식품 이동 혹은 폐기
CP2A. 식품접촉 표면 세척 및 소독 (세척기로 소독 안 되는 학교)	미생물 생존	• 식판 표면 71℃ 이상 • 소독시 소독제 용법 · 용량 준수 • 식판 및 기구 · 기물류 표면에 세제 불검출	식기 소독고/ 소독제/ 식판 및 기구 · 기물류	온도확인 소독제 및 잔류세제 농도확인	세척 · 소독 시	세척 담당자	• 식기소독고 온도 및 시간 조정 • 소독제 농도 조정 및 재 세척
CP2B. (세척기로 소독 되는 학교)	미생물 생존	• 식판 표면 71℃ 이상 • 소독시 소독제 용법 · 용량 준수 • 식판 및 기구 · 기물류 표면에 세제 불검출	세척기/ 소독제/ 식판 및 기구 · 기물류	온도확인 소독제 및 잔류세제 농도확인	세척 · 소독 시	세척 담당자	• 세척기 A/S (온도보정) • 소독제 농도 조정 및 재 세척
CP2C. (세척기 없는 학교)	미생물 생존	• 식판 표면 71℃ 이상 • 소독시 소독제 용법 · 용량 준수 • 식판 및 기구 · 기물류 표면에 세제 불검출	세척기/ 소독제/ 식판 및 기구 · 기물류	온도확인 소독제 및 잔류세제 농도확인	세척 · 소독 시	세척 담당자	• 식기소독고 온도 및 시간 조정 • 소독제 농도 조정 및 재 세척

6장 실습서 작성

• 식단검토

급식일자: 202 . . . ~ 202 . . .(중식)

<table>
<tr><td>날 짜</td><td colspan="6"></td><td colspan="6"></td><td colspan="6"></td><td colspan="6"></td><td colspan="6"></td></tr>
<tr><td>식 단 명</td><td colspan="2"></td><td colspan="2"></td><td colspan="2"></td><td colspan="2"></td><td colspan="2"></td><td colspan="2"></td><td colspan="2"></td><td colspan="2"></td><td colspan="2"></td><td colspan="2"></td><td colspan="2"></td><td colspan="2"></td><td colspan="2"></td><td colspan="2"></td><td colspan="2"></td></tr>
<tr><td rowspan="2">1. 익히지 않은 동물성 식품이나 자연독을 함유한 식단인가?</td><td>예</td><td>아니오</td><td>예</td><td>아니오</td><td>예</td><td>아니오</td><td>예</td><td>아니오</td><td>예</td><td>아니오</td><td>예</td><td>아니오</td><td>예</td><td>아니오</td><td>예</td><td>아니오</td><td>예</td><td>아니오</td><td>예</td><td>아니오</td><td>예</td><td>아니오</td><td>예</td><td>아니오</td><td>예</td><td>아니오</td><td>예</td><td>아니오</td><td>예</td><td>아니오</td></tr>
<tr><td colspan="30">‘예’ 라고 응답한 식단 변경</td></tr>
<tr><td rowspan="2">2. 가열조리 없이 생으로 제공하는 식단인가? 또는 가열조리 후 생식재료와 혼합하는 식단인가?</td><td>아니오</td><td>예</td><td>아니오</td><td>예</td><td>아니오</td><td>예</td><td>아니오</td><td>예</td><td>아니오</td><td>예</td><td>아니오</td><td>예</td><td>아니오</td><td>예</td><td>아니오</td><td>예</td><td>아니오</td><td>예</td><td>아니오</td><td>예</td><td>아니오</td><td>예</td><td>아니오</td><td>예</td><td>아니오</td><td>예</td><td>아니오</td><td>예</td><td>아니오</td><td>예</td></tr>
<tr><td colspan="30">‘예’ 라고 응답한 식단 CCP2(식품취급 및 조리) 소독관리</td></tr>
<tr><td rowspan="2">3. 가열조리과정이 있는 식단인가?</td><td>예</td><td>아니오</td><td>예</td><td>아니오</td><td>예</td><td>아니오</td><td>예</td><td>아니오</td><td>예</td><td>아니오</td><td>예</td><td>아니오</td><td>예</td><td>아니오</td><td>예</td><td>아니오</td><td>예</td><td>아니오</td><td>예</td><td>아니오</td><td>예</td><td>아니오</td><td>예</td><td>아니오</td><td>예</td><td>아니오</td><td>예</td><td>아니오</td><td>예</td><td>아니오</td></tr>
<tr><td colspan="30">‘예’ 라고 응답한 식단 CCP2(식품취급 및 조리) 가열온도 관리</td></tr>
<tr><td colspan="31">4. 모든 식단은 CCP1(검수)와 CCP3(조리완료 및 배식) 작성</td></tr>
</table>

- CCP1. **식재료 검수서**

<table>
<tr><td colspan="2">아래와 같이 검수합니다.</td><td rowspan="2">결재</td><td></td><td></td><td></td></tr>
<tr><td>검수일자 : 년 월 일
검 수 자 : (인)
(인)</td><td>귀하</td><td></td><td></td><td></td></tr>
</table>

No	식품명/상세설명	식품설명	단위	수량	단가	금액	원산지	포장상태	식품온도	유통기한 제조일	품질상태	업체군	조치사항
총금액													

• CCP2A. **식품취급 및 조리과정(장소 구분이 될 경우)**

급식일자: 202 . . . ~ 202 . . .(중식)

식단명	식재료명	취급 및 조리방법	취급장소		식품중심 온도확인 ○표	소독제 농도 시간 확인	칼 · 도마, 장갑, 용기 구분사용 O, X 표	작성자 서명
			전처리실	조리실				

개선조치 기록			
	장소 · 도구	가열 조리 온도	채소 · 과일소독
한계기준	- 장소구분, 도구구분	- 염소 농도 100~130ppm 5분간 침지 혹은 이와 동등한 소독 효과를 가진 살균 소독제의 용법 준수	- 식품 중심온도 75℃ (패류85℃) 1분 이상
관리방안	- 전처리, 조리 작업 공간 분리 - 식재료별, 조리 전 · 후별도구 구분	- Test paper, 농도측정기 등으로 소독제 희석농도 확인 및 기록 ※ 농도가 기준치 미달 시 추가 제조 · 사용 - 생으로 먹는 채소와 과일류 소독	- 기준온도 이상 가열 및 기록 - 가공완제품 재가열 및 기록
개선조치	- 장소 변경, 도구 변경 - 오염 식품 재가열 혹은 폐기	- 소독제 희석농도 조정	- 계속 가열
확인자 서명 : 영양사 확 인 일 자 : 20 . . .(요일)			

출처: 교육부(2021, 학교급식 위생관리 지침서 5차 개정)

• CCP3A. **운반 및 배식과정(단독조리: 식당배식)**

급식일자: 202 . . . ~ 202 . . .(중식)

음식명	혼합시작 시간	조리 완료시간	배식완료			배식 도구 청결도	위생 복장등 착용	배식통 관리	작성자 서명
			시간	온도(℃)	2시간 이내				

구분	내용
개선조치 기록	– 닭튀김 2시간 초과, 닭튀김 시간을 10시 40분 이후로 조정
한계기준	– 열장 음식 57℃ 이상 유지, 혹은 2시간 이내 배식 완료 ※ 혼합음식은 배식직전에 혼합
관리방안	– 열장 음식의 적온(57℃ 이상) 유지 또는 가열조리부터 배식 완료까지 2시간 이내로 공정관리 – 배식하던 배식통(vat)에 남은 음식과 새로운 배식통의 음식 혼합 금지
개선조치	– 오븐 또는 열장 설비 확보 – 오염 음식 재가열 혹은 폐기
확인자 서명 : 영양사 확 인 일 자 : 20 . . .(요일)	

출처: 교육부(2021, 학교급식 위생관리 지침서 5차 개정)

• CP1. 냉장 · 냉동고(실) 온도관리-조리실

요일 (일자)	확인 시간	온도(℃)		청결도 확 인	덮개 확인	분리보관여 부	작성자 서명
		냉장고(실)	냉동고(실)				
월	am						
	pm						
(/)	pm						
화	am						
	pm						
(/)	pm						
수	am						
	pm						
(/)	pm						
목	am						
	pm						
(/)	pm						
금 (/)	am						
	pm						
	pm						

개선조치 기록	
관리기준	- 냉장고(실) : 5℃이하, 냉동고(실) : -18℃이하
관리방안	- 조리장 내의 모든 냉장 · 냉동고(실) 온도 확인 및 작성 - 문을 장시간 열지 않았을 때 외부 부착 온도계로 온도 확인 - 중식만 제공 시 : 하루 2회 (출근 직후, 배식 후 청소 직전 또는 퇴근 전) - 2식 이상 제공 시 : 하루 3회 (출근 직후, 중식 후, 석식 배식 후 청소 직전 또는 퇴근 전)
개선조치	- 냉장 · 냉동고(실)온도보정, 고장시수리의뢰 - 식품 이동 혹은 폐기

확인자 서명 : 영양사

확 인 일 자 : 20 . . .(요일)

출처: 교육부(2021, 학교급식 위생관리 지침서 5차 개정)

• CP2A. 식품 접촉표면 세척 및 소독(세척기로 식판 소독 가능한 학교)

요일 (일자)	식기 세척기		헹굼물 온도 (82)℃	소독제 제조 시간	소독제 희석농도 확인				작성자 서명
	온수 온도 (60)℃	세척 상태			도마 소독조 (제품명: 락스)	세정대 (제품명: 락스)	장갑 소독조 (제품명: 락스)	칼 소독조 (제품명: 락스)	
					염소 200ppm	염소 200ppm	염소 200ppm	염소 200ppm	
월 (/)		양호 불량		am					
화 (/)		양호 불량		am					
수 (/)		양호 불량		am					
목 (/)		양호 불량		am					
금 (/)		양호 불량		am					

개선조치 기록	
관리기준	- 세척기 통과 식판 온도 71℃ 이상 - 기구 및 기물류 소독 시 소독제 희석농도 및 세제 잔류 여부 확인
관리방안	- 세척기 작동법의 지시 온도 이상에서 가동 확인 - Thermolabel로 소독 확인 - Test paper나 농도측정기를 사용하여 소독제 희석농도 확인 - Test paper나 페놀프탈레인 지시약을 사용하여 세제 잔류 여부 확인
개선조치	- 세척기 A/S - 소독제 희석농도 조정 및 재세척

잔류세제 확인 여부(월 1회)	(　　)	검출(　) 불검출(　) 월 일 시

Thermolabel 부착 (월 1회)		확인자 서명 : 영양사 확 인 일 자 : 20 . . .(요일)
월 일 시		

출처: 교육부(2021, 학교급식 위생관리 지침서 5차 개정)

• **CCP 및 CP 점검결과 및 조치 (1개월에 1회 실시)**

작성 시기 : 202 . . . ~ 202 . . .(202 년 월 점검결과)

구 분	점검결과	개선조치	비 고
식단검토			
CCP1. 검수			
CCP2. 식품취급 및 조리			
CCP3. 조리완료 및 배식			
CP1. 냉장·냉동고 (실) 온도 관리			
CP2. 식품접촉 표면 세척 및 소독			
확인 내용			

출처: 교육부(2021, 학교급식 위생관리 지침서 5차 개정)

• HACCP **자체검증 결과표**

담당자			결재

검증일자 : 202 . . .

항 목		관리결과	개선조치사항	비고(예시)
1	HACCP팀 구성		–	
2	HACCP 교육실시		–	
3	검교정과 적정사용		–	
4	CCP기록지 기록유지		–	
5	CCP 및 CP별 점검결과 및 조치결과(양식3) 기록 요약		–	
6	자체 위생·안전점검 실시 결과		–	
7	최근 교육청에서 실시한 학교급식 위생·안전점검 결과		–	
8	미생물 분석을 통한 음식과 환경의 안전성 확인			
검증결과 총평				
최종 결재자 의견				

☞ 개학 후 1개월간 급식을 운영한 다음 검증하여 작성하도록 함

출처: 교육부(2021, 학교급식 위생관리 지침서 5차 개정)

C·H·A·P·T·E·R 07

작업관리

학습목표

1. 작업관리의 효과를 설명할 수 있다.
2. 급식생산성의 개념을 설명할 수 있다.
3. 급식생산 공정별 식재료 위생관리에 대해 설명할 수 있다.
4. 단체급식에서 사용되는 생산성지표를 열거 및 산출할 수 있다.
5. 작업관리 방법 중 방법연구와 작업측정을 설명할 수 있다.
6. 급식관리 개선절차를 이해할 수 있다.
7. 안전사고에 대한 예방법을 설명할 수 있다.

1. 작업관리의 개념

작업관리는 능률적이고 효과적인 작업수행을 위한 제반 관리업무로 작업수행과 관련된 모든 요소를 합리적으로 개선하는 것을 목적으로 하며, 작업관리를 통해 경영목적 달성을 위하여 최소한의 시간, 노력, 경비를 들여 좋은 제품과 서비스를 생산하고자 하는데 작업관리의 의의가 있다.

작업환경, 작업방법, 종업원 배치를 변화시키거나 종업원을 훈련시키는 방법으로 인간이 관여하는 모든 작업공정을 보다 효율적으로 수행할 수 있도록 하는 것을 목표로 하는 관리분야이다.

2. 작업관리의 목적

1) 생산성 지표의 기본 개념

생산성 지표는 시스템 내 인적·물적자원을 얼마나 최대한 활용하고 있는지를 평가하는 지표로 생산을 위해서 다양한 재원을 투입(input)하여 생산활동의 결과로 나타난 산출(output)의 비율로 나타낸다.

$$\text{생산성} = \frac{\text{산출량(output)}}{\text{투입량(input)}}$$

- **투입** : 인력, 기술, 비용, 자본, 식재료, 기기, 설비
- **산출** : 음식, 고객만족, 종업원의 직무만족, 재정적 수익성

이처럼 투입 대 산출의 비율로써 생산성을 측정하는 것은 얼핏 보기에는 간단해 보일지 모르나 투입과 산출을 어떻게 정의하며 이들의 관계를 어떻게 규정하느냐에 따라서 생산성 지표는 다양한 형태로 계산된다.

그림 7-1의 급식시스템 모형에서 보는 바와 같이 투입(input)은 급식 목적 달성을 위해 필요한 다양한 자원들로서 노동력, 인력, 기술 등의 인적자원을 비롯하여 비용, 자본, 식재료, 기기, 설비 등을 들 수 있다. 이러한 투입요소들은 변환(transformation) 과정을 거쳐 음식(meal)이라고 하는 결과물을 만들어내는데, 음식 이외에도 서비스, 고객의 만족, 아울러 종업원의 만족 등도 빼놓을 수 없는 중요한 산출물(output)이 되는 것이다.

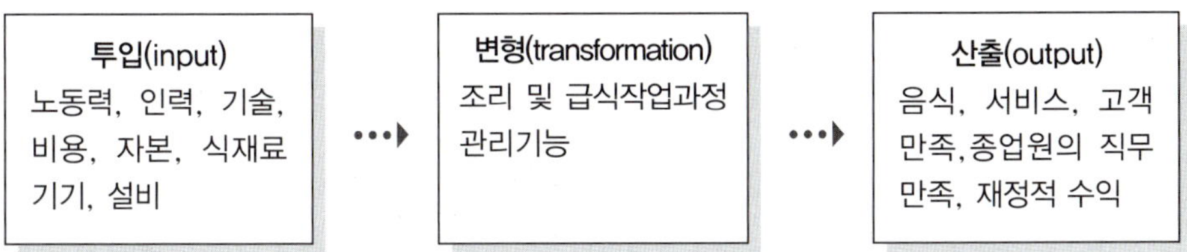

[그림 7-1] 급식 시스템에서의 투입과 산출 요소

급식시스템은 이와 같은 투입, 변화, 산출의 과정을 끊임없이 반복하고 있으며 급식관리자들을 비롯한 모든 이와 같은 급식 시스템의 효율성(efficiency)과 효과성(effectiveness)을 높이기 위해 노력을 기울이게 되는 것이다. 효율성이 투입된 자원에 비해 산출된 결과의 양을 재는 개념이라면 효과성은 이 과정에서 시스템의 목적을 얼마나 달성했는가를 평가하는 개념으로서 생산성 지표는 주로 효율성을 측정하기 위한 지표라고 이해할 수 있다.

2) 급식소에서 사용하는 대표적인 생산성 지표

생산성 지표는 효율성 평가에 쓰이는 양적인 척도이다. 생산성 지표를 계산하고자 할 때 투입(input) 요소로는 인력과 비용 두 가지가 사용된다. 산출(output)로는 음식 즉 식수(meals, meal equivalent, servings)가 사용된다. 여기서 인력 대비 생산 식수로 계산하는 경우를 노동 생산성지표라고 하며 비용 대비 생산 식수로 계산하는 경우를 비용 생산성 지표라고 한다.

생산성 지표를 계산할 때 기준이 되는 기간은 1일, 1주, 1달, 1분기, 1년 등이 된다. 즉, 하루를 기준으로 당일에 제공된 식수, 급식 인력 수, 각 인력별 근무시간, 지불 급료 또는 인건비 등을 따져서 계산해도 되고 1주일을 기준으로 1주일간의 제공된 식수 합계, 1주일간 총 근무시간 합계, 1주일간 총 비용 합계 등을 계산할 수도 있다. 보다 정확히 계산하기 위해서는 1달 또는 1분기, 연간으로 할 수도 있으나 1주간 자료를 집계하는 것이 간편하면서도 정확성을 기할 수 있어 가장 많이 활용된다. 근래에는 전산으로 모든 자료를 처리하는 시스템이 갖추어지면서 월별, 분기별, 년간으로 나누어 주기적으로 생산성 지표를 산출하기도 한다.

만일 초등학교 급식소나 공장형 사업체 급식과 같이 근무시간이나 인력, 식수의 변동이 별로 없는 경우라면 생산성 지표의 산출 시점은 언제가 되어도 무방하다. 주중이나 주말의 변동, 월별의 변동이 별로 없게 되므로 기간별 생산성 지표의 변동을 일일이 추적할 필요가 크지 않다. 다만 해당 급식소의 생산성 지표를 산출하여 비슷한 유형과 비교하고자 할 때 또는 식수변동에 따라 인원 변화가 필요할 경우에 계산하여 사용하면 된다. 하지만 대학교 급식소나 오피스형 사업체 급식과 같이 식수 변동이 잦은 곳에서는 월별, 분기별 생산성 지표의 변동을 좀 더 면밀히 관찰하고 이에 맞는 탄력적인 인력 활용이 필요하게 된다. 해당 급식소의 생산성 지표의 기준이 정해지면 이에 근거하여 필요 인력을 산출할 수 있기 때문에 식수변동에 따른 인력 및 작업 계획에 대한 의사결정이 보다 정확성을 기할 수 있기 때문이다.

(1) 노동생산성 지표

급식산업에서 대표적으로 사용하는 노동생산성 측정지표로는 작업시간당 식수, 1식당 작업시간, 작업시간당 식당량, 작업시간당 서빙수 등이 있다.

- **규정 근로시간당 식수(Meals per paid hour)**
  = 일정기간동안 제공한 총 식수 / 일정기간 동안의 총 근무 규정시간
- **노동시간당 식수(Meals per worked labor)**
  = 일정기간동안 제공한 총 식수 / 일정기간 동안의 총 노동시간
- **1식당 노동시간(Minutes per meal)**
  = 일정기간 동안의 총 작업시간(분) / 일정기간 동안 제공한 총 식수
- **노동시간당 식당량(Meal equivalents per worked hour)**
  = 일정기간동안 제공한 총 식당량 / 일정기간 동안의 총 노동시간
- **노동시간당 서빙수(Servings per labor hour)**
  = 일정기간동안 제공한 총 서빙수 / 일정기간 동안의 총 노동시간

인력 즉 노동시간에 대한 자료는 급식소의 인력 현황과 근무기록 카드를 통해서 구할 수 있다. 이때 급식 관리자나 영양사를 포함하여 조리원, 용원 등 급식업무와 관련된 모든 인력의 수를 집계해야 해당 급식소의 생산성 지표를 보다 정확하게 산출할 수 있다. 특히 잔업(overtime)이 많은 급식소의 경우나 시간직 근로자(part-timer)가 많은 경우에는 규정 근로시간과 실제 노동시간에 차이가 나게 되므로 좀더 정확한 인원 및 근무 시간에 대한 조사가 필수적이다.

생산 식수를 계산할 때에도 식수(meals) 외에도 식당량(meal equivalent), 서빙수(servings) 등의 다양한 형태를 사용할 수 있다. 당량(meal equivalent)이란 대학교 급식이나 일부 사업체 급식에서처럼 스낵이나 면류를 함께 판매하는 경우에 적용된다. 예를 들어 면류의 1식을 1/2식당량으로 환산하여 식수를 집계할 수 있다. 물론 식당량을 정해줄 때에는 정상적인 식사류에 비해 드는 노동시간에 근거하여 판단해야 정확한 생산성 산출이 가능해진다. 서빙수(servings)는 카페테리아 급식의 생산성 지표 계산에 사용된다. 카페테리아 급식의 경우는 각 사람마다 1식의 내용이 달라질 수 있으므로 식수보다는 서빙수를 사용하는 것이 바람직하며 주찬, 부찬 등의 찬 1개가 1서빙에 해당된다.

(2) 비용생산성 지표

급식산업에서 비용생산성 측정지표로 1식당 인건비와 1식당 노동(작업)시간 비를 사용한다.

- **1식당 인건비(Labor cost per meal)**
  = 일정기간 동안의 인건비 / 일정기간동안 제공한 총 식수
- **1식당 비용(Total cost per meal)**
  = 일정기간 동안의 총 비용 / 일정기간동안제공한 총 식수

비용을 투입요소로 사용할 경우 인건비만을 계산하기도 하고 식재료비나 경비를 포함한 전체 비용으로 계산하기도 한다. 이러한 비용에 대한 자료는 해당 기간의 결산 자료나 영업보고서로부터 구할 수 있다. 또한 인력에 소요된 비용을 구하고자 할 때는 급료(payroll cost)와 인건비(labor cost)의 두 가지를 모두 구해보아야 한다. 여기서 급료의 개념은 시급, 주급, 월급 등과 같이 개개인에게 일정한 임률을 적용하여 지급되는 급여를 말하며 인건비는 여기에 상여금이나 복리후생비, 퇴직 충당금 등까지 포함된 비용을 말한다. 따라서 급료는 기간에 따라 편차가 별로 없지만 인건비는 기간별로 편차가 생길 수 있게 된다.

3) 생산성 지표의 해석과 활용

그간 국내 여러 연구에 의해 산출된 노동생산성 지표를 비교해 보면 학교급식의 생산성이 가장 높고 사업체 급식, 병원 급식의 순으로 나타나고 있다. 학교급식의 경우도 공동조리방식이 단독조리보다 다소 높게 나타나고, 공장형이 오피스형보다, 그리고 단일메뉴가 복수메뉴나 카페테리아식보다 더 높게 나타났다

또한 비용생산성 지표도 마찬가지의 경향을 나타내는데, 국내에서 비용생산성 지표에 대한 연구는 아직 미미한 수준이고 각 급식소마다 편차가 매우 크게 나타나고 있어서 좀 더 면밀한 연구가 이루어질 필요가 있다. 여기서는 주로 노동생산성 지표를 중심으로 설명하기로 한다.

(1) 생산성 지표의 해석

생산성 지표를 측정하고자 할 때에는 생산성 측정에 필요한 산출요소와 투입요소가 분명히 정의되어야 하며, 측정하는 목적과 타당한 관계를 가질 수 있는 지표를 선정하여야 한다. 또한, 급식작업과정은 복잡하고 다루기가 어렵기 때문에, 투입, 공정, 산출에 대한 상호관계를 잘 이해하고 있어야 하는데 작업의 흐름, 시설설비, 작업 구성원, 작업자들의 숙련도에 대한 고려없이 생산성 지표의 수치만을 가지고 단순화하여 해석하지 않도록 주의하여야 한다

즉, 급식생산성 지표를 해석할 때에는 단지 수치 자체만으로 모든 것을 판단해서는 안되며 비슷한 여건의 급식소끼리 상호 비교할 때 의미가 있다. 예를 들어 다른 급식소에 비해 생산성이 높다는 사실 즉, 노동시간당 제공 식수가 많다는 것은 생산 효율이 높다는 의미만을 갖지는 않는다. 왜냐하면, 생산성은 급식소의 다음과 같은 여러 가지 여건에 따라 달라지기 때문이다.

- 제공하는 메뉴의 형태(단일식단, 복수식단 등)나 메뉴의 가짓수
- 배식의 유형(자율배식, 부분자율배식, 카페테리아식, 테이블 배식 등)
- 전처리한 식재료를 구매하는 정도(전혀 다듬지 않은 상태, cut된 상태, 가공 식품 사용 정도)
- 주방의 설비, 기기(설비배치가 효율적, 자동화기기 유무)
- 종업원들의 기술, 숙련 수준
- 1일 배식회수와 배식 시간의 길이
- 급식 규모나 유형

(2) 급식생산성 지표의 활용

노동생산성 지표는 급식소의 인력 효율성을 평가하거나 인력 채용의 기준(staffing guideline)으로 사용된다. 생산성 지표를 계산해보면 타 급식소에 비해 인력이 효과적으로 사용되고 있는지를 평가할 수 있고 또한 급식 유형에 따른 표

준생산성 지표가 있으면 급식을 위해 필요한 인력을 산출하는 근거로써 사용할 수 있다. 미국 급식소 유형별로 노동시간 당 식수를 보면 학교급식 1315식, 카페테리아 식당 5.5식, 장기치료 병원(extended care facility) 5.0식, 단기치료 병원(acute care facility) 3.5식 수준이다. 레스토랑의 경우 퀵서비스 레스토랑(quick-service restaurant)은 9.5식, 패밀리 레스토랑(family restaurant) 4.8식, 고급 레스토랑(fine-dining restaurant)은 1.4식 정도이다.

미국의 학교급식에서는 식수 범위에 따라 인력채용의 기준으로 사용할 수 있는 노동시간당 식수와 필요한 노동시간을 제시하고 있다(표 7-1). 국내에서는 아직까지는 급식유형별로 표준이 될만한 급식생산성 지표가 제시되어 있지는 않으나 일부 연구에서 나타난 급식 생산성 지표는 다음 〈표 7-2〉와 같다.

<표 7-1> 미국 학교급식에서의 표준 급식생산성 지표

식수 범위	전통적 급식제도		편이식 급식제도	
	노동시간당 식수 (식/시간)	필요한 노동시간 (시간)	노동시간당 식수 (식/시간)	필요한 노동시간 (시간)
100식	8	912	9	911
101~150식	9	1216	10	1114
151~200식	1011	1617	12	1416
201~250식	12	1720	14	1618
251~300식	13	2022	15	1820
301~400식	14	2229	16	2025
401~500식	14	2935	18	2028
501~600식	15	3540	18	2834
601~700식	16	4043	19	3437
701~800식	17	4347	20	3740
800식 이상	18이상	47이상	21이상	40이상

출처: Pannell, 1990

<표 7-2> 급식생산성 지표(국내)

유형 \ 생산성 지표	노동시간당 식수	1식당 노동시간
사업체 급식(단일메뉴)[1]	6.9 식	8.7 분
병원 급식(환자식만 운영)[2]	4.8 식	12.4 분
병원 급식(환자식, 직원식 운영)[3]	5.6 식	10.7 분
학교급식(단독조리방식)[4]	13.1 식	4.6 분
학교급식(공동조리방식)[4]	14.8 식	4.1 분

1) 양일선·차진아·이보숙 1995
2) 차진아·양일선 1991
3) 양일선·김성혜·차진아 1993
4) 양일선·이진미·이보숙·차진아 1997

4) 급식생산성의 증대방안

급식생산성 증가는 작업 개선을 통해 효율을 높이는데 그 목적을 둔다. 작업 방법을 개선함으로써 급식의 질을 높이고 고객 만족을 증대시키며, 아울러 종업원들의 사기를 높이고 경영진을 만족시킬 수 있도록 해야 하는 것이다. 효율성 증가는 작업에 있어서 시간, 자본, 에너지 절약을 통해 이루어지며, 다음과 같이 다각적인 방안을 도입할 수 있다.

■ **교육 훈련의 실시**

작업원들에게 필요한 기술을 갖출 수 있도록 훈련을 실시한다. 정기적인 교육과 더불어 수시로 필요한 사항에 대해 훈련을 통해 작업자들이 자신의 업무에 필요한 지식과 기술을 갖출 수 있도록 해야 한다.

■ **작업 단순화**

작업 단순화(work simplification)란 작업을 보다 손쉽게 함으로써 생산성을 증가시키는 과정을 뜻한다. 예를 들면 주방의 작업 동선을 개선하기 위해 기기를 재배열하는 것이다. 작업 개선시에는 개선이 우선적으로 필요한 작업에 대해 현재의 방법을 분석하고 개선점을 찾아내는 방법연구(method study)를 실시할 필요가 있다.

■ 작업 표준시간의 설정

인력사용에 있어서 낭비가 없도록 작업일정을 효율화하고 표준시간을 설정하도록 한다. 표준시간은 표준생산성 지표를 사용하거나 작업측정(work measurement)을 통해 산출할 수 있다.

■ 자동화 기계의 이용

자동화 기계를 사용하여 인력을 기계로 대치한다거나 복합기능을 가진 기기를 사용함으로써 시간과 에너지를 절약할 수 있다. 최근에는 대량조리에 적합하면서도 스팀, 구이, 재가열 기능을 고루 갖춘 기기들이 등장하면서 생산성 증가와 아울러 생산 일정 계획성까지 높일 수 있게 되었다.

■ 가공식품, 전처리 식품의 활용 방안 모색

급식 인력 수급이 점차 어려워짐에 따라 전처리 센터에서 미리 전처리, 세척을 거친 식재료로 반입하거나 소스나 양념류 등은 미리 배합하여 들여오는 경우가 점차 늘고 있다. 또는 대량조리에 맞도록 가공, 반가공된 식품의 개발도 늘어나고 있는 추세이다.

■ 동기부여

작업원들에게 생산성 증가에 대한 동기부여를 위해 능력에 따른 인센티브제도를 도입하기도 한다.

5) 급식 생산계획을 위한 도구

급식의 생산성을 높이기 위해서는 업무에 대한 정확한 분석, 적정인원의 계획 및 배치, 올바른 작업지도가 중요하다. 따라서 효율적인 급식 운영을 위해 조직구성원에 따른 업무분장표, 작업일정표, 작업공정표 및 작업계획서 등을 이용할 수 있다.

1 업무분장표

업무분장표는 직책과 기능에 따라 각자의 업무를 명시한 표이다.

2 작업일정표

작업일정표는 작업원별 출·퇴근 시간과 근무시간대별 주요 담당 업무내용을 정리한 표이다. 작업의 강도와 작업자의 숙련 정도, 인력 구성과 업무의 특성을 고려하여 시간대별 배치가 계획되어야 한다.

시각 9 10 11 12 13 14 15 16 17 18 19

식당명	작업원	업무내용				
지하 주방	조리원 1		취반	식기 세척, 취반	취반	세척
지하 주방	조리원 2		취반	식기 세척, 취반	취반	세척
1층 우측 식당	책임 조리원	점심 조리 배식 준비	배식 총괄	다음날 사용 식품 전처리 및 조리 준비		
1층 우측 식당	조리원3	점심 조리 배식 준비	점심 배식	다음날 사용 식품 전처리 및 조리 준비		
1층 우측 식당	PT7*1		다음날 사용 식품 전처리	점심 배식	다음날 사용 식품 전처리 및 조리 준비	
1층 우측 식당	PT7 2		다음날 사용 식품 전처리	점심 배식	다음날 사용 식품 전처리 및 조리 준비	
1층 우측 식당	PT7 3		다음날 사용 식품 전처리	퇴식 담당	다음날 사용 식품 전처리 및 조리 준비	
1층 우측 식당	PT7 4		다음날 사용 식품 전처리	퇴식 담당	다음날 사용 식품 전처리 및 조리 준비	
1층 좌측 식당	책임 조리원	점심 조리	배식 총괄	저녁 조리, 다음날 점심, 저녁 전처리 및 조리 준비		
1층 좌측 식당	조리원 4	점심 조리	점심 배식	저녁 조리, 다음날 점심, 저녁 전처리 및 조리 준비		
1층 좌측 식당	조리원 5	점심 조리	점심 배식	저녁 조리, 다음날 점심, 저녁 전처리 및 조리 준비		
1층 좌측 식당	PT7 5		점심 배식	저녁 조리 및 다음날 전처리, 조리	저녁 배식	
1층 좌측 식당	PT7 6		점심 배식	저녁 조리 및 다음날 전처리, 조리	저녁 배식	
1층 좌측 식당	PT7 7		식기 세척	저녁 조리 및 다음날 전처리, 조리	저녁 배식	
1층 좌측 식당	PT7 8		식기 세척	저녁 조리 및 다음날 전처리, 조리	저녁 배식	
1층 좌측 식당	PT7 9		퇴식 담당	저녁 조리 및 다음날 전처리 및 조리	퇴식 담당	
스낵 코너	조리원 6	준비 작업	스낵 코너 운영			
스낵 코너	조리원 7		스낵 코너 운영			
스낵 코너	PT7 10		스낵 코너 운영			
커피숍	PT7 11		커피숍 운영			
식 권	PT7 12		식권판매	커피숍 보조		

*PT7은 7시간 근무하는 시간제 조리원을 의미함.

출처: 대한영양사회 2000

[그림 7-2] 작업일정표의 예

3 작업공정표

작업공정표는 작업내용을 시간적으로 배열하고 몇 가지 작업공정으로 정리한 표로, 메뉴별로 식재료의 전처리, 주조리, 상차림까지의 작업들에 대한 요점과 순서를 기록한다.

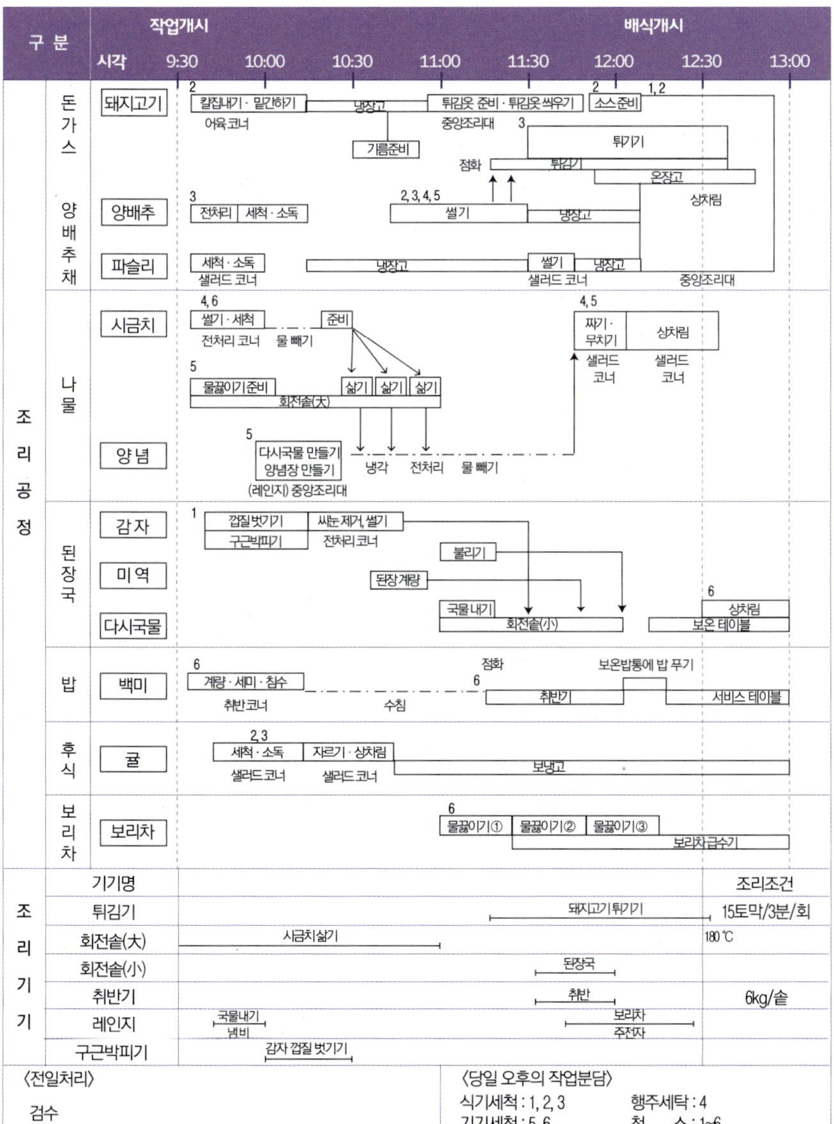

[그림 7-3] 작업공정표의 예

4 작업계획서

작업계획서는 급식생산에 대한 급식관리자와 종사자 간의 의사소통 방법으로 생산작업을 효과적으로 수행하는데 유용하게 사용된다.

작 업 계 획 서

각 메뉴의 총 준비량 : 400인분

년 월 일 배식시간 : 오후 12시 ~ 오후 2시

메뉴	총배식량	필요batch 크기 및 개수	1인 배식량	작업책임자		준비시간		주요사용기기
				직위	이름	총 필요 시간	시작 시각	
잡곡밥	84kg	10개/40인분 (8.4kg)	210g	조리 보조원	박○○	2시간	9:50	가스 다단식 취사기
두부 된장국	100kg	4개/100인분 (25kg)	250g	조리사	이○○	1시간 30분	10:20	스팀 회전식 국솥
숙주 볶음	28kg	4개/100인분 (7kg)	70g	조리사	조○○	1시간 30분	10:30	가스회전솥
고등어 구이	20kg	4개/100인분 (5kg)	50g	조리 보조원	이○○	2시간	9:50	콤비오븐
무생채	20kg	4개/100인분 (5kg)	50g	조리 보조원	장○○	1시간 30분	10:30	야채절단기

[그림 7-4] 작업계획서의 예

3. 작업관리연구

1) 작업연구의 목적

작업관리는 작업 중에 포함되어 있는 불필요한 작업요소를 제거하기 위해 가장 빠르고도 효과적인 방법을 발견하여 작업방법의 표준화를 도출함으로써 복리 증진, 생산능률 향상, 생산단가 저하 및 종업원의 능률을 향상하는 데 그 목표를 두고 있다. 작업관리는 방법연구(method study)와 작업측정(work measurement)의 두 영역으로 정의된다.

2) 작업연구의 영역

(1) 방법연구

방법연구란 작업 중에 포함되어 있는 불필요한 작업요소를 제거하기 위하여 상세히 분석하고 필요한 요소로만 작업요소를 제거하기 위하여 상세히 분석하고 필요한 작업 요소로만 이루어진 가장 빠르고도 효과적인 방법을 발견하는 기법으로 공정분석, 작업분석, 동작분석 등을 통하여 작업조건의 개선 및 표준화, 표준시간 설정 등에 유용하게 사용된다. 작업개선을 위해서는 다음의 사항을 고려해야 한다.

■ 작업개선을 위한 ECRS

- 불필요한 기능 제거(Elimination)
- 중복기능의 결합(Combination)
- 효율적인 흐름이 되도록 기기나 업무의 순서를 바꾸거나 재배치(Rearrangement)
- 동작경제 원칙 등에 따라 시간이나 노력을 단순화(Simplification)

제품 생산과정에서 작업(work)의 가장 작은 단위는 '동작'이며, '동작'이 모여서 '작업'을 이루고, 작업요소가 모인 단위작업의 기능을 '공정'이라고 한다. 작업개선을 위한 방법연구에는 공정분석, 작업분석, 동작연구 등이 있다.

1 공정분석(working process analysis)

공정분석은 생산공정이나 작업 내용을 공정순서에 따라 몇가지 기호도 조사 및 분석하여 개선방안을 모색하는 방법으로 공정분석에 사용하는 기호는 작업, 이동, 정체, 저장, 및 검사의 다섯 가지이다. 재료가 제품으로 완성되는 과정을 분석하는 제품 공정분석과 작업자의 이동과정을 분석하는 작업자 공정분석이 있다.

제품 공정분석(product process analysis)은 원료나 제품의 흐름의 관점에서 공정이 어떻게 진행되는지를 분석하고 조사하는 것으로 원료나 제품을 변형시키거나 처리하는 전 과정을 분석하여 낭비나 비합리적 요소를 제거하는 것을 목표로 한다. 급식의 경우 재료의 전처리 단계에서부터 음식의 조리가 완성되기까지의 전 과정에서 음식의 생산을 위한 식재료가 어떻게 처리되고 변형되는지에 대한 분석하는 것으로서 도출된 데이터는 생산 작업체계의 향상 혹은 단순화, 생산품 공정 중에 필요한 변화의 진단, 새로운 작업장이나 시설설비의 디자인과 작업장 배치 등에 활용된다.

작업자 공정분석(worker process analysis)은 작업자를 주체로 하여 작업동작이 일어나는 순서를 차례로 기록한 것을 활용하여 작업자의 작업방법 및 활동을 중심으로 하여 분석하는 것이다. 통합할 수 있거나 불필요하여 제거될 수 있는 과정을 확인하거나 수행되는 작업과정의 순서를 바꾸는 작업순서개선 및 작업동작 개선, 작업자의 이동거리나 위치 등을 파악하여 비효율적인 부분을 재정렬하는 작업장의 배치 개선 등에 활용될 수 있다.

<표 7-3> 공정분석에 사용되는 기호

구분	기호	내용	급식에서의 예
작업	○	변형, 변질, 분해를 받는 상태	썰기, 섞기, 칼집내기, 볶기 등
운반	⇨	한 위치에서 다른 위치로 이동해 가는 상태	카트로 이동, 작업자가 들어서 이동, 컨베이어벨트로 이동
저장	▽	일정한 장소에 일시적 또는 계획적으로 저장되고 있는 상태	창고 선반에 저장, 냉장 저장, CCP 기록을 캐비닛에 보관
정체	D	다음 순서의 작업을 즉각 수행할 수 없어 정지되고 있는 상태	급식차가 엘리베이터를 기다림, 조리에 사용할 료가가 다음 작업을 기다림
검사	□	확인하거나 품질 또는 수량을 조사하는 상태	검식, 온도측정, 소독액 염소 농도 측정, 주방에 게시된 레시피 확인

작업명: 밥 짓기　책임자: 김XX　분석자: 이XX　일시:							
작업설명	시간(분)	거리(m)	작업	운반	저장	정체	검사
계량			○	⇨	▽	D	□
세미기로 운반			○	⇨	▽	D	□
씻기(세미기)			○	⇨	▽	D	□
쌀 불리기			○	⇨	▽	D	□
취반기로 운반			○	⇨	▽	D	□
밥 지음			○	⇨	▽	D	□
보온통에 밥 담기			○	⇨	▽	D	□
배식 장소로 옮기기			○	⇨	▽	D	□
배식시간까지 저장			○	⇨	▽	D	□
주걱으로 식기에 밥 담기			○	⇨	▽	D	□
			○	⇨	▽	D	□
			○	⇨	▽	D	□
			○	⇨	▽	D	□
			○	⇨	▽	D	□

[그림 7-5] 제품공정도 기호표시의 예(밥 짓기)

2 동작분석

동작분석이란 작업동작을 최소의 요소단위로 분해하여, 각 단위의 변이를 측정해서 표준작업방법으로 공정연구의 대상이 된 작업에 포함되어 있는 개인의 작업을 연구하여 각각의 작업동작의 경제성을 생각하는 동시에 시간연구와 함께 작업을 개선하거나 표준화하는 것을 말한다. 동작분석과 관련하여 길브레스(Gilbreath)는 동작의 경제성과 능률 제고를 위한 원칙을 처음 제안하였으며, 그 후 반즈(Barnes)가 다른 연구자들의 연구결과를 보완 및 재편성하여 동작경제의 원칙(princibles of motion economy)을 제시하였다. 이 원칙의 내용은 동작경제와 피로감에 관한 원칙들로 구성되어 있으며, 신체 사용에 관한 원칙(use of the human body), 작업장의 배치에 관한 원칙(arrangement of the workplace), 공구 및 설비 디자인에 관한 원칙(design of tools and equipment)이 포함된다(표 7-4). [그림 7-6]은 동작경제의 원칙에 의한 작업단순화의 예를 제시한 것이다.

<표 7-4> 동작경제의 원칙(Barnes)

구분	내용
신체사용에 관한 원칙	• 양손의 동작은 같이 시작하고 같이 끝나도록 함 • 휴식시간을 제외하고는 양손이 동시에 쉬지 않도록 함 • 두 팔의 동작은 동시에 서로 반대방향으로 대칭적으로 움직이도록 함 • 손과 신체의 동작은 작업을 원만하게 처리할 수 있는 범위 내에서 가장 낮은 동작 등급을 사용하도록 함(예:손가락→손목→아래팔→위팔→어깨 순으로 동작) • 가능한 한 관성을 이용하여 작업을 하도록 함 • 손의 동작은 부드럽게 연속적인 동작이 되도록 하며, 방향이 갑작스럽게 크게 바뀌는 모양의 직선동작은 피하도록 함 • 탄도동작(ballistic movements)은 고적된 동작보다 더 신속하고, 용이하며 정확함 • 가능하면 쉽고, 자연스러운 리듬이 작업동작에 생기도록 작업을 배치함 • 눈의 초점을 모으는 작업은 없애고 이런한 작업이 불가피할 경우 서로 다른 두 작업 간의 거리를 짧게 함

작업장 배치에 관한 원칙	• 모든 공구나 재료는 지정된 위치에 있도록 함 • 공구, 재료 및 제어장치는 사용위치에 가까이 두도록 함 • 중력 이송원리를 이용한 용기를 사용하여 부품을 사용장소에 가까이 보낼 수 있도록 배치함 • 가능하다면 낙하식 운반(drop delivery) 방법을 사용함 • 공구나 재료는 작업동작이 원활하게 수행되도록 그 위치를 정해 줌 • 작업자가 적절한 조명을 설치함 • 작업자가 작업 중 자세의 변경을 임의로 할 수 있도록 작업대와 의자 높이가 조정되도록 함 • 작업자가 좋은 자세를 취할 수 있도록 높이가 조절되는 의자를 제공함
공구 및 설비 디자인에 관한 원칙	• 페달장치(foot-operated device)를 활용하여 양손이 다른 일을 할 수 있도록 함 • 공구의 기능을 결합하여서 사용하도록 함 • 공구와 자재는 가능한 한 사용이 쉽도록 미리 위치를 정해 줌 • 타자칠 때와 같이 각 손가락이 서로 다른 작업을 할 때에는, 작업량을 각 손가락의 능력에 맞게 분배해야 함 • 레버(levers), 핸들 그리고 제어장치는 작업자가 몸의 자세를 크게 바꾸지 않더라도 조작하기 쉽도록 배열함

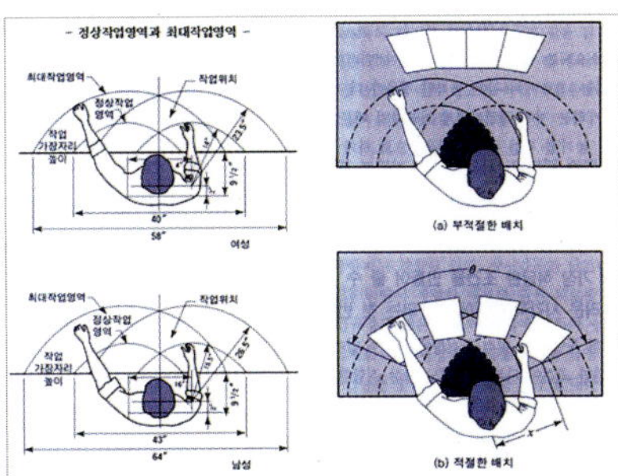

공구, 재료 및 제어장치는 사용위치에 가까이 두도록 함

페달종류	NO. 1	NO. 2	NO. 3	NO. 4	NO. 5
스트로크 수/분	187	178	176	140	171
상대적 소요시간	100%	105%	106%	134%	109%

페달장치를 활용하여 양손이 다른 일을 할 수 있도록 함

[그림 7-6] 동작경제의 원칙에 의한 작업단순화의 예

(2) 작업측정

작업측정은 방법연구의 결과를 토대로 표준화된 작업에 대하여 그 작업을 수행하는 데 필요한 표준시간을 설정하는 것이다. 여기서 설정된 표준시간이란 부과된 작업을 올바르게 수행하는데 필요한 숙련도를 지닌 작업자가 주어진 작업조건하에서 보통의 작업 속도로 작업을 하고 정상적인 피로와 지연을 수반하면서 규정된 질과 양의 작업을 규정된 작업방법으로 하는데 필요한 시간을 말한다. 작업측정 방법으로는 작업을 측정하는 직접법과 과거의 실적이나 자료를 이용하는 간접법으로 분류하며, 직접법에는 시간연구법, 워크샘플링(work sampling)법이 있으며, 간접법에는 실적기록법과 기정시간표준법(predetermined time standard; PTS)법 등이 있다.

1 시간연구법

시간연구법은 작업을 기본 요소로 분할한 후 스톱워치 등을 이용하여 작업에 소요되는 정미시간(normal time)을 측정·기록하는 방법으로 작업에 필요한 시간, 작업을 위한 대기시간, 낭비적인 시간들을 발견하고 개선하기 위해 사용된다. 이 기법으로 정미시간을 구하고 정미시간에 여유시간(불가피한 지연, 피로회복을 위한 휴식, 개인적 시간 등)을 더하여 그 작업의 표준시간(standard time)을 결정한다. 시간연구법은 상당히 정확한 작업측정기법이지만 관찰의 횟수를 얼마로 하느냐와 평정의 정확성, 그리고 스톱워치를 사용할 때 작업자에게 미치는 영향 등이 문제점으로 작용할 수 있다.

2 워크샘플링법

워크샘플링법은 통계적 수법을 사용하는 작업측정의 한 방법으로 작업자의 일정한 활동시간을 대상으로 미리 무작위로 정한 시점에서 연구대상을 순간적으로 관측하여 대상이 처해있는 상황을 급식작업의 기능별 분류에 따라 기록, 관측이 모두 끝난 후 분류항목별 관측횟수를 총 관측횟수로 나누어 그 항목이 관측 기간 동안 차지하는 비율을 추정한다. 예를 들어 전체 작업의 생산성이 4.6분/식이고 무작위적인 관측시간에 수행된 작업을 표시하여 각 작업활동의 작업비율을 산출한 결과 조리, 세척, 운반, 배식의 비율이 각각 25.1%, 26.5%, 16.7%, 7.7%이었다면 1식당 조리, 세척, 운반, 배식에 사용된 시간은 1.15분, 1.22분, 0.77분, 0.35분이다. 워크샘플링법은 작업주기가 길고 작업내용에 변화요소가 많거나 관측하여야 하는 대상이나 기기설비가 많아 연속 관측을 하기에 어려운 경우에 사용하는 기법으로 다른 연속적인 측정방법보다 경제적인 비용으로 작업측정이 가능하다는 장점이 있다.

3 실적기록법

실적기록법은 과거의 경험이나 자료를 사용하는 방법으로 작업에 관한 실제 자료를 이용하여 작업 단위당 기준 시간을 산정한 후 이 값을 표준으로 삼는 방법이다. 실적기록법은 주로 작업주기가 길고 작업내용에 변화요소가 많은 경우에 사용되며, 신속하고 비용절약이 가능하다는 장점이 있어 단기적 또는 소량생산을 위한 참고자료로 활용할 수 있으나, 시간 경과에 따른 작업방법과 변화를 반영하지 못하므로 작업자의 성과평가를 위한 자료로 활용하기는 어렵다.

4 기정시간표준법(PTS법)

기정시간표준법은 작업동작을 기본 요소의 동작으로 분류하고, 그 동작이 어떤 조건하에서 수행되는지 확인한 다음 이미 정해진 기준시간 중에서 유사한 것을 찾아 기본 동작의 수행시간으로 간주하는 방법이다. 이 방법은 작업의 주기가 짧고 반복적인 성격이 강한 작업의 표준시간을 결정하는 데 사용된다. 예를 들어 집게를 들고 있는 상태에서 반찬 1인분을 식판에 담는 데 걸리는 시간을 결정하기 위해 집게를 반찬 위로 옮기고, 반찬을 집고, 집게를 들고, 식판 위로 옮기고, 반찬을 떨어뜨리는 각 동작에 걸리는 시간을 합하여 표준시간으로 한다.

<표 7-5> 워크샘플링에 의한 노인복지시설의 작업측정의 예

			관측횟수(회)	구성비율(%)	1식당 소요시간 (min/meal)	정규노동인원 (FTE)
직접작업기능	조리	1. 전처리	221	16.49	1.58	0.82
		2. 주조리	117	8.73	0.83	0.43
		• 조리소계(1~2)	338	25.22	2.41	1.26
	배식	3. 배식	120	8.96	0.86	0.45
	운반	4. 식품 · 음식운반	45	3.36	0.32	0.17
		5. 기구 · 식기 · 물품운반	44	3.28	0.31	0.16
		6. 빈손이동	55	4.10	0.39	0.20
		• 운반소계(4~6)	144	10.73	1.02	0.53
	사무	7. 일상적인사무	52	3.88	0.37	0.19
	세척	8. 조리기구세척	52	3.88	0.37	0.19
		9. 식기세척	129	9.63	0.92	0.48
		10. 기기세척 청소 및 뒷정리	62	4.63	0.44	0.23
		• 세척소계(8~10)	243	18.11	1.73	0.90
	검수	11. 검수 및보관	18	1.34	0.13	0.07
• 직접작업 기능 합계(1~11)			915	68.28	6.52	3.40
간접작업기능		12. 지시 및 교육	26	1.94	0.19	0.10
		13. 감독 및 평가	26	1.94	0.19	0.10
		14. 회의 및 면담	22	1.64	0.16	0.08
		15. 위임할 수 없는 사무	43	3.21	0.31	0.16
• 간접작업기능 합계(12~15)			117	8.73	0.83	0.43
지연		16. 불가피한 지연	12	0.90	0.09	0.05
	기타지연	17. 인정할수 있는지연	224	16.72	1.60	0.83
		18. 인정할수 없는지연	72	5.37	0.51	0.27
	• 기타지연소계(17~18)		296	22.06	2.11	1.10
• 지연합계(16~18)			308	22.99	2.20	1.15
• 총 합계			1,340	100.00	9.55	4.97

출처: 주나미 외, 1999

4. 안전관리

급식소에서의 안전관리란 급식업무 전 과정에서 사고와 재해를 방지하여 급식 시설과 종업원 및 고객을 불의의 사고로부터 보호하고, 안전한 작업환경을 유지하기 위해 반드시 필요한 예방작업이다.

안전사고의 종류는 인사사고, 환경사고, 물적사고의 3가지로 분류된다. 인사사고로는 사람에게 발생하는 화상, 감전, 찰과상, 자상, 타박상, 허리부상, 골절상 등이 해당되며, 환경사고로는 화재, 폭발, 누전, 정전 등을 들 수 있다. 물적사고는 각종 기기나 설비의 고장으로 인해 발생하는 사고를 말한다.

이러한 안전사고의 원인은 환경적 원인과 인적 원인으로 나뉜다. 환경적 원인으로는 작업환경에 따른 물리적 · 화학적 위험, 환기·급수·배수·작업동선에 의한 위험, 각종 시설 및 장비의 위험을 들 수 있으며, 인적 원인으로는 조리종사원의 잘못된 행동습관, 작업장 시설 및 조리 작업할 때 현장중심의 안전교육 미흡, 조리종사원의 부주의 등이 꼽힌다. 현재까지 단체급식소에서 빈번하게 발생하는 안전사고 종류는 근골격계 사고, 화상 사고, 낙상 사고, 절단 사고, 화재 사고, 전기기구에 의한 사고 등이다.

안전사고를 효과적으로 예방하기 위해서는 급식소에서 자주 발행하는 사고의 종류와 위해의 원인을 파악하고 이에 대처하는 안전한 환경 및 설비여건을 갖추며, 체계화된 안전교육을 반복함으로써 인적 실수를 줄일 수 있어야 한다.

1) 안전사고 유형별 위험요소 및 예방대책

(1) 근골격계 사고

■ 주요 요인

- 과도한 힘과 부자연스러운 작업자세에 의하여 목, 어깨, 허리, 팔, 다리의 근육, 신경 및 뼈에 부상이 발생

■ **예방법**

- 물건을 운반하기 전에 장애물이 없는지 확인하고 장애물을 먼저 치운다.
- 너무 무거운 물건은 기구를 사용하거나 다른 사람과 같이 구령에 맞춰 움직인다.
- 물건을 운반할 때 허리를 펴는 바른 자세를 취한다(그림 7-7).
- 물건이 가득 찬 상자를 두 개 이상 포개어 운반하는 경우 운반자의 시야를 가리거나 상자가 미끄러져 떨어질 수 있으므로 하나씩 운반한다.
- 물건을 운반할 때 방향을 갑자기 돌리면 허리를 다칠 수 있으니 주의한다.
- 물건 가까이 허리를 펴고 웅크리고 앉아 무릎을 구부리고 물건을 잡은 뒤 다리 힘으로 들어올린다(그림 7-8).
- 대상물을 정확하게 놓아야 할 경우 먼저 내려놓고 위치를 조정한다.

[그림 7-7] 바닥에 있는 물건을 들어 올리는 순서

출처: 한국산업안전보건공단

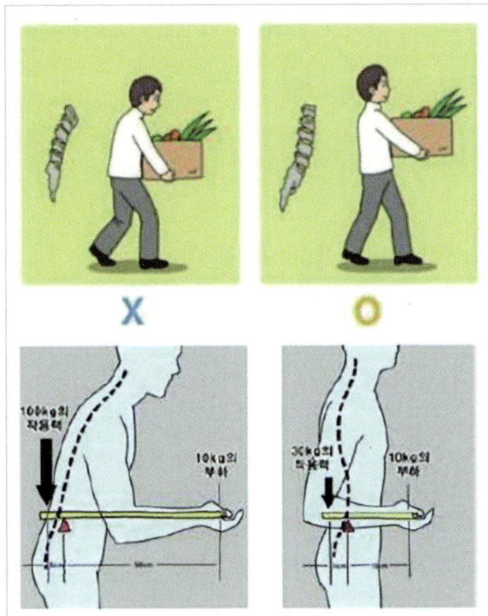

[그림 7-8] 허리를 펴는 바른 자세의 중요함

출처: 한국산업안전보건공단

(2) 화상 사고

■ **주요 요인**

- 뜨거운 국, 튀김용 기름, 조리기구의 뜨거운 표면 접촉

■ **예방법**

- 뜨거운 팬이나 조리기구를 옮길 때에는 젖은 행주나 앞치마를 사용하지 말고 마른 행주나 두꺼운 장갑을 사용한다.
- 뜨거운 물이나 기름을 사용할 때에는 그릇 손잡이를 안쪽으로 향하게 하여 지나다니다가 건드려서 쏟지 않도록 주의한다.
- 뜨거운 솥이나 냄비의 뚜껑을 열어야 할 때에는 사람이 없는 쪽으로 김이 나가도록 열어야 한다(그림 7–9).
- 뜨거운 음식이나 물이 넘치지 않도록 음식이나 물을 끓일 때는 솥의 70–80%만 채운다.

• 손잡이가 긴 국자나 도구를 사용하도록 하고 사용한 후 국자의 자루 부분을 사람들이 다니지 않는 쪽으로 돌려놓는다.
• 냄비를 옮길 때에는 미리 옮길 장소를 마련하고, 뚜껑을 열어 뜨거운 김을 뺀 후 옮긴다.
• 뜨거운 기름에 물이 떨어지지 않도록 한다.

[그림 7-9] 뚜껑을 열 때는 사람 없는 쪽으로

출처: 한국산업안전보건공단

(3) 낙상 사고

■ **주요 요인**

• 바닥의 물기 및 기름기, 음식찌꺼기가 있는 바닥, 부적절한 조명, 트렌치, 청소용 호스

■ **예방법**

• 주방 바닥은 미끄럽지 않은 재질을 사용하고, 바닥이 패이거나 부서진 곳이 없도록 한다.
• 신발 바닥이 닳아서 미끄러우면 새것으로 교환한다.
• 바닥에 기름기나 물기가 있거나 음식물이 떨어지면 즉시 청소해야 한다.
• 계단과 복도는 항상 밝게 유지한다.

- 바닥이나 통로에 물건, 배관, 전기줄 등이 방치되어있지 않도록 한다.
- 높은 곳에 물건을 둘 때는 안정적인 위치에 보관, 높은 곳에서 물건을 올리거나 내릴 때는 안전 사다리를 사용한다.
- 앞을 볼 수 없을 정도로 물건을 많이 나르지 말고, 아무리 바빠도 작업장에서 뛰지 않도록 한다.

(4) 절단 사고

■ **주요 요인**

- 칼, 야채절단기, 블렌더, 분쇄기, 기구의 날카로운 모서리

■ **예방법**

- 칼을 사용할 때는 항상 도마를 사용하고 도마 밑이 움직이지 않도록 한다.
- 칼은 수시로 갈아서 잘 드는 것을 사용하고, 안전한 방법으로 썬다.
- 칼을 사용할 때는 항상 칼날이 안쪽으로 향하게 하고, 바닥에 떨어지지 않게 주의하며, 스치고 지나가면 위험하므로 조리대 끝에 두지 않는다. 칼이 떨어질 때 손으로 잡아서는 안 된다.
- 칼은 용도에 맞게 사용하며, 깡통을 따거나 박스를 열기 위해 칼을 사용해서는 안 된다.
- 절단기구에 식품을 넣을 때는 도구를 이용한다.
- 칼을 사용한 후에는 비누거품이 많은 싱크대에 넣어두지 말고 물기 없이 잘 정돈하여 정해진 보관 장소에 두어야 한다.
- 스테인리스 기구의 모서리 마감에 날카로운 면이 없도록 한다.
- 사기나 유리그릇이 깨졌을 때에는 손으로 줍지 말고 청소 용구를 사용하도록 하며 반드시 종이에 싸서 버리도록 한다.

식품을 잡는 손 모양 | 도구를 이용한 식품 절단 | 칼을 싱크대에 넣어두지 말 것

[그림 7-10] 절단 사고 예방법

출처: 한국산업안전보건공단

(5) 화재 사고

■ **주요 요인**

- 가스 연결 부위의 노후한 호수 등

■ **예방법**

- 조리 시 느슨한 소매나 앞치마 끈에 불이 붙지 않도록 주의한다.
- 가열기구 근처에 가연물질을 두지 않는다.
- 낡은 전선이나 손상된 전선을 수리한다.
- 청소할 때 전기기구에 물이 들어가지 않도록 한다.
- 지정된 장소에서만 흡연을 하고 꽁초는 재떨이에 버린다.
- 소화장비는 정기검사로 관리하고, 평소에 사용법을 잘 익혀두며, 눈에 잘 뜨는 곳에 둔다.

소화기의 종류

- A급 : A급 화재(나무, 종이, 옷, 플라스틱의 화재)경우에만 사용함
- AB급 : A급 화재와 B급 화재(기름, 액체쇼트닝, 인화성 액체의 화재)에 의한 경우에만 사용
- BC급 : B급 화재와 C급 화재(전기, 모터, 스위치, 낡은 전선 등의 화재)에만 사용
- ABC급 : A급, B급, C급 화재에 모두 사용, 국내에 보급되어 있는 분말소화기는 대부분 질식 소화작용을 원리로 한 ABC급(약제, NH4H2PO4) 소화약제

소화기 사용요령

① 손잡이를 잡고 화재 현장으로 운반한다.
② 바람을 등지고 화재 지점으로 접근한다.
③ 안전핀을 뽑는다(손잡이를 누른 상태로는 잘 빠지지 않으니 침착하게 한다).
④ 호스걸이에서 호스를 잡고 끝을 불쪽으로 향한다.
⑤ 가위질하듯 손잡이를 힘껏 잡아 누른다.
⑥ 불의 아래쪽에서 비를 쓸 듯이 차례로 덮어 나간다.
⑦ 불이 꺼지면 손잡이를 놓는다(약재 방출이 중단된다).

[그림 7-11] 소화기의 종류 및 사용요령

조리원안전교육		결재	담 당	교 감	교 장
교육일시	20 년 월 일(요일)	교육 장소	급 식 실		
교육주제	■ 재해안전교육 -자주발생되는 재해	교육실시자			
교육참석자 명 단					

□ **자주 발생되는 재해- 미끄러짐**

○ 조리실 물청소 작업 중 세제 및 기름기 등 이물질에 의해 미끄러지면서 넘어짐
○ 조리실내 그릇을 운반하던 중 바닥에 있는 야채를 밟으면서 미끄러져 전도
○ 식판의 바닥을 세척작업 하던 중 바닥의 이물질에 의해 미끄러지면서 전도
○ 조리실에 있는 배수구의 덮개가 열려있는 곳을 밟으면서 넘어짐
○ 조리실내 이동 중 바닥의 고무호스에 걸려 넘어짐
○ 식자재 창고에서 식자재를 꺼내던 중 창고에 있던 박스에 걸려 넘어짐
○ 냉동보관실에 들어가 육류제품 재료를 꺼내던 중 바닥의 얼음에 미끄러짐
○ 주방 내 냉장고에서 음식물을 꺼내고 문을 닫던 중 중심을 잃고 넘어짐

☞ **재해예방법**

○ 걸려 넘어지거나 미끄러운 위험 발견 시 감독자에게 즉시 보고
○ 주방 내 바닥에 이물질이 있는 경우 즉시 제거하고 조리작업 전후 및 수시로 주방바닥 상태가 청결히 유지되도록 관리
○ 주방 내 바닥에 배수구 커버, 카펫트, 호스 등으로 전도 위험이 없도록 수시 체크
○ 식자재창고 및 냉동 보관실 등을 출입하는 경우 반드시 바닥의 이물질 및 안전통로 확보여부를 확인한 후 작업을 실시
○ 부득이하게 주방바닥이 미끄러운 경우 전도 위험을 알리는 안전표지 등을 게시

□ **자주 발생되는 재해내용 -화상**

○ 조리실에서 후라이팬으로 조리를 하던 중 뜨거운 팬에 팔꿈치가 접촉되어 화상
○ 주방 내 청소를 위해 성분이 강한 세제로 고무장갑을 끼고 청소작업을 하던 중 고무장갑의 미세한 구멍으로 세제가 유입되어 손에 화상
○ 오븐 후드를 오븐 크리너(수산화나트륨 성분)를 이용하여 청소하던 중 팔에 접촉되어 피부가 괴사되는 화상
○ 주방 내 바닥청소를 위해 세제를 뿌리고 청소작업 중 눈과 얼굴에 세제가 튀어 화상
○ 끓는 물통을 내리던 중 물통을 놓치면서 화상 / 조리중인 냄비가 엎질러지면서 발등 화상
○ 기름으로 튀기는 조리작업 중 얼굴과 손에 기름이 튀어 화상

☞ **재해예방법**

○ 뜨거운 버너로부터 각종 조리용 용기의 손잡이를 이격시킴
○ 뜨거운 조리용 용구나 물체를 다루는 경우 반드시 보호 장갑을 착용
○ 뜨거운 물이나 기타 액체가 담긴 그릇의 뚜껑을 여는 경우 천천히 연다.
○ 뜨겁게 가열된 기름에 물 등 기타 액체성분이 유입되어 기름이 튀지 않도록 주의
○ 각종 세제를 사용하기 전에 MSDS 및 기타 용기상에 표기된 주의 사항 숙지
○ 고무장갑 등을 착용하고 세제를 다루는 경우 반드시 착용 전 장갑의 이상 유무 확인
○ 주방청소용 세제용기는 별도의 보관 장소에 보관하고 경고표시등을 게시

[그림 7-12] 안전사고 예방을 위한 안전보건 교육안(학교급식의 예)

2) 재해의 보상

(1) 산업재해의 정의

산업재해보상보험법 제5조에 의거 "업무상의 재해"란 업무상의 사유에 따른 근로자의 부상 · 질병 · 장해 또는 사망을 말하며, 당연적용사업장에서 산재보험 미가입과 근로자의 과실과는 상관없이 근로자는 업무상의 사유로 4일 이상의 요양을 요하는 사고나 부상, 질병, 사망한 경우에는 산재법의 재해보상을 받을 수 있다. 여기서 "근로자"란 직업의 종류와 관계없이 임금을 목적으로 사업이나 사업장에 근로를 제공하는 자를 말한다.

(2) 산업재해 신청 및 처리방법

안타깝게 업무상 재해를 당했을 경우 근로복지공단에서는 산업재해로부터 근로자와 그 가족을 위해 산재보상서비스(요양/보상)를 제공하고 있으며 신청절차는 다음과 같다.

1. 요양급여신청서를 아래 첨부물과 함께 의료기관, 사업장, 사업장 관할 근로복지공단 지사에 1부씩 제출한다.
   - 요양 중인 병원의 초진소견서 및 진단서
   - 동료진술서 또는 목격자 진술서
   - X-Ray, CT, MRI 필름 또는 CD복사물, 의무기록사본 등
   - 급여명세표, 통장사본
2. 재해발생경위에 대한 검토
3. 산업재해가 명확한 경우 7일 이내에 요양승인 결정 후 통보

4 산업재해 요양비, 휴업급여, 장해급여 등의 산재보상

- **요양비**: 진찰, 약제, 치료제 지급, 처치, 수술, 입원, 간호, 이송에 소요되는 비용 포함
- **휴업급여**: 요양으로 인하여 취업하지 못한 기간에 대하여 평균임금의 70% 지급

  평균임금 = 일당 × 통상근로계수(0.73)
  휴업급여 = 평균임금 × 휴업일 × 0.7
- **장해급여**: 더 이상 치료방법이 없게 된 상태에서 정신적 또는 신체적 결손이 남게 되는 경우 그 장해로 인한 노동력 소실 보전을 위해 지급하는 급여

7장 실습서 작성

급식실 안전·보건 점검표

급식인원		점검자	소 속	
점검일자	20 . . ( )		직·성명	

※위반여부 체크: 실태를 파악하기 위한 것으로 판단에 따라 양호〈O〉 또는 불량〈X〉으로 표시하되, 경미한 정도는 X로 표시

항목		점검내용	위반여부	문제점	계선할 내용
안전관리상태	넘어짐 위험	1. 바닥의 물·기름·물때 등으로 인해 미끄러질 위험 여부			
		2. 통로 확보 및 통행로에 물품 적재·방치 여부			
		3. 장애물(문턱·배관·패인곳 등)로 인해 넘어질 위험 여부			
		4. 조리장·계단·통로에 적정한 조명 설치 여부			
		5. 계단에 난간 설치, 답단 끝에 미끄럼 방지 조치 여부			
		6. 미끄럼방지용 안전장화·작업화 등 착용 여부			
	감김·끼임 위험	7. 재료운반대차 및 배식차에 끼일 위험 여부			
		8. 양념재료(마늘·파·양파 등) 분쇄기·절단기에 말려들 위험 여부			
		9. 기계의 회전체(벨트·체인·날개 감김 등)에 방호덮개 설치 여부			
		10. 리프트, 덤웨이터의 안전한 사용 여부 – 사람 탑승금지 조치, (출입)문이 열린 상태에서는 동작이 안 되도록 조치되어 있는지 여부 – 사용중량, 경고표지 부착 여부 등			
	절단 베임 위험	11. 절단기·분쇄기 칼날 부위에 베임방지용 덮개 설치 여부			

항목		점검내용	위반여부	문제점	계선할 내용
		12. 칼날 등에 베일 위험을 방지하기 위한 조치 여부			
	감전 위험	13. 전기 기계 · 기구에 감전예방용 접지 상태 여부			
		14. 누전차단기 설치 및 월1회 이상 동작 점검 여부			
		15. 전선의 노후화 또는 피복손상, 심하게 구부러짐 여부			
	기타 위험	16. 급실식 후드청소 등의 작업 시 추락할 위험 여부			
		17. 기타 각종 위험요인으로부터 근로자 보호 조치 여부			
보건관리상태	고온다습환경관리	18. 고온 스팀 사용장소에 "고온경고" 또는 "화상주의" 표지 게시 여부			
		19. 뜨거운 용기 취급시 방열장 갑 또는 보조집게 사용여부			
		20. 조리실 등 고온다습하고 환기가 불충분한 장소에 적정한 환기, 통풍, 냉방시설 설치 및 관리여부			
	화학물질관리	21. 물질안전보건자료(MSDS) 의 게시(비치) 및 교육 여부			
		22. 취급용기 및 포장에 MSDS 경고 표지 부착 여부			
		23. 세제, 청소제 등 화학물질 취급 시 고무장갑 등 적정 보호장구 착용여부			
	근골격계질환예방	24. 근골격계부담작업 유해요인 조사 실시여부			

항목		점검내용	위반여부	문제점	개선할 내용
		25. 근골격계질환 예방을 위해 인력 작업 보조설비 및 편의 설비 등 작업환경 개선 여부			
		26. 근골격계부담 종사자에 대한 유해성 주지(교육 등) 적정성			
		27. 중량물 안내포스터 부착 유 – 5kg 이상 물체를 중량물로 취급			
		28. 작업전·후 스트레칭 실시 및 적정 휴식시간 배분 여부			
		29. 운반작업시 적정한 양 운반, 2인 1조작업 또는 이동식 대차 등 운반보조도구 사용여부			

CHAPTER 08

시설 및 설비관리

1. 시설·설비 관리의 개요
2. 시설·설비 관리의 계획
3. 급식소 시설 및 설비 관리
4. 급식소 기기 및 집기류 관리

학습목표

1. 시설·설비 설계 계획 시 검토사항을 설명할 수 있다.
2. 급식소의 설계에 필요한 작업공간의 위치 선정에 대해 설명할 수 있다.
3. 급식소의 작업구역별 공간 구분을 설명할 수 있다.
4. 급식소의 급수·배수 및 환기설비에 대해 설명할 수 있다.
5. 급식소의 열원, 냉·난방, 조명, 바닥, 천정, 창문, 내벽에 대해 설명할 수 있다.
6. 급식소 기기 및 집기류 관리요령에 대해 설명할 수 있다.

1. 시설 · 설비 관리의 개요

급식에 있어 시설은 작업의 공간과 각종 기기들을 의미하며, 설비는 급·배수, 열원, 환기, 조명, 냉·난방 등을 말한다. 급식의 시설·설비 관리는 안정, 위생, 경제적인 능률 등을 기반으로 계획단계부터 사전에 반드시 계획되어야 한다. 급식관리자 영양사는 효과적이고 효율적인 급식 운영이 이루어질 수 있도록 급식소의 설계부터 조리기기의 구입과 시설 등을 잘 파악하여 적극적으로 활용하고 유지·관리도 해야 한다. 또한 급식시설·설비의 관련법규는 식품위생법의 집단급식소 시설기준, 학교급식법 시행규칙의 급식시설 세부기준을 준수해야 하며 법령의 제시한 시설기준에 설치 운영되고 있다.

급식시설·설비는 HACCP 실시가 가능한 시설·설비를 갖추어 설계에서부터 구체적으로 계획되어야 한다. 또한 급식소의 대상 및 급식소의 위치, 급식의 유형, 재공하는 메뉴, 예산, 규모, 종업원의 복지시설, 관련법규 등을 고려해야 한다. 급식소의 위치는 위생적인 면을 고려하여 지층이 아닌 지상층으로 채광, 통풍, 환기, 식재료 반입, 배출 등 운반에 편리한 곳이 유리하다.

2. 시설 · 설비 관리의 계획

급식시설은 설계 단계부터 조리실과 식당의 배치, 면적 음식의 생산과 서비스에 따라 설계되어 경제성, 안정성, 능률적인 작업, 위생관리 등이 반영되어야 한다.

효율적이고 효과적인 급식시설 설계에 있어 우선 고려해야 할 사항은 다음과 같다.

1) 유연성	급식실의 새로운 기기 구입 시, 또는 식수인원의 증가로 인하여 설비·기기의 설치 대처 능력이 있어야 한다.
2) 단순성	급식소의 기구가 사용 시 복잡하거나 청소 시 복잡하거나 하다면 위생적으로 관리하기가 어려워진다.
3) 감독의 용이성	급식소의 공간 배치가 잘되어 있다면 종사자 간에 의사소통이 수월하여 작업의 흐름이 원활해져 생산성이 높아진다.
4) 위생관리의 용이성	위생적으로 시설·설비가 되어 있다면 청소나 세척이 용이하여 식중독 사고를 미연에 예방할 수 있다.
5) 공간의 효율성	작업구역의 공간이 효율적으로 배치가 되어야 한다.(예: 오븐기 사용 시 트레이를 꺼내어서 작업할 수 있는 공간)
6) 작업의 원활한 흐름성	식재료의 검수단계부터 작업의 흐름이 원활하게 차례대로 이루어질 수 있도록 계획이 되면 작업의 능률이 증대된다.

급식소의 증·개축이나 신설을 할 시에는 급식소 환경의 변화에 따라 시설·설비을 계획하여야 하며 급식소의 규모 및 예산, 급소의 유형, 대상, 메뉴, 식재료 형태(전처리식재료 사용 등), 배식형태, 식단의 면적(좌석 회전율), 설비조건(열원, 냉·난방, 급·배수, 환기 등), 관련법규, 종업원의 복리후생시설 등을 면밀히 고려하여야 한다.

또한 급식소 설계 시 설계원리와 식품위생법, 건축기본법, 건축소방법, 노동안전법 등 관련 법규도 함께 고려되어야 한다(그림 8-1). 설계도면에 사용되는 설비 및 기기 기호는 안내는 [그림 8-2]에 정리하였다.

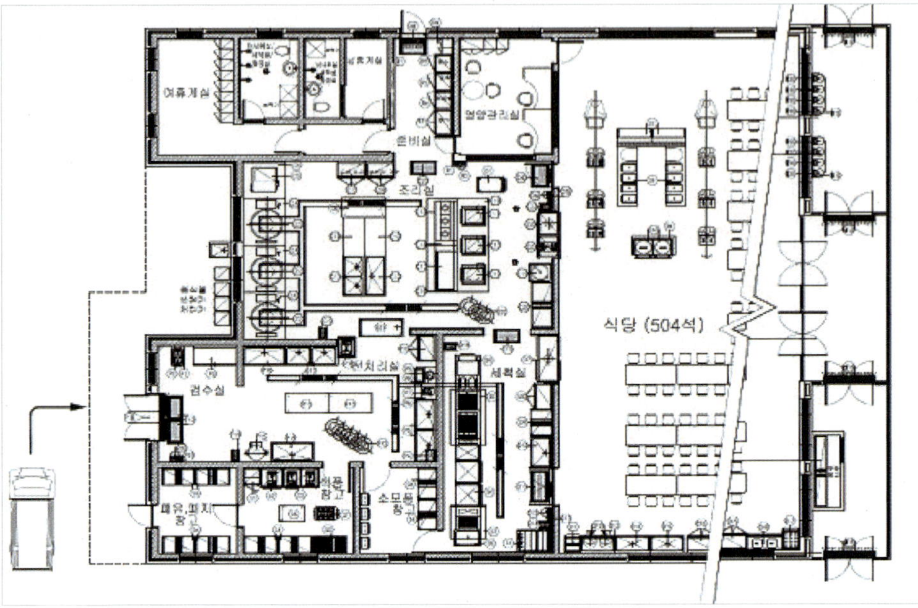

도면

3D(정면)

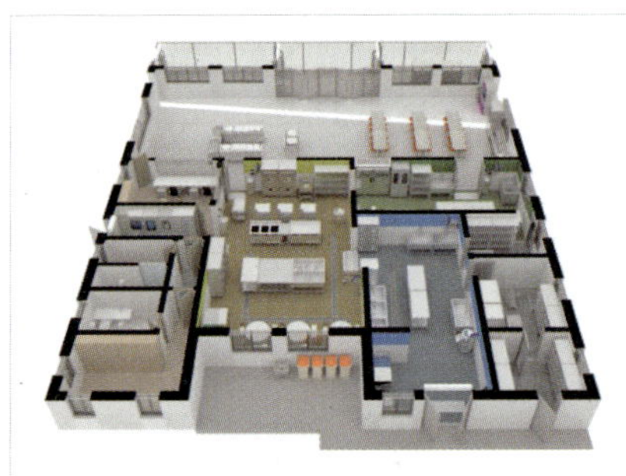

3D(측면

[그림 8-1] (예시: 학교급식 설계 500명 기준)

출처: 경상북도교육청(2019, 학교급식 현대화 가이드북)

[그림 8-2] 설계도면에 사용되는 설비 및 기기 기호 안내

도면	기 호	이 름	기 호	이 름	기 호	이 름
공통	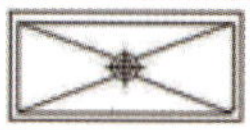	1조세정대		2조 세정대		3조 세정애
		손세정대	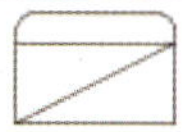	손소독기		발판소독기
		자동호스릴	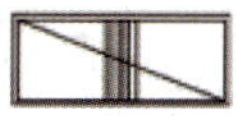	식기선반	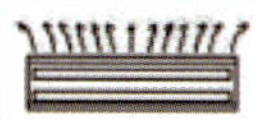	에어커튼
		작업대/이동식		건조대/이동식		
전 처리실		양념분쇄기 (MN-1나.		야채절단기 (HMV, RG)		TRS
		감자탈피기		공기방울세미기	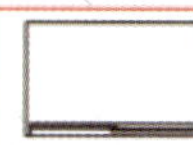	기기류받침대
		전자저울				
조리실		가스회전식 국솥,볶음솥		가스회전식 국솥, 볶음솥 (온도조절, 송풍)		전기회전식 국솥
		가스자동밥솥		전기자동밥솥		무압력취사기
	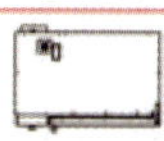	전기취반기	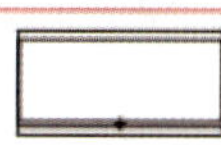	가스부침기	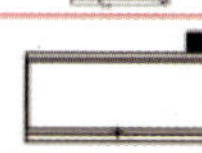	전기부침기
		오븐기		가스 테이블렌지	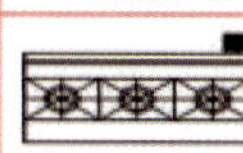	전기 테이블렌지
		가스 낮은렌지	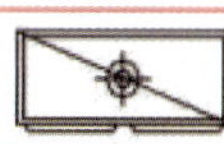	전기식기 소독고	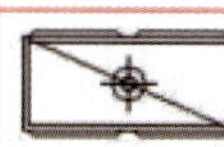	양문형 전기식기 소독고
		냉장고		양문형냉장고	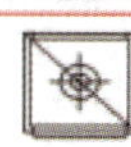	온장고
		양문형온장고		냉동냉장고		자외선(복합) 소독기

도면	기 호	이 름	기 호	이 름	기 호	이 름
	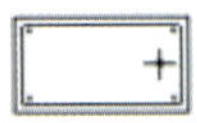	무침기		소쿠리 튀김운반카		배기후드
세척실		수류담금 세정대		식기세척기		
		밥, 반찬배식대	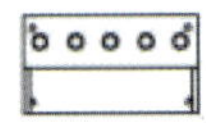	수저식판 배분대	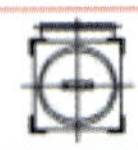	국보온운반카
식당		수저회수카	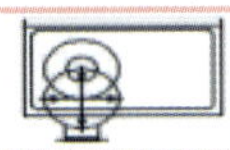	잔반처리대 잔반통		자외선컵소독 회수통
	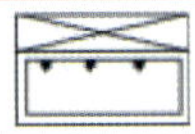	음수대	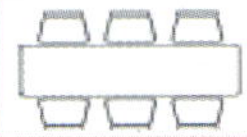	식탁+의자		
준비실 (전실(	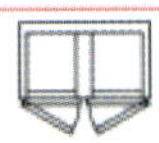	신발장		장화소독기		위생복살균기
		배전함		세탁기		
식품창고 외	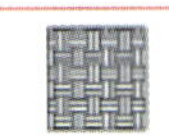	파렛트 (PVC)	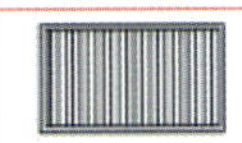	스텐파렛트		엘형운반카
영양 관리실 휴게실외		컴퓨터책상		의자	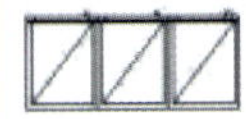	옷장(락커)
	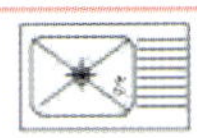	계수대		세면대	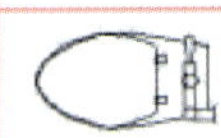	변기

출처: 경상북도교육청(2019, 학교급식 현대화 가이드북)

1) 급식소의 구획·구분

급식소의 조리장 설계는 작업구역별 공간 구분하여 올바른 작업의 흐름이 되도록 제시하여야 한다(그림 8-3).

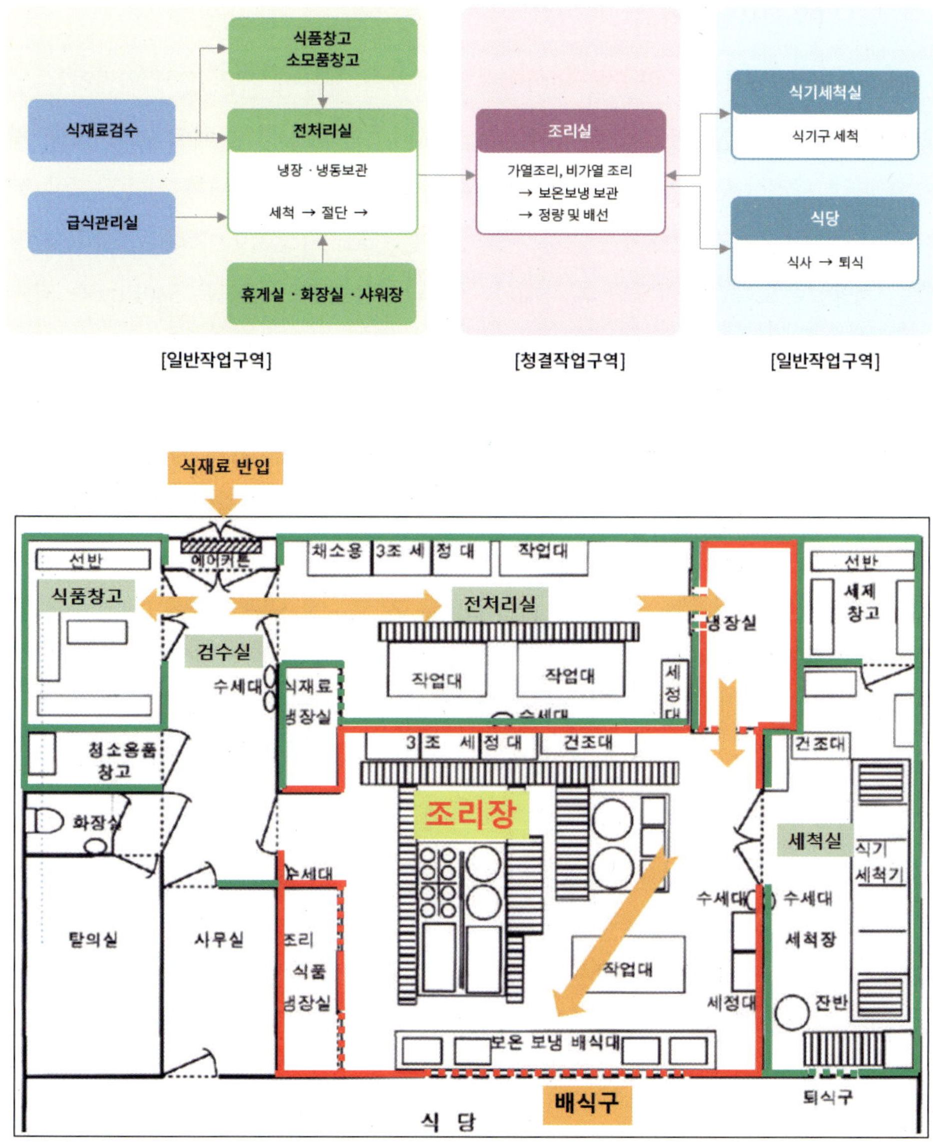

[그림 8-3] 급식의 작업의 흐름도 및 작업구역별 공간

출처: 서울시교육청학교보건진흥원, 경상북도교육청(2019, 학교급식 현대화 가이드북)

(1) 검수 · 저장구역

검수구역은 식재료의 반입이 용이하도록 차량의 접근이 쉬운 곳에 위치하는 것이 좋다. 검수공간의 면적은 급식시설의 규모와 1회 배송량과 배송방식, 배송 횟수에 따라 다르므로 정확한 검수가 신속하게 이루어질 수 있도록 설계되어야 한다. 검수를 실시하기 위해서는 검수대의 높이는 60㎝ 이상이어야 하며, 검수에 필요한 저울, 온도계 등 필요한 기자재가 구비되어야 한다. 조명은 540Lux가 되어 각종 이물질 없음을 확인할 수 있는 밝기가 되어야 하고, 바닥은 청소가 용이하도록 설계가 되어야 한다. 납품업자가 식재료를 반입하기 위하여 검수실로 들어오는 과정에서 곤충 및 이물질 등의 유입을 막기 위해 출입문 위에 에어커튼을 설치하여야 한다. 검수실 출입구 입구에는 작업자의 전용 신발로 갈아 신기 위한 신발장, 발판 소독조를 갖추고 손 세정대를 설치하여야 한다.

검수를 마친 식재료는 냉장 · 냉동고와 식품 저장실에 보관하여야 한다. 식품저장실은 검수실과 조리실 사이에 위치하는 것이 작업의 효율에 좋으며, 같은 동일층에 검수장소, 저장실, 전처리실, 조리실이 배치되어야 한다.

저장실은 면적은 일일 식수인원과 메뉴의 종류, 급식횟수, 식재료 배달 빈도, 재고회전율 등에 따라 결정되어 진다. 최근에는 전처리 식재료, 가공식품, 반조리식품의 활용이 높아져 냉장 · 냉동고의 면적이 넓어지는 경향을 보이고 있다. 일반식품 저장실의 선반은 바닥과 벽면에서 15㎝ 이상 떨어지게 두어 습기와 열기로부터 식재료의 상태 변화를 막을 수 있도록 설계되어야 한다. 식품 저장고에는 온도계와 습도계를 비치하고, 온도는 15~25℃을 습도는 50~60%를 유지하여야 한다. 세척용품이나 소독제는 따로 분리 보관하여야 하며 같이 보관하여서는 않된다.

(2) 전처리실구역

전처리실은 준청결구역으로 조리 이전에 입고된 식재료로 1차 처리가 안 된 식재료가 선입되므로 위생상태를 유지하기 위해 다듬고 세척하는 작업을 반드시 구분하여 채소처리 구역과 어·육류 처리구역으로 구분하여 설계하는 것이 바람직하다. 전처리와 세척 등으로 조리의 준비작업을 하는 공간으로 조리실과 저장실 사이에 위치하는 것이 좋다. 전처리 실에서 필요한 기기는 세미기, 작업대, 싱크대, 냉장·냉동고, 절단기, 다짐기, 박피기 등이 있다. 특히 모든 기기류는 스테인리스로 사용하는 것이 위생적이다. 또한 전처리실에는 물을 많이 사용하므로 배수가 잘되어야 하며, 청소도 용이하고 건조도 잘 되어야 하며, 조명은 220Lux 이상이 되어야 한다.

(3) 조리구역 · 배선구역

조리실과 배선실은 청결구역으로 전처리실에서 조리실로 이동 시에는 출입문 위에 에어커튼을 설치하여 이물질이나 해충 등의 유입이 되지 않게 하여야 한다. 조리실에서는 가열 작업이 인해 열과 증기, 기름기 등의 오염물질이 청소가 잘되는 재질로 시공되어야 하며, 물을 많이 사용하는 장소로써 물이 고이지 않고 배수와 배기가 잘 되어야 한다.

조리실은 가열식품 영역, 비가열식품 영역으로 분리하고, 가열식품의 경우에는 배기량을 고려하여 배치한다. 조리실의 면적은 급식인원수, 작업자의 수와 동선, 메뉴 유형에 따라 달라진다. 조리기기의 배치는 작업의 순서에 따라 배치를 하여야 작업자들의 보행거리나 보행 횟수가 절감이 된다. 또한 동선이 사로 교차되지 않게 하며 작업면의 높이는 작압자의 신장, 작업 종류를 고려하는 것이 바람직하다. 또한 작업대의 배치는 U자형, L자형, 일렬형 3가지가 있다. U자형은 넓은 공간에서 많은 종업원들이 동시에 작업을 할 수 있으며, L자형은 좁은 공간에서 작업대를 편리하게 쓸 수 있다. 일렬열에는 이중붙임형(back-to-back)과 평행형은 효율적으로 널리 이용되고 있다.

조리실 바닥은 미끄럽지 않은 재질을 사용하여 낙상을 방지하고, 조도는 350~400Lux가 되어야 한다. 배선구역은 음식을 그릇이나 바트에 담는 곳으로 조리구역와 배식구역 사이에 위치하는 것이 바람직하며, 배선구역의 면적은 급식소의 크기와 유형에 따라 다르다. 조리 기기 · 기구 선정 시 유의사항(표 8-1)은 다음과 같이 제시하고 있다.

<표 8-1> 조리 기기·기구 선정 시 유의사항

구분	유의사항
처리능력	• 급식 인원수를 고려하여 적정량을 처리할 수 있어야 하며, 주어진 시간 내에 목적하는 작업을 완료할 수 있을 것
내구성 및 관리 용이성	• 기구의 수명을 고려하고, 체위에 알맞게 사용이 편리하고 관리 방법이 용이할 것 • 위생적으로 세척 · 소독이 용이한 구조이며, 재질은 녹이 슬지 않는 스테인리스스틸 27종으로 할 것
경제성	• 작업 목적에 부합되며 기본적으로 필요할 것 • 효용가치와 사용 빈도가 높고, 인력절감 또는 시간 단축에 효과가 있을 것
안전성	• 재질의 안전성(녹, 환경호르몬 검출 등)을 고려할 것 • 압력용기, 가스용기 등은 안전성을 보증하는 허가를 취득한 제품일 것

출처: 교육부(2021, 학교급식 위생관리 지침서 5차 개정)

(4) 배식구역

급식시설에서 종사자들이 고객에게 음식을 배식하거나 고객들이 음식을 직접 자신의 식판에 담는 공간이다. 배선차량을 이용할 경우에는 급식시설 내 엘리베이터나 덤웨이터(dumbwaiter)를 설치하는 것이 좋다. 또한 고객들에게 고품질의 급식을 제공하기 위하여 통풍과 채광 및 조도가 적당해야 하며 지하층은 피하는 것이 바람직하다. 식당의 면적은 고객의 수를 고려하여 1좌석당 바닥의 면적은 급식소의 형태나 식탁의 배치에 따라 달라질 수 있지만 일반적으로 1.2~1.7㎥(0.36~0.5평)의 범위내에서 계획되어야 한다. 식탁 배치 방법에 따라 평행형, 변화형, 사각형, 유동형의 4가지 유형이 있다. 이 중 평행형은 많은 사람을 수용할 수

있고, 변화형은 식사시간 이외의 시간에 회의장소로 활용할 수 있다. 유동형은 개성적이고 독특한 형태의 식탁으로 구성할 수 있고, 사각형은 외국의 식당에서 많이 볼 수 있다.

좌석회전율은 급식시간에 따라 달라질 수 있으나 이를 고려할 수 없으므로 일반적으로 대략 시간당 2.5회전이 적당하다. 식당은 정해진 시간 내에 다수의 이용자가 사용하므로 충분한 공간의 확보가 되어 있어야 한다. 특히 주요 통로는 이용자들이 서로 교차하는 곳이므로 120cm 이상의 간격이 되어야 하며, 부통로는 60~90cm, 보조통로는 40~60cm를 설계되어야 한다.

- **식당 면적 = (총 고객수 ÷ 좌석 회전율) × 1좌석당 바닥면적**
- **좌석 회전율 = 총 고객수 ÷ 좌석수**

예제)

예상 총 고객수 900명, 좌석수는 360석, 1좌석당 면적은 1.7㎡일 때, 필요한 식당의 면적을 계산하시오.

- 좌석 회전율 = 900 ÷ 350 = 2.5
- 식당 면적 = 900명 ÷ 2.5회전 × 1.7㎡ = 612㎡(185평)

(5) 퇴식 및 세척구역

퇴식구역은 식사를 끝내고 나가는 위치에 배치하는 것이 바람직하며, 식당으로 들어오는 사람들과 동선이 겹치지 않게 배치한다. 식사 테이블 장소와도 멀리 있어 소음이 들리지 않는 곳에 위치하여야 한다. 퇴식구에는 식기를 반납할 수 있는 퇴식용 랙(rack)이나 식판을 트레이 벨트 위에 올려놓으면 자동으로 세척실로 들어가는 자동 컨베이어 벨트 시스템을 사용하여 작업의 효율을 높이는 장점이 있다. 자칫 잘못하면 퇴식구는 지저분해 보여고, 급·배수가 잘되어야 하며 환기시설이 갖춰있어야 한다. 또한 세척구역에는 식기세척기에서 세척되어 나온 식판이나 식기류가 바로 식기 보관 소독고에 직접 보관할 수 있도록 설계가 되어 있어야 한다.

(6) (조리종사원) 휴게실 및 탈의실, 복리후생실

급식종사자들의 직무 만족을 위해서는 휴게실·탈의실이 갖춰져야 하며, 휴게실·탈의실에는 책상, 컴퓨터, 옷장 등이 배치되어 있어야 하며, 특히 전용 화장실이 있어 위생적으로 사용할 수 있어야 하며, 휴게실과 화장실은 같은 장소에 배치 설계되어야 종사자들이 편리하게 이용할 수 있다.

급식관리실은 영양사가 근무할 수 있도록 책상, 서류보관장, 컴퓨터 등을 갖춰야 하며 손세정대도 설치되어 있으면 위생적으로 활용할 수 있다. 급식관리실은 다음과 같은 구조로 설계되어야 한다.

- **근접성**: 검수실, 조리실, 식당 등 관리하기에 편리한 위치에 배치 설계되어야 한다.
- **가시성**: 조리실. 식당 등의 상황을 한 눈에 볼 수 있도록 하여 조리작업과정을 감독 및 관찰할 수 있고, 식당의 흐름을 볼 수 있도록 배치 설계하는 것이 바람직하다.
- **독립성**: 오픈되어 있는 공간이 아닌 영양상담이나 업무에 임할 수 있고 프라이버시가 충분히 보장되어 있는 곳으로 배치 설계되어야 한다.

3. 급식소 시설 및 설비 관리

급수·배수, 환기, 열원, 전기·가스, 냉·난방, 조명, 창문, 바닥·벽 등의 시설은 안전하고 위생적인 급식을 효율적으로 운영하기 위해 반드시 잘 관리·감독하여야 한다. 또한 급식종사자들이 작업 향상 능률을 위해서는 온·습도 및 조명도 잘 관리해야 한다.

1) 급수·배수

급식소에서 사용하는 물은 환경부의 「먹는물 수질기준 및 검사 등에 관한 규칙」 제2조의 먹는물 수질기준에 적합하여야 한다. 오연물을 사용할 경우에는 세균성 이질이나 식중독과 같은 질환이 집단 발생할 수 있으므로 수돗물을 사용해야 한다. 수돗물이 공급되지 않아 부득이 지하수를 사용할 경우 소독 또는 살균하여야 하며, 정기적인 수질검사 및 수질관리와 위생관리를 철저히 하여야 한다.

(1) 급수

급식소에서 사용되는 모든 물은 음용수 기준에 적합하여야 하며, 지하수를 사용할 경우에는 먹는물관리법에 따라 미생물학적 검사 월 1회 이상, 정기 수질검사는 1년에 1회 이상 실시하여야 하며, 최근에는 급식소에서 정수기를 설치하여 많이 사용하고 있는데, 정기적인 검사를 실시하고, 그 결과를 3년간 보존하여야 한다. 또한 급식소에서는 적절한 수압이 필요하며 다량의 물을 사용하므로 급수는 매우 중요한 설비 중 하나이다.

저수조의 경우 윗부분은 건축물 등으로부터 100㎝ 이상 떨어져야 하며, 그 밖의 부분은 60㎝ 이상 간격을 띄어야 한다. 건축물 또는 시설 외부의 땅 밑에 저수조를 설치하는 경우에는 쓰레기 · 분뇨 등의 유해물질로부터 5m 이상 띄워서 설치한다. 저수조는 잠금장치를 설치한다(저수조에 대한 청소 및 위생점검「수도법」시행규칙 제22조의3 제1항)

청소를 위한 온 · 냉수 호스는 통행에 지장이 없도록 릴 형태로 바닥면에서 2m 내외 높이 벽 상부에 견고하게 설치한다. 젖은 바닥에 놓여 있던 호스를 만져 손의 오염과 호스 외부의 젖은 물이 식품이나 물로 흘러 들어가지 않도록 호스걸이에 걸어서 바닥에 닿지 않게 하며, 노즐은 반드시 소독하여 사용한다(그림 8-4).

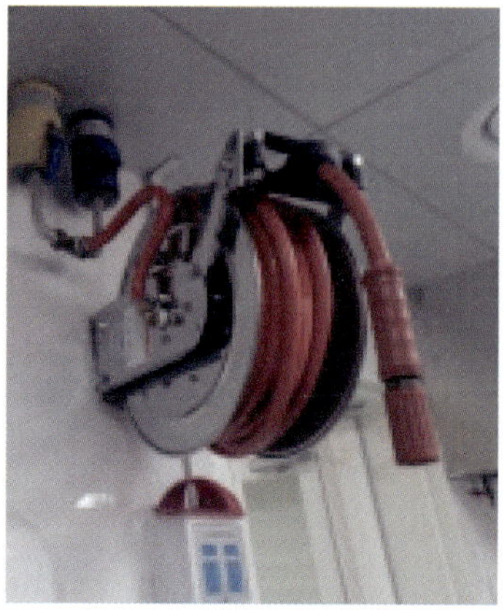

자동호스워터릴

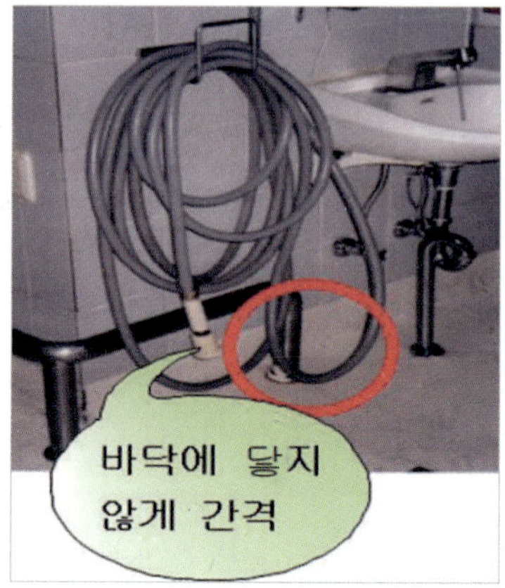

[그림 8-4] 올바른 호스 사용

출처: 식품의약품안전처(2022, 학교급식 환경개선 매뉴얼), 경상북도교육청(2019, 학교급식 현대화 가이드북)

급탕설비는 조리 및 세척단계에서 필요한 온수를 공급하기 위해 순간온수기나 온수 보일러를 사용하는 중앙식 급탕법으로 분류된다. 일정한 온도의 온수가 공급될 수 있도록 온도조절장치를 설치하여야 한다. 용도에 따른 온수 온도는 음료수 50~55℃, 조리용수 45~50℃, 기름기 제거시에는 70~90℃, 식기소독 및 세척기용은 90~100℃이다.

(2) 배수

급식소에서의 배수는 원활하게 잘 되도록 설비를 하여야 한다. 세척수가 세정대의 배수관을 통해 배수로에 바로 연결되도록 하여 바닥을 오염시키지 않도록 한다. 바닥면에 물 고임이 발생하면 급식종사자들이 이동 중에 발 걸림으로 넘어지거나, 안전·위생적이지 못하다.

배수구는 막힘이나 역류가 없도록 관의 크기와 구배(1/100)를 반드시 고려하여야 한다. 배수 트랜치는 깊이는 15㎝, 트랜치 테두리 두께는 5cm, 너비는 20㎝가 적당하며, 모서리 부분은 곡선이어야 청소하기가 용이하여야 한다. 배수로(트렌치) 설계 시 미끄럼 재해를 예방하기위해 그 면적을 최소화 하고, 배수로의 덮개는 표면에 타공 또는 무늬 강판 등 미끄럼방지 처리가 된 것을 사용한다. (그레이팅의 경우 표면에 요철이있는 것을 사용)

재질은 스테인리스 스틸판이 청결상태 유지에 좋으며, 트랜치 전체 틈새가 없이 설치해야 악취를 막을 수 있으며 잘못 설비된 배수로는 쥐, 해충, 세균 등이 침입으로 발생할 수 있으므로 시공할 때 방충, 방서, 방균 등의 주의하여야 한다. 트랜치 덮개는 청소가 용이하도록 쉽게 열 수 있고 무겁지 않은 구조로 하되, 휘거나 이탈되지 않도록 견고한 재질(스테인리스 스틸판 등)로 설치한다. 국솥이나 튀김솥 부분의 트랜치는 물을 쏟을 시에 배수구 밖으로 넘치지 않도록 넓이와 깊이를 고려하여 설치한다(그림 8-5).

또한 급식소의 구조상 조리실(청결구역)과 전처리실, 세척실(일반구역) 각각의 배수로는 연결되어 있지 않아야 한다.

배수관 트랩 형태의 설치는 하수관으로부터 악취가 나는 것을 방지하기 위해 직선형보다는 수조형, 곡선형을 많이 사용한다. 곡선형 트랩은 일반적인 배수에 적합하고 S자형, U자형, P자형, Bell 트랩이 있다(그림8-6).

그리스 트랩은 하수에 섞인 기름을 분리하는 장치로 기름이 하수관 내벽에 부착되어 관을 막아 역류하게 되는 현상 예방 · 정화조에 유입된 조리실 하수의 기름 성분으로 인한 환경오염 방지를 한다. 기름이 섞인 하수가 발생하는 공정이 있어 필요한 경우, 공정 다음의 배관에 연결 설치하는 것이 좋으나 악취 발생의 우려가 있으므로 조리장과 정화조 사이에 위치하도록 외부에 설치하는 것이 바람직하다. 또한 그리스 트랩은 청소가 용이한 구조로 설치하며, 조리장 내부의 그리스 트랩을 제거할 경우에는 배수로 끝에 찌꺼기 거름망을 설치해야 한다. 그리스 트랩에서 기름을 정치하여 기름과 물을 분리하여 처리하고, 부득이하게 조리장 내부에 설치할 경우 매일 청소를 하여 위생적으로 관리한다(그림 8-7).

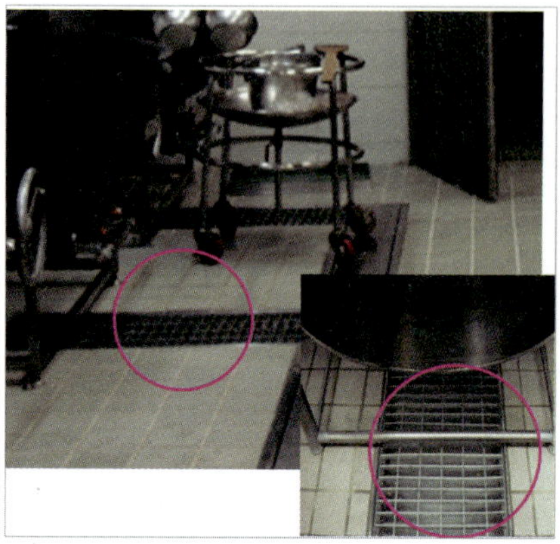

국솥 앞 트랜치

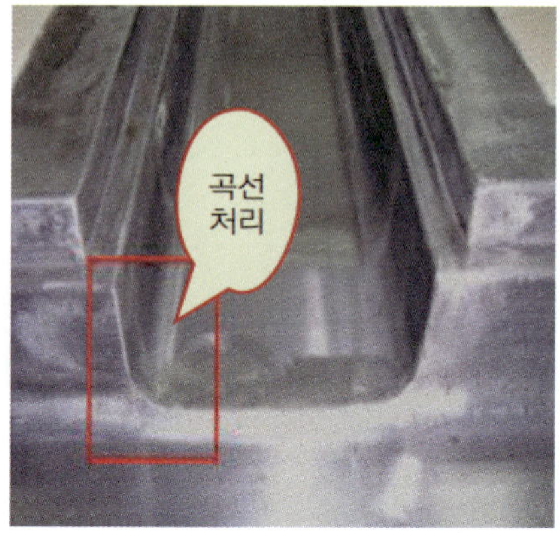

트랜치 모서리

바닥 연결부분 파손 방지를 위해 트렌치 주변
수지계 마감 처리

[그림 8-5] 트랜치

출처: 식품의약품안전처(2022, 학교급식 환경개선 매뉴얼), 경상북도교육청(2019, 학교급식 현대화 가이드북), 대전교육청(2017, SMART학교급식 시설개선 매뉴얼)

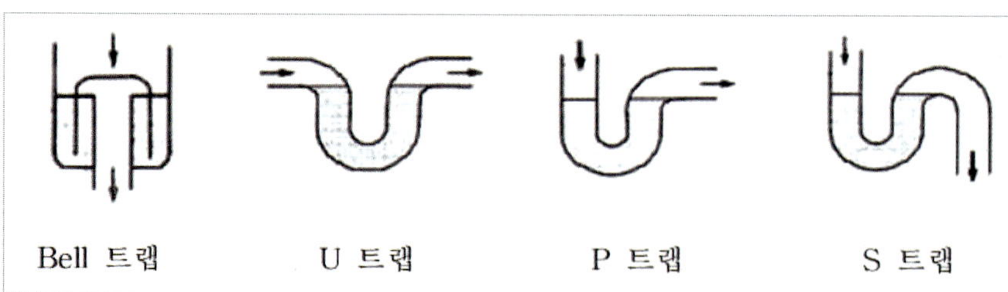

[그림 8-6] 트랩의 종류

출처: 한국산업안전보건공단(2012, 급식실 시설에 관한 안전지침)

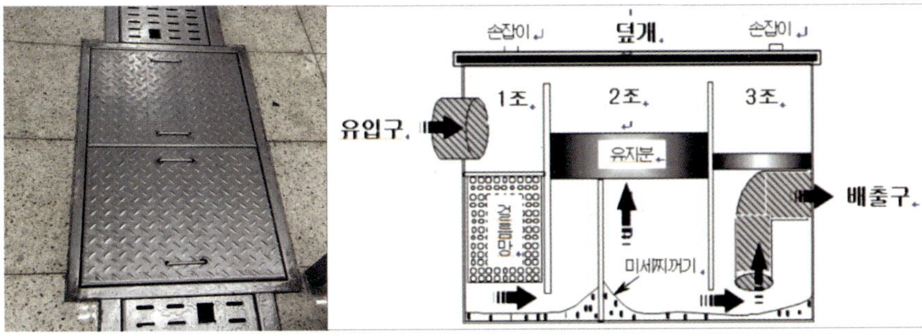

그리스 트랩 그리스 트랩 구조

[그림 8-7] 그리스 트랩 및 구조

출처: 경상북도교육청(2019, 학교급식 현대화 가이드북)

2) 환기설비(시설)

열을 사용하는 조리기구의 상부에 설치하여 작업 시 조리장 내에서 발생되는 증기, 가스, 불쾌한 냄새, 연기, 먼지 등이 조리장 내부에 퍼지지 않고 외부로 잘 배출되도록 하여야 한다. 조리장 내의 온도를 조절할 수 있는 충분한 환기시설 또는 공조시설을 갖춘다. 가스(일산화탄소 포함) 유출 등을 감지할 수 있는 필요한 장치를 반드시 설치하여야 한다.

공기의 흐름은 청결작업구역에서 일반작업구역 방향으로 흘러가도록 한다. 특히, 조리실과 상온창고, 전처리실, 식기세척실에 적절한 흡인력 있는 환기시설을 설치하고, 증기·열·연기 등이 많이 발생하는 조리기구 위에 급·배기 기능이 있는 후드를 설치한다. 외부에 개방된 흡·배기구 등에는 위생 해충 및 쥐의 침입을 방지하기 위해 방충·방서 시설을 설치한다.

(1) 후드(hood)

후드의 형태는 열기기보다 사방 15㎝ 이상 크게 하며, 스테인리스 스틸 재질로 제작하되 적정 각도(30° 정도)를 유지하도록 한다. 후드는 표면에 형성된 응축수, 기름 등의 이물질이 조리기구 내부로 떨어지지 않는 구조로 제작·설치한다. 후드의 몸체 및 테두리에 홈통을 만들어 흘러내린 물이 바닥 또는 조리기구 위에 바로 떨어지지 않도록 한다. 튀김기, 부침기 등 기름을 많이 취급하는 조리기구 위에 설치하는 후드는 청소가 용이한 구조로 하고, 기름받이 및 기름입자 제거용 필터를 설치한다(그림 8-8).

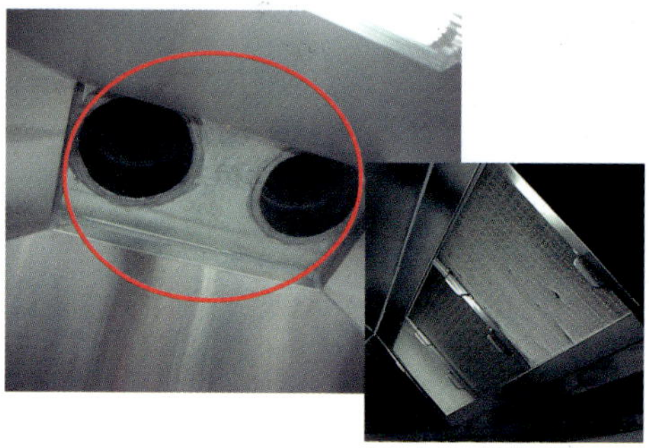

배기후드 거름망 설치

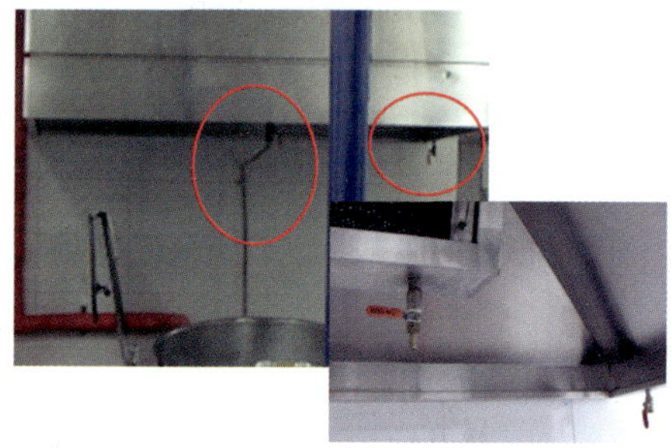

후드 테두리 물 흘러내림 방지

[그림 8-8] 올바른 배기용 후드 설치

(2) 덕트(duct)

덕트는 조리장 내의 증기 등 유해물질을 충분히 바깥으로 배송시킬 수 있는 크기와 흡인력을 갖추어야 한다. 덕트와 배기후드의 연결 시 외부의 오염물질이 유입되지 않도록 자동 개폐 시설을 설치하도록 하며 덕트의 모양은 각형이나 신축형보다는 원통형이 배기 효율성에서는 더 효과적이다. 후드와 연결되는 덕트는 천장공사 시공 전에 반드시 설치하여 가급적 천장 아래로 노출되지 않도록 한다(그림 8-9). 덕트는 스테인리스 스틸 등의 재질로 하되, 청소와 배기 배출수 관리를 철저히 한다. 급기덕트는 필터를 통해 급기 되도록 하고, 결로 방지를 위해 보온을 유지하도록 한다. 향후 급식소 설계 시에는 열 발생원을 고려하여 여러 개의 가지 덕트가 연결되지 않도록 설계한다(덕트 1개로 국솥, 튀김솥, 오븐기, 부침기 등 여러 개의 가지 덕트를 연결해서 사용할 경우 환기가 제대로 이루어지지 않을 수 있음).

(**잘못된 사례**) 후드와 연결되는 덕트는 천정공사 시공 전에 설치하여야 하는데, 그렇지 못한 사례

천정과 후드 사이 빈 공간 없이 시공

[그림 8-9] 배기후드 사례

출처: 경상북도교육청(2019, 학교급식 현대화 가이드북)

3) 열원설비

급식소에서 사용되는 열원으로는 LPG(액화석유가스), LNG(액화천연가스), 전기, 석유 등이 있으며 안정성, 경제성 등을 고려하여 사용한다.

가스는 사용이 편리하며 가격도 저렴하여 급식소에서 많이 사용하고 있다. LPG는 공기보다 무거워 가스 누출감지기를 바닥에서 30cm 이내에 설치하며, 반면에 LNG는 공기보다 가벼워 가스 누출 시 천정으로 모이기 때문에 천정에서 30cm 이내에 누출감지기를 설치하는 게 바람직하다. 급식소에서 주기적으로 가스배관 연결부에 비눗물이나 가스감지기를 사용하여 누설됨을 확인하고, 가스자동 경보기를 부착하여 수시로 작동 여부를 확인한다. 만약 가스가 누출시에는 중간 밸브와 원밸브을 잠그고 창문을 열고 후드를 활용하여 배출시킨다(그림 8-10). 가스의 열효율은 55~65% 이다.

전기는 조리기기류, 조명, 환기, 냉·동고, 등의 사용되며, 열효율이 65~70%로 가장 높다. 요즘에는 급식소에서 인덕션(induction) 방식의 설치를 하는 조리실이 늘어 전기는 용량이 부족하면 조리하는 도중에 차단이나 누전이 될 수 있으므로 충분한 용량을 확보하여 사용하는 게 바람직하다. 전기는 사용 취급이 간편한 반면에 열량당 단가가 높다는 단점이 있다.

석유는 열효율은 55~60% 로 가스와 비슷하고, 점화·소화 시 불편하며 그으름과 냄새가 나는 불편한 점이 있다.

〈가스누출 일상점검〉

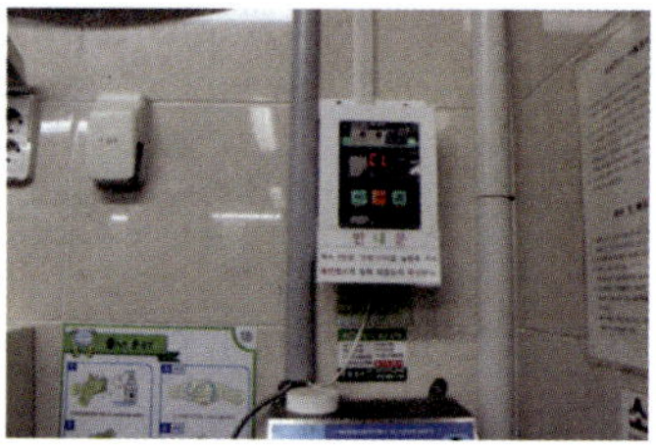
〈가스누출경보기〉

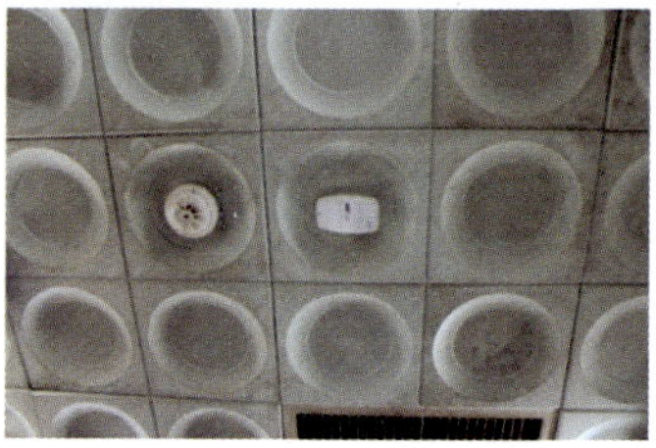
〈가스누출감지기(LNG)〉

[그림 8-10] 올바른 가스 사용

출처: 한국산업안전보건공단(2019, 학교급식실 안전 가이드)

4) 냉·난방 설비

급식소에서 작업공간의 적절한 온도는 18~26℃이며 습도는 50% 정도이지만 습도는 80% 까지도 유지한다. 계절별로 여름에는 25~26℃, 겨울에는 18~21℃, 봄·가을에는 22~23℃가 적당하며 외부와 실내온도의 차이는 8℃가 적당하다. 쾌적한 온·습도와 공기의 흐름을 조절하기 위해서는 자연환기, 냉·난방 설비를 갖추어야 한다.

난방방법으로는 개별난방, 부분난방, 지역난방, 보일러을 이용한 중앙난방이 있다, 냉방방법에는 대형 에어커디셔너를 이용하며 중앙공급식 냉방과 에어컨디셔너, 선풍기를 이용한 부분 냉방이 있다. 또한 식당 및 조리장에 설치된 냉·난방기의 바람이 식품이나 조리된 음식에 직접 쏘이지 않도록 하고, 필터 세척 및 소독을 주기적으로 실시하여야 한다.

5) 조명

급식소에서의 적당한 조명은 작업을 능률적으로 가능하게 한다. 또한 적절한 조명은 급식종사자들의 피로감을 덜어 주기도 하며 생산성 향상에 영향을 미치게 된다. 조명은 급식종사자들 뿐만아니라 고객들에게도 쾌적한 환경의 식사에도 영향을 미치며 급식소의 공간에 따라 적당한 조명은 아래와 같다(표 8-2).

조명기구는 흔들림이 없이 설치되어야 하고 튀김솥이나 국솥에 설치하는 조명은 커버를 씌워 열이나 청소에 용이하게 부착되어 있어야 한다. 천장의 전등은 함몰형으로 하되, 반드시 물이나 가스로부터 안전한 기구(방수·방폭등)이어야 하며, 유리 파손 시 식품 오염을 방지할 수 있는 보호 장치를 갖추어야 하며 LED 조명을 설치할 경우에는 눈부심을 방지하기 위해 가급적 불투명 커버 선택하는 것이 바람직하다. 전체적인 스위치는 관리실에서 한꺼번에 관리할 수 있도록 한다.

<표 8-2> 급식소의 작업영역별 조도

작업영역	조도(Lux)
검수공간(검수대)	540 이상
전처리구역, 식품	220 이상
조리실	350~400 이상
배선	300 이상

출처:서울시특별시학교보건진흥원(2015, 학교급식 환경개선 메뉴얼)

6) 바닥, 천정, 창문, 내벽

바닥은 청소가 용이하고 내수성, 내구성이 있으며, 미끄러지지 않고 쉽게 균열이 가지 않는 재질로 하여야 한다. 배수로(트렌치)와 바닥 연결 부위는 파손을 방지할 수 있는 재료를 사용하고, 바닥은 배수장치(트렌치)를 향해 1/100~1/200의 구배를 표준으로 하여 물고임이 없도록 하고, 방수시설을 한다. 급식기구의 원활한 이동을 위해 가능한 턱이 없도록 한다.

바닥재 선정 시 다음 사항을 고려한다(그림 8-11).

- 이물질 부착으로 인한 오염이 적고, 세척과 소독이 용이하며, 충격에 강한 재질을 사용한다.
- 물기에 미끄러지기 쉽거나 고온의 물, 기름에 취약한 재질은 사용하지 않는다.
- 물청소가 가능한 내수성 재질을 사용한다.
- 기름, 음식의 오물이 스며들지 않아야 한다.
- 미끄럽지 않고 산, 염, 유기용액에 강해야 한다.
- 색상을 오래도록 유지할 수 있어야 한다.
- 유지관리비가 저렴해야 한다.
- 배수로와 바닥재질 사이 틈새가 발생하지 않도록 시공한다.

조리실 바닥재(도막형바닥재)

조리실 바닥재(화강석버너구이)

[그림 8-11] 바닥재

출처: 식품의약품안전처(2022, 학교급식 환경개선 매뉴얼)

천정의 높이는 바닥에서부터 3m 이상이 바람직하다. 천장의 재질은 내수성, 내화성이 있고 청소가 용이한 재질로 한다. 천장으로 통과하는 배기덕트는 먼저 설치를 하고 다음으로 전기설비 등 천장의 내부에 설치하는 것이 위생적인 조리장 환경을 위해 바람직하다.

천장은 청소가 용이하고 먼지가 잘 부착되지 않으며 매끄럽고 흡수성이 없는 자재로 계획하여야 한다. 천장재료 선정 시에는 다음 사항을 고려한다. 첫째 열,

증기, 습기에 견딜 수 있어야 한다. 둘째 소음과 빛의 반사가 적어야 한다. 셋째 더러움을 덜 타고 증기, 화기에 대비한 내수·내화성을 갖추어야 한다.

창문은 공조(급·배기, 집진, 온도조절) 설비를 갖추지 못하는 경우는 개폐식 창문을 설치하고, 위생 해충의 침입을 방지할 수 있도록 방충망을 설치하여야 한다. 조리장의 창문은 먼지가 쌓이는 것을 방지하기 위하여 [그림 8-12]와 같이 창문틀과 내벽은 일직선이 유지되도록 하거나, [그림 8-13]과 같이 창문턱을 60° 이하의 각도로 시설하는 것이 바람직하다.

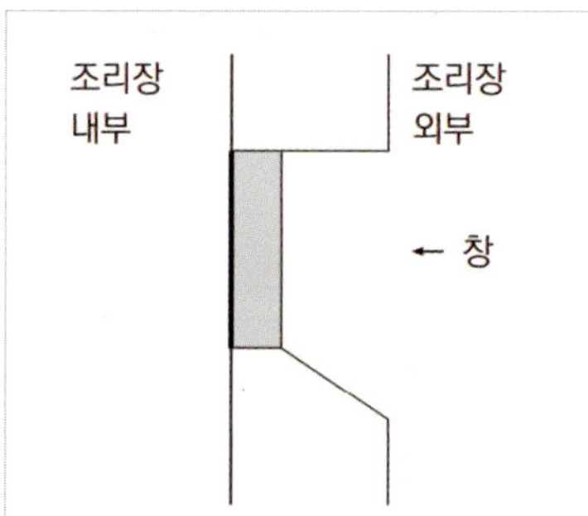

[그림 8-12] 창문틀과 내벽

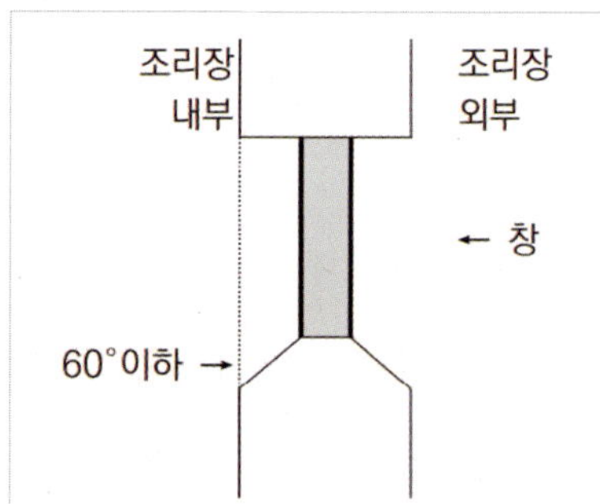

[그림 8-13] 창문틀의 각도

출처: 교육부(2021, 학교급식 위생관리 지침서 5차 개정)

출입구는 조리종사자와 식재료 반입을 위한 출입구로 별도로 구분 설치하여야 한다. 조리장의 문은 평활하고 방습성이 있는 재질이어야 하며, 개·폐가 용이하고 꼭 맞게 닫혀야 한다. 외부로 통하는 출입문은 개·폐가 용이하며 청소가 용이한 재질로 설치하고, 위생 해충의 진입을 방지하기 위한 방충·방서 시설과 외부로 통하는 출입문의 바깥쪽에는 에어커튼이 설치되어야 한다(그림 8-14). 출입구에는 조리장 전용 신발로 갈아 신기 위한 신발장 및 발판 소독조와 손세정대를 갖추어야 한다. 운반기구(바퀴형) 이동이 많은 출입구에는 가능한 매립형 발판소독기 설치(운반기구 이동이 용이하도록 설치)하여야 한다.

[그림 8-14] 출입문에 설치된 에어커튼

[그림 8-15] 1.2m 전기콘센트 및 스테인리스 스틸판(벽면)

내벽은 틈이 없고 평활하며, 청소가 용이한 구조이어야 하고, 오염 여부를 쉽게 구별할 수 있도록 밝은색으로 한다. 바닥에서 내벽 끝까지 전면을 타일로 시공하되 운반카 등의 부딪힘으로 인해 타일 파손이 우려되는 부분과 열기구와 인접한 벽면은 스텐인리스 스틸판 등 내구성이 높은 자재로 시공한다. 또한 이동식작업대를 고려하여 내벽, 기둥 등의 파손이 우려되는 곳은 바닥에서 최소한 1m 높이까지는 스테인리스 스틸판(스테인리스 타일) 등으로 마감 권장하며 벽은 바닥부터 천정까지 일직선으로 하고 중간에 요철이나 울퉁불퉁한 곳이 없도록 계획한다.

전기 콘센트는 바닥에서 1.2m 이상의 설치하여 청소나 조리·세척 시 물이 튀어 감전되지 않도록 주의하며 뚜껑이 있는 것을 설치한다(그림 8-15). 내벽과 바닥의 경계면인 모서리 부분은 청소가 용이하도록 둥글게 곡면으로 처리한다. 벽면과 기둥의 모서리 부분은 타일이 파손되지 않도록 보호대(코너비드 등)로 마감 처리한다(그림 8-16).

모서리 부분 곡면 처리(바닥)

벽 모서리 처리부분(스테인리스 스틸)

[그림 8-16] 청소가 용이한 스테인리스 스틸 처리

출처: 경상북도교육청(2019, 학교급식 현대화 가이드북), 대전교육청(2017)SMART학교급식 시설개선 매뉴얼

7) 기타

보일러실은 급식실 내 충분한 온수공급을 위해 온수보일러를 설치한다.(가급적 관류보일러 설치 제한) 보일러실은 외부에서 출입이 용이하도록 설치하고 환기시설과 배수구를 설치한다. 동파방지를 위한 시설을 설치한다

전실은 가급적 별도의 공간으로 설치하여 급식관리자 및 방문객이 위생적인 상태로 급식실로 들어갈 수 있도록 하며, 위생모, 위생복, 위생화 등을 비치할 수 있는 보관장을 둔다.

폐기물(음식물 쓰레기, 식재료 포장용기, 폐유 등) 보관장소는 검수실과 세척실에서 접근이 용이한 장소로 물청소가 가능하도록 바닥마감 및 배수구를 설치하고 눈·비를 맞지 않도록 설치한다(그림 8-17).

[그림 8-17] 수거가 용이한 위치에 별도 설치한 잔반처리실

출처: 식품의약품안전처(2022, 학교급식 환경개선 매뉴얼)

4. 급식소 기기 및 집기류 관리

급식소의 기기류 구매의 원칙은 위생 및 안전성, 효율성, 내구성 및 경계성을 원칙으로 구매를 해야 한다.

– 위생 및 안전성

- 식재료를 위생적으로 조리·보관·운반할 수 있는 기구
- HACCP기준에 부합하고 급식실의 작업구역 구분에 맞게 조리할 수 있는 기구
- 조리종사원의 근골격계 질환 유발 위험 요인을 줄일 수 있는 기구(쉽게 조작·작동하는 기구)
  * 화재, 폭발, 감전, 상처 등의 안전사고 위험이 없는 기구[안전사고 예방장치(온도제어 장치)] 고려
- 세척 및 소독이 용이한 기구급식실의 온·습도를 불필요하게 높이지 않는 기구

– **효율성**

- 조리인력과 작업시간을 단축할 수 있는 효율적인 기구(단시간 대량 조리, 대량 세척이 가능한 크기와 용량 선정)
- 다양한 메뉴의 조리를 위해 활용도가 높은 기구
- 필요 목적에 적합한 기구(급식시설 개보수 계획, 급식인원, 조리인력, 배식방법, 열원 등을 충분히 고려)

– **내구성 및 경제성**

- 실용적인 기구(급식인원 수를 고려한 적정한 크기와 용량으로 수압, 전기용량 및 연료소모량 등을 고려하고 학교 실정에 맞지 않거나 불필요한 기구 구입 금지)
- 에너지 효율이 높은 기구
- 조리실 내 작업 시 발생하는 습기, 열기, 가스 등에 부식되지 않고 견고한 기구 (목재, 철재 등은 부적당)구매 후 유지관리가 용이한 기구

학교급식에서는 기구 구입 시 학교급식기구 선정위원회(물품 · 용역통합선정위원회) 구성하여 물품 선정위원회 운영기준 마련으로 업무 투명성 확보하기 위하여 운영하고 있다.

■ 급식기계·기구 선정 시 유의사항

- 가능한 디자인이 단순하고 사용하기 편리할 것
- 복잡한 기계·기구는 유지관리를 위하여 쉽게 분해할 수 있을 것
- 성능, 크기와 용량은 급식 인원을 고려하고, 가능하면 용도가 다양할 것
- 가격과 유지 관리비가 경제적이고 사후관리(A/S)가 보장될 것
- 타 기관 사용 사례 장·단점 파악 및 내구성 고려(기구의 내구성은 종류, 사용빈도, 관리방법 등에 따라 달라질 수 있음)
- 고장이 잘 나지 않고 청소와 손질이 간단한 것
- 필요한 기계·기구 목록 작성 후 학교 실정(공간, 예산 등)에 따라 우선순위를 정하여 선정

■ 구매 시 유의사항

- 견적은 2개 이상 받아 면밀히 검토
- 기계·기구 사양서를 정확하고 크기, 모양, 재질, 두께 등을 구체적으로 제시
- 입찰을 위한 사양서 작성 시 특정업체의 제품의 이미지를 참고 자료로 제시할 경우 이로 인한 논란의 소지를 방지를 위해 안내 문구 기재
- 주요 기종을 결정할 때는 가급적 실물 및 사용하고 있는 시설을 견학하고 필요 시 테스트
- 매립형 물품(발판소독조 등)은 공사과정에서 설치될 수 있도록 미리 구입

■ 기계·기구 검수와 설치 시 유의사항

- 검수 시 구입요구 사양서와 동일한 제품 및 수량 여부 확인
- 기계·기구의 설치가 원하는 장소에 적합한지 확인
- 기계·기구의 시운전 및 취급 설명 시 관계자 전원 참석(취급설명서를 제출받아 숙지·비치)
- 사후관리(A/S기간, 연락처, 책임자 등)에 대하여 재확인

1) 작업구역별 설비·기구

급식소의 작업 구역별로 필요한 기구명은 아래와 같다(표 8-3).

<표 8-3> 작업 구역별 필요한 기구명

구역	기구명
전실	에어커튼, 유인포충기, 발판소독기, 손세정대, 손소독기, 신발장, 장화소독기, 위생복소독기
전처리실	에어커튼, 유인포충기, 발판소독기, 손세정대, 손소독기, 검수대, 전저저울, 저울 보조대, 운반카(L형), 냉동냉장고, 1·2·3조 세정대, 세미기, 데침솥, 복합소독고 (칼, 도마, 고무장갑, 앞치마), 채소절단기, 다용도믹서기, 고정식작업대, 이동식작업대, 자동호스워터닐, 소쿠리운반카, 식기소독고
식품 창고	다단식선반, 곡물받침대
소모품 창고	다단식선반
조리실	손세정대, 손소독기, 복합소독고(칼, 도마, 고무장갑, 앞치마), 고정식작업대, 이동식작업대, 다단식선반, 이동식무침기, 양문형냉장고, 취사기, 밥솥은반카, 회전식 국솥, 회전식튀김·볶음솥, 높은렌지, 낮은렌지, 부침기, 오븐, 오븐보조대, 튀김 운반카, 양념운반카, 2조세정대, 자동호스워터닐, 발판소독기
세척실	에어커튼, 유인포충기, 발판소독기, 손세정대, 손소독기, 복합소독고(고무장갑, 앞치마), 담금세정대, 세정대, 식기세척기, 식기소독고(양문형), 자동호스워터닐
세제 창고	청소도구함, 다단식선반
식당	식탁/의자, 보온보냉배식차, 국보온운반카, 식판수저배분카, 잔반처리대, 수저회수차, 식판회수차, 컵소독기, 음식보냉고(양문형), 음식보온고(양문형), 에어커튼, 유인포충기
식당관리실	청소도구함(소독기), 1조세정대, 대걸레세정대, 행주세탁기
급식관리실	보존식냉장고
휴게실	위생복세탁기, 위생복건조기

2) 주요 급식기기 및 관리요령

급식소의 모든 기기류는 관리 담당자를 배치하여 기기류의 사용법 및 세척·소독 등을 숙지하여 항시 관리할 수 있도록 한다. 이는 기기류 좀 더 위생적이고 안전하게 효율적으로 사용할 수 있기 때문이다. [그림 8-18]과 같이 스티커를 붙여 사용한다.

기구명	채소절단기, 분쇄기	정:영양사 서○○ 부:조리원 조○○
세척방법	①전원을 차단한다.(플러그를 뺀다.) ②분리 가능한 부속품은 모두 분리하여 남은 음식물찌꺼기를 제거한다. (분리한 부속바닥에 놓지 않는다.) ★본체(기계부분)★ ①세제가 묻은 행주(기구세척용)로 오염을 닦아낸다. ②깨끗한 행주로 40℃정도의 먹는 물에 적서 세제를 제거. ★칼날 등 부속품★ ①남은 음식물찌꺼기를 제거한 후 먹는 물로 씻는다. ②전용솔, 수세미에 세제를 적서 문지르고 40℃ 정도의 먹는 물로 세제를 제거한다.	
소 독	★본체★ 알콜(70%)을 구석구석 분무 후 건조. ★칼날 등 부속품★ 100℃에서 30초이상 살균, 자연건조 후 조립 ★작업개시 전- 알콜(70%)을 분무 후 사용한다.	
세척주기	1회/1일 사용 후	
세 제	중성세제(트리오, 퐁퐁)	

기구명	식기세척기	정 : 영양사 서○○ 부 : 조리원 이○○
세척방법	- 방법 · 오물여과 받침, 커텐 등을 분리해 세제로 청소한다. · 찌꺼기가 남기 쉬운 세척기 내·외부를 호스를 이용하여 청소한다. · 세척기내 노즐은 정기적으로 청소하여 물분사가 용이하도록 한다. · 건조, 환기를 위하여 측면을 열어둔다.	
소 독	커텐은 염소소독(100ppm)을 한다.	
세척주기	1회/1일 사용 후	
세 제	중성세제(트리오, 퐁퐁)	
비 고	- 스케일 제거 물을 받고 세척기 안에 스케일 제거제를 끼얹은 후 10~20분 정도 스팀을 오려준다.	

기구명	쓰레기통	정: 영양사 서○○ 부: 조리사 조○○
세척방법	- 방법 ·음식물 찌꺼기를 호스를 이용하여 씻어낸다. ·수세미에 세제를 묻혀 문질러 씻는다. ·40℃정도의 먹는물로 깨끗이 헹군다.	
소 독	- 약품소독 염소소독200(ppm) 후 먹는물로 씻은 후 건조시킨다.	
세척주기	1회/1일 사용 후	
세 제	중성세제(트리오, 퐁퐁)	

[그림 8-18] 급식기기류 담당자 스티커

(1) 국솥

<table>
<tr>
<td>
▲ 철외피 스탠내피</td>
<td rowspan="2">■ 용도: 단체급식에 필요한 국, 볶음, 튀김 요리를 하는 조리기구

■ 사용자의 관리 및 주의사항
• 조리 중에 회전하여 음식물이 쏟아지지 않도록 고정 경첩을 꽂아 고정시켜 놓아야 함
• 내용물이 있는 상태에서 회전 시에는 핸들을 잡고 천천히 회전해야 함
• 조리 중 솥의 외피를 만지지 않도록 함
• 젖은 손으로 전원플러그를 빼거나 꽂지 말아야 함
• 사용하지 않을 때는 중간밸브를 항상 잠가야 함
• 튀김 또는 조리 시에는 제품 앞에서 장시간 자리를 비우지 않도록 함</td>
</tr>
<tr>
<td>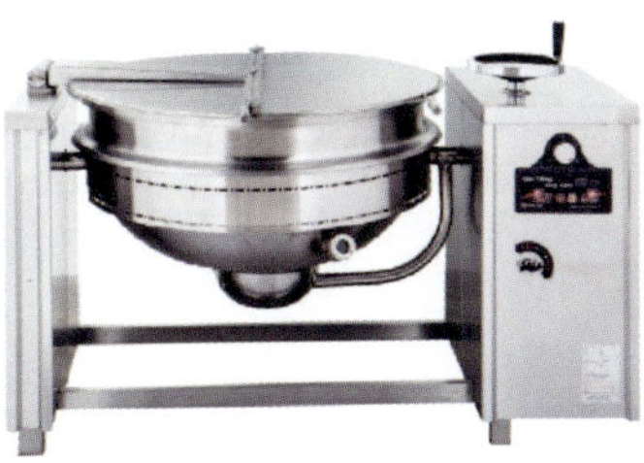
▲ 스텐외피 스텐내피 (출처: HR 제품)</td>
</tr>
<tr>
<td>
▲ 인덕션(출처: HR 제품)</td>
<td>■ 용도: 단체급식에 필요한 국, 볶음, 튀김 요리를 하는 조리기구

■ 사용자의 관리 및 주의사항
• 직수(릴호스)를 이용한 청소는 금함
• 청소 후 기름칠 없이 보관함(녹이 슬지 않는 재질)
• 조리 중에는 자동으로 회전하여 음식물이 쏟아지지 않도록 회전 핸들을 고정해 놓아야 함
• 사용이 끝난 후에는 전원을 꺼놓도록 함
• 점검 및 손질 시에는 반드시 차단기를 내리고 함</td>
</tr>
</table>

출처: 식품의약품안전처(2022, 학교급식 환경개선 매뉴얼), (주)에이치케이

가스국솥 종류별 장·단점		
구분	장점	단점
주물솥	튀김, 볶음 등에 적합함 – 길을 잘 들이면 반영구적으로 사용가능함 – 스테인리스 스틸 솥에 비해 음식이 덜 눌음	국물요리에 적합하지 않음 – 바닥이 고르지 않고, 길들이기 및 관리가 어려워 쉽게 부식 발생함
스텐솥	국물요리에 적합하고, 부식에 강함 – 세척 및 관리가 용이함	부식에는 강하나 음식물이 쉽게 눌어붙음
만능내피솥	국, 튀김, 볶음요리가 모두 가능함 – 세척 및 관리가 용이함	STS304에 비해 부식에 약함 – 끝이 빼족한 스테인리스 삽 사용 시 내솥에 상처가 나거나 파일 수 있음
3중 (STS+알루미늄+STS) 스텐내피솥	국, 볶음요리가 가능함 – 세척 및 관리가 용이함	중간의 알루미늄으로 열전도가 좋아 음식물이 눌거나 탈 수 있음 – 강한 화력으로 알루미늄이 변형되어 솥의 변형이 일어날 수 있음

(2) 온장고

▲ 온장고(양문형)

▲ 온장고(단문형)

■ 사용자의 관리 및 주의사항

• 보온시간은 최대 3~4시간 정도가 좋고 음식의 종류에 따라 6시간까지 가능
• 냉동된 제품은 해동 후 보관
• 사용할 때는 온장고 내부를 미리 따뜻하게 한 후에 음식을 넣어야 함
• 온장시간이 길어질 경우 변성 및 침전이 발생할 수 있으므로 주의
• 일주일에 2~3회 청소 실시(제품 내부 세균 번식 시 음식물 변질 우려 있음)

출처: 식품의약품안전처(2022, 학교급식 환경개선 매뉴얼), (주)에이치케이

(3) 냉동 · 냉장고

▲ 냉동 · 냉장고(2칸, 4칸, 6칸)

▲ 양문형냉장고(유리도어)

▲ 양문형냉장고(스테인리스도어)

■ 사용자의 관리 및 주의사항

- 냉장고 설치 시 수평을 유지해야 하며, 옆면부와 후면부에 10cm 이상 이격 거리를 둠
- 최대 내용적의 약 75% 정도만 적재하여, 냉기의 흐름을 막지 않도록 함 → 냉장고가 가득 찰 경우, 냉각 효과 감소
- 음식물은 밀봉, 밀폐용기를 사용하여 보관 → 악취, 식품 건조 현상 방지
- 일주일에 한 번 이상 청소를 해야 하며, 청소 시 기계실에 물이 들어가지 않도록 주의
- 직냉식은 내부에 성에가 생겨 제거할 경우 날카로운 금속(칼, 송곳)으로 구멍을 내면 내부의 가스관을 뚫어 고장을 낼 수 있으니 주의 요함

출처: 식품의약품안전처(2022, 학교급식 환경개선 매뉴얼), (주)에이치케이

냉동·냉장고의 간접냉각방식(간냉식), 직접냉각방식(직냉식) 차이

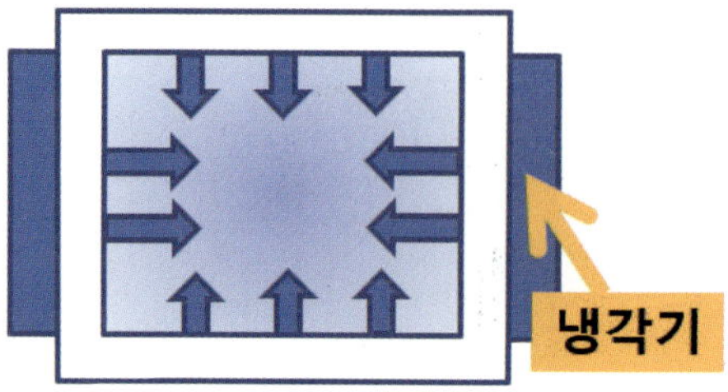

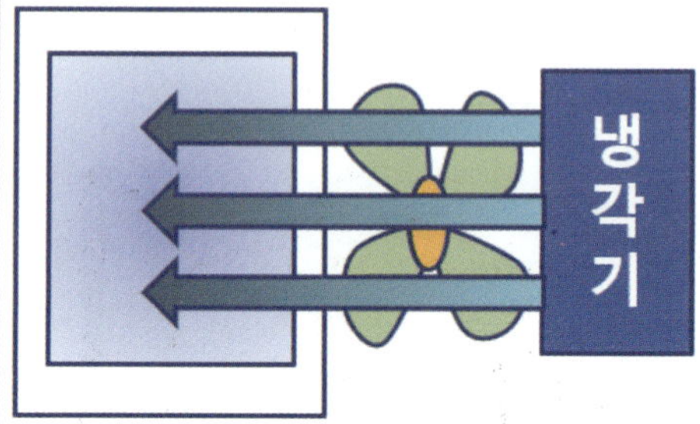

간접냉각방식(간냉식)	직접냉각방식(직냉식)
– 자동 성에 제거로 관리가 편하고 위생적임 – 문을 열고 닫아도 냉기 회복이 빠름 – 장기 보관이 유리하나 습도 유지가 쉽지 않음	– 주기적으로 성에를 직접 제거해 주어야 함 • 성에가 누적될 경우, 성능 저하의 원인이 될 수 있음 – 밀폐되어 있지 않은 식품과 습도 유지에 민감한 식재료 보관에 유리하고 냉각 속도가 빠름

(4) 세정대 : 단체(대단위) 급식실에서 식자재 및 식기류 등을 세척하는 기구

▲ 1조 세정대

▲ 2조 세정대

▲ 3조 세정대

■ 사용자의 관리 및 주의사항

- 수리 용접 시 반드시 알곤 용접 사용(전기 용접 불가 → 부식요인)
- 레버식 배수구 작동 시 방향 숙지
- 바닥 기울기에 따라 수평 유지

출처: 식품의약품안전처(2022, 학교급식 환경개선 매뉴얼), (주)에이치케이

(5) 배식대

▲ 일체형 슬라이딩 배식대

▲ 분리형 시스템 배식대

■ 용도

– 단체급식 배식에서 찬 음식은 시원하게, 뜨거운 음식은 따뜻하게 공급함으로써 안전하고 위생적인 배식이 이루어지도록 함

■ 사용자의 관리 및 주의사항

– 열판이 뜨거우니 작동 시 필히 면장갑을 착용하고 조작
– 전기 컨트롤 패널에 물이 닿지 않도록 하고, 젖은 손으로 스위치 조작을 하지 않도록 함
– 세척 시에는 반드시 전원플러그를 먼저 뽑음
– 외부를 청소할 때는 부드러운 헝겊이나 스펀지로 닦도록 함
– 제품을 분해 수리하거나 개조 금지
– 전원을 끈 후에도 열이 남아있어 열판이 뜨거우니 주의

출처: 식품의약품안전처(2022, 학교급식 환경개선 매뉴얼), (주)에이치케이

(6) 부침기

다량의 음식을 동일 온도에서 부침, 볶음 할 수 있는 조리기구

 ▲ 가스부침기	 ▲ 인덕션부침기
■ 사용자의 관리 및 주의사항 – 사용가스(LPG, LNG)가 일치하지 않을 경우는 점화불량 및 불완전 연소 발생 – 점검 및 손질 시에는 반드시 중간 밸브를 잠그고 제품이 충분히 식은 상태에서 실시 – 제품은 부드러운 천으로 닦아주고, 금속 및 나일론 수세미 등으로 제품표면을 닦으면 표면이 손상될 수 있음 – 사용 후 부침판의 물기를 완전히 제거한 후 기름칠(식용유 등)하여 보관	■ 사용자의 관리 및 주의사항 – 직수(릴호스)를 이용한 청소 금지 – 조리판의 길들이기 및 청소 후 기름칠 없이 보관(녹이 슬지 않는 재질) – 제품은 부드러운 천으로 닦아줌. 금속 및 나일론 수세미 등으로 제품 표면을 닦을 시 표면이 손상될 수 있음 – 점검 및 손질 시에는 반드시 차단기를 내리고 제품이 충분히 식은 상태에서 실시

출처: 식품의약품안전처(2022, 학교급식 환경개선 매뉴얼), (주)에이치케이

(7) 세미기 종류 및 장단점

▲ 전동세미기

▲ 수압세미기

▲ 공기방울세미기

■ 사용자의 관리 및 주의사항
- 청소 시 상부 컨트롤 박스에 물이 들어가지 않아야 함
- 누전방지를 위해 접지용 콘센트 사용하고, 정비나 청소는 반드시 전원스위치를 끄고 실시
- 설치 시 배수관이 배수로에 바로 연결되도록 함

세미기 종류의 장·단점

구분	장점	단점
전동세미기	- 가격이 저렴함 - 사용이 간편함 - 쌀을 받을 수 있는 엘형 운반차 및 소쿠리를 포함하여 제공하기 때문에 따로 구매할 필요가 없음	- 하단으로 쌀을 받아야하기 때문에 교차 오염에 대한 우려가 있음
수압세미기	- 가격이 저렴함 - 사용이 간편함	- 낙차를 이용한 세미방식으로 쌀알이 깨질 수 있음
공기방울세미기	- 하단으로 쌀을 받아야하기 때문에 교차 오염에 대한 우려가 있음	- 다른 제품에 비해 가격이 비쌈 - 공기방울 발생관의 위생관리에 신경 써야 함

출처: 식품의약품안전처(2022, 학교급식 환경개선 매뉴얼), (주)에이치케이

(8) 식기세척기 : 사용한 식기류 및 조리도구 등을 세척하는 기구

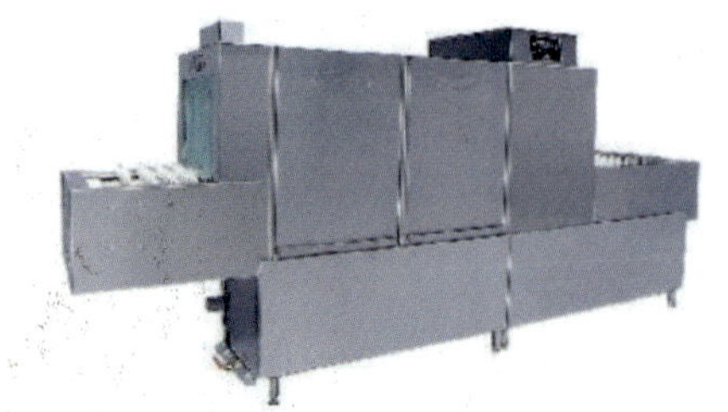

▲ 플라이트 컨베이어형 (2탱크, 가스식, 일반형)

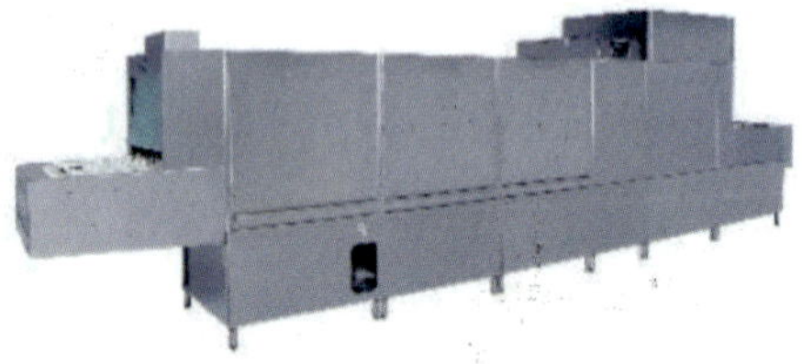

▲ 플라이트 컨베이어형 (3탱크, 전기식, 건조형)

▲ 랙(Rack) 컨베이어형

▲ 도어형

■ 식기세척기 관리
- 세제와 린스의 투입량을 체크하여 적정량이 소요되고 있는지 확인(예시: 물 1,000L 사용 시 세제 2L, 린스 1L 사용)
- 물의 세척수와 헹굼수, 건조 온도 확인으로 세제가 잘 녹아 세척에 효과적인지, 건조 유·무 등 확인할 것(세척수 온도가 낮아지면 세제의 효과가 떨어지고 세척수에 거품이 일게 됨)
- 급탕 압력과 양을 확인해 세척기의 가동이 정상적으로 되고 있는지 확인(적정압력이 아닐 경우 마무리가 충분히 되지 않고, 급탕량이 충분하지 않을 시에는 잔류세제가 남음)

■ 사용자의 관리 및 주의사항
- 세척기 청소는 매일 사용 후 청소 후 문을 열어 내부를 자연 건조함
- 정기적 석회질 및 스케일 청소, 파손된 핑거 교체
- 조작패널 등의 전기 등 감전에 주의, 기계를 임의로 분해하거나 조립하지 않음
- 겨울철 동파방지를 위해 각종 배관 및 모터, 부속장치 상하수도관 등 점검

출처: 식품의약품안전처(2022, 학교급식 환경개선 매뉴얼), 경상북도교육청(2019, 학교급식 현대화 가이드북), (주)에이치케이

(9) 식기소독고

▲ 전기식기소독고(단문형)

▲ 전기식기소독고(양문형)

■ 사용자의 관리 및 주의사항

- 소독기 상부에 전기장치가 있으니 제품 위쪽으로 물이 들어가지 않도록 주의
- 릴 호스로 제품에 직접 분사하지 말 것
- 제품 구입 시 전기가 220V, 380V인지 확인
- 문을 열고 닫을 때 내부의 집기물이 쏟아지거나 넘어지지 않도록 잘 적재 후 소독, 건조 실시
- 소독 후 내부의 집기를 즉시 꺼내면 뜨거우니 주의

출처: 식품의약품안전처(2022, 학교급식 환경개선 매뉴얼), (주)에이치케이

(10) 야채절단기

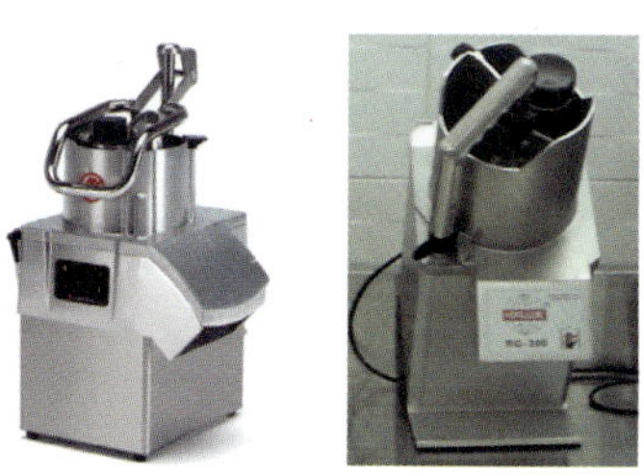

▲ 채소절단기

■ 사용자의 관리 및 주의사항

- 플러그의 물기를 제거하고, 젖은 손으로 전원플러그를 빼거나 꽂지 말아야 함
- 칼판 교체 및 세척 시 칼날 주의
- 사용 후 세척 시 전원 플러그를 반드시 먼저 뽑아야 함
- 제품을 분해, 수리하거나 개조 금지
- 제품 운반 시 반드시 2인 이상 함께 운반
- 채소 외에 육류나 햄 등은 사용하지 말아야 함

출처: 식품의약품안전처(2022, 학교급식 환경개선 매뉴얼), (주)에이치케이

(11) 에어커튼

▲ 전기 에어커튼

■ 용도

– 실내 기온이 출입구를 통하여 외부로 새어나가는 것을 방지하여 에너지 비용을 절약하고 외부의 벌레 및 이물질이 실내로 유입되는 것을 차단함으로써 쾌적한 실내 환경을 경제적으로 유지하기 위해 공기를 공기로 차단하는 장치

■ 사용자의 관리 및 주의사항

– 전원코드가 손상되거나 콘센트가 헐거워진 경우에는 사용 중지함
– 이상한 소리, 냄새, 연기가 나면 즉시 전원을 끄고 플러그를 뽑아야 함
– 물이 묻은 손으로 플러그를 콘센트에 꽂거나 빼지 말아야 함
– 바람이 나오는 토출구 안으로 젓가락 등 이물질을 넣지 말아야 함
– 주기적인 팬 청소로 항상 깨끗한 바람이 나오도록 함

출처: 식품의약품안전처(2022, 학교급식 환경개선 매뉴얼), (주)에이치케이

(12) 오븐: 6단, 12단, 24단, 40단의 제품이 있으며 용량을 고려하여 선정

※ 스팀컨벡션(학교조리용), 컨벡션(양식요리용), 데크(제빵용)로 구분

▲ 콤비오븐 12단

▲ 콤비오븐 24단

▲ 콤비오븐 40단

■ 사용자의 관리 및 주의사항

- 청소 시 전원 OFF 후 조작부(PCB)에 직접 물 분사를 하지 않고 세척 수건으로 청소(직접 물 분사로 인한 누전 사고 및 PCB 고장 발생 가능)
- 겨울철 동파 방지를 위해 장기간 사용을 하지 않을 경우 반드시 퇴수 처리 할 것
- 예열 및 조리 과정에서 오븐 문을 갑자기 열 경우 내부 고열로 인한 화상주의
- 미사용 시 가스밸브(가스식일 경우) OFF 후 전원 OFF
- 제품 철거 및 재설치 시 해당 업체 문의(제품 파손 우려)
- 해당 제품 사용 설명서 숙지

출처: 식품의약품안전처(2022, 학교급식 환경개선 매뉴얼), (주)에이치케이

(13) 주방용 소독고

▲ 고무장갑 살균소독고

▲ 복합살균보관고

▲ 앞치마 살균보관고

▲ 칼·도마 살균보관고

■ 용도

– 칼, 도마, 고무장갑, 앞치마, 위생복, 컵 등을 살균·건조하여 보관하는 위생기구 제품에 사용

■ 사용자의 관리 및 주의사항

– 자외선램프 주기적 교환: 식약처 권고 약 6개월(램프 수면시간 약8,000시간)
– 자외선램프를 주기적(월 1회)으로 닦아주면 살균력이 향상됨
– 소독기를 주기적(월 1회)으로 내·외부를 청소 시 오랫동안 사용할 수 있음
– 식기, 컵 등을 가지런히 놓아서 사용하면 살균 건조 효과가 더욱 뛰어남
– 자외선은 눈 및 피부에 유해하니 직접 접하지 않도록 함
– 제품 내부에 물을 직접 뿌리지 말아야 함 → 누전 원인(젖은 손으로 절대 만지지 말 것)
– 소독기 내외부에 염소계 소독제(락스) 사용 시 스테인리스 부식을 일으키므로 사용하지 않음
– 제품 용도에 맞게 사용하고 음식물, 기타 용도로는 사용하지 않아야 함
– 본 자외선 빛은 짧은 시간 안에 살균 기능을 갖고 있으므로, 장시간 켜놓을 경우 변색이 될 수 있고 램프수명이 단축되므로 필요 이상 켜놓는 일이 없도록 함
– 제품의 고장 발생 시 임의로 분해, 개조하지 않아야 함 → 감전 등 안전사고 원인

출처: 식품의약품안전처(2022, 학교급식 환경개선 매뉴얼), (주)에이치케이

(14) 취반기

▲ 가스자동취반기(150인분)

▲ 무압취반기(600인분)

▲ 인덕션 취반기(150인분)

출처: 식품의약품안전처(2022, 학교급식 환경개선 매뉴얼), (주)에이치케이

※ 취반기 별 특징 및 장점

구분	가스자동취반기	무압취반기	인덕션취반기
안전성	• 가스소화안전장치, 과열안전장치, 자동소화장치 등의 안전장치 구비 • 가스테인리스 3중판 내부 솥은 알루미늄판이 외부로 노출이 되지 않도록 마감처리 되야 함 • 알루미늄 주물 내부 솥은 내면 피막 처리로 내식성이 우수해야 함(식약처 식품공전 식품용기에 적합 제작) • 도어는 밥 짓기가 끝난 후 솥뚜껑을 열어서 밥 상태 등을 확인할 수 있는 공간이 유지되야 함(공간 협소 시 추락 또는 화상 우려)	• 가스 열이 아닌 증기를 이용해 밥을 짓는 무압취반기는 밀폐식이기 때문에 저증기 압력으로 기체 내에 증기가 차서 각 단에 모두 평균적인 온도가 골고루 닿도록 만들어짐	• 가스누출, 중독, 폭발 등으로부터 안전함 • 불을 사용하지 않으므로 화재, 화상의 위험이 없음 • 도어는 밥 짓기가 끝난 후 솥뚜껑을 열어서 밥 상태 등을 확인할 수 있는 공간이 유지되어야 함(공간 협소 시 추락하거나 화상을 입을 수 있음)

구분	가스자동취반기	무압취반기	인덕션취반기
내구성	• 녹 발생 없는 알루미늄합금 재질의 버너를 채용하고 있어야 함 • 2단 및 3단이 일체화로 제작되어 장기간 사용 시에도 처짐 및 기울어짐이 없어야 함 (각 단별로 제작하고 쌓아올려 측면에서 볼트로 고정하는 방식은 장시간 사용 시 처짐에 의해 온도감지 성능 저하되어 문제 발생) • 도어 힌지(연결부위)는 열에 의해 변형되지 않도록 외부로 노출되어야 함(내부 매립형은 파손 시 교체 불가)		• 산화현상이 없어 유지관리가 편리함
사용 편리성	• LCD 표시창을 부착하여 밥 짓기 상태 및 고장원인 등을 글자로 표시하여 사용이 편리하여야 함 • FND(가변숫자표시기)를 부착하여 취반 경과 시간이 표시되도록 함 • 밥 짓기 상태(끓이기, 뜸, 완료) 또는 고장 시 멜로디 및 알람 기능으로 사용이 편리해야 함	• 밥이 탈 염려가 없고 찜요리, 삶는 요리 등 밥 외에 부식을 조리할 때에도 사용 가능함	• 빠른 가열 속도 및 세밀한 온도 조절 • 가스 대비 전기 요금 저렴, 온도 상승효과가 없어 냉방비 절감 • 가스 배관이 없어 깔끔하며 주방면적 감소 효과
위생성	• 배기기는 타공망을 형성하여 내부로 이물질의 유입을 막아 위생적으로 사용할 수 있어야 함	• 다단식이기 때문에 조리실 공간을 적게 차지하며, 솥 째 배식할 수 있어 편리함	• 산소연소, CO2발생이 없고 불연소 폐열에 의한 공기오염이 없음 • 실온 25℃ 이하 유지되어 근무환경 및 능률향상

출처: 식품의약품안전처(2022, 학교급식 환경개선 매뉴얼)

3) 집기류 관리

▲ 보존식냉장고

▲ 소쿠리운반차

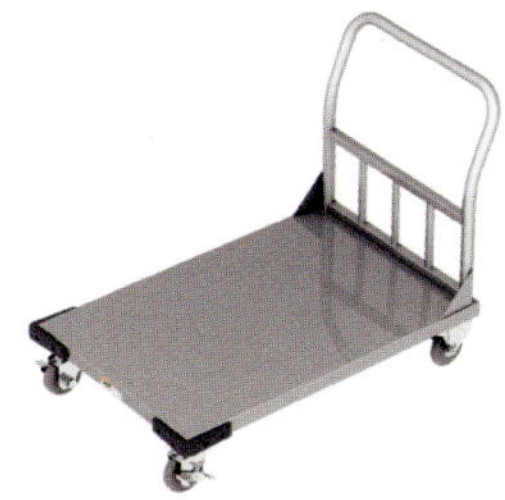
▲ L자형 운반카

▲ 이동식무침기

▲ 튀김운반카

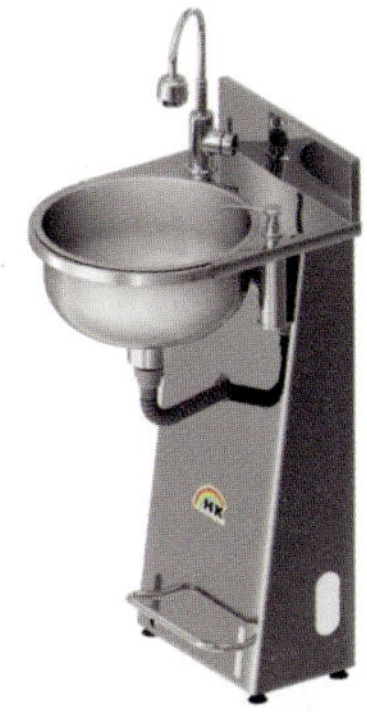
▲ 전자저울

▲ 국보온카

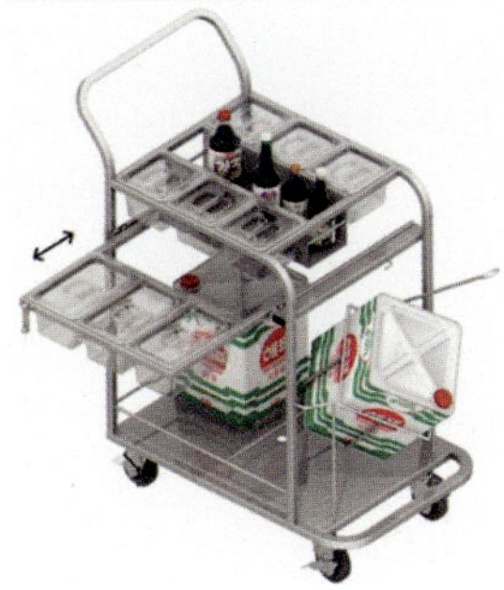
▲ 양념운반카

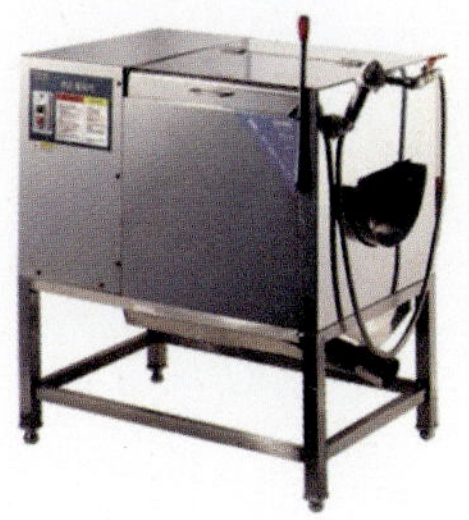
▲ 구근탈피기

출처: 식품의약품안전처(2022, 학교급식 환경개선 매뉴얼),
경상북도교육청(2019, 학교급식 현대화 가이드북), (주)에이치케이

4) 식기류 - 식기 재질에 따른 특성

재질	종류	특징	사용법
금속 (스테인리스 스틸)	주방용품류, 식기류	- 부식되지 않고 영구적임 - 광택이 좋고 닦기 쉬움 - 열전도가 고르지 못하고 무거움 - 가격이 비쌈	주로 식기나 기기의 표면처리재로 많이 쓰이므로 세척 시 표면이 긁히지 않도록 주의
플라스틱	식기류, 접시류, 컵, 쟁반, 소쿠리	- 충격, 열, 세제에 강함 - 가볍고 견고함 - 열전도율이 낮고 냉각 상태에서 잘 견딤 - 착색 성능이 좋은	- 열에 주의 - 음식의 색에 의한 변형 주의 - 재료가 물러지므로 닦을 때 주의
도자기	질그릇(earthen) 돌그릇 (stoneware) 도자기(china) 자기(porcelain)	- 급격한 온도 변화에 약함 - 충격에 약함	사용 후 즉시 잘 닦아 산성음식에 의한 유약칠의 벗겨짐을 방지
유리	컵	- 급격한 온도 변화에 약함 - 충격에 약함	보관에 주의
멜라민 수지	식기류	- 가격이 저렴함 - 디자인과 색상이 다양함 - 견고함 편 - 때가 잘묻지 않고 변색이 안됨	열에 주의
폴리 카보네이트	식기류	- 내구성이 있으며 가벼움 - 냄새가 나지 않고 산성에 약함 - 내열성, 내약품성	- 표면이 긁히지 않아 사용이 용이함 - 자동식기세척기 사용 시 건조 열풍에 약함

참고 문헌

경북교육청 체육건강과(2019). 학교급식 현대화 가이드북 급식담당.

강남이·조미숙·조우균·백희준·이혜란·이경란·오지은(2017). 단체급식. 경기: 파워북.

곽동경·류은순·이혜상·류경·최성경·홍완수·장미라·문혜경·장혜자·최은희·이경은·최정화·이나영(2019). 단체급식의 이해. 서울: 신광출판사.

고용노동부·산업재해예방 안전보건공단(2013). 급식실 안전·보건 점검표 및 해설서.

교육부(2021). 학교급식 위생관리 지침서 5차 개정.

김승민·이민아·조미나(2017). 단체급식관리. 한국방송통신대학교출판문화원.

김승민(2017). 단체급식관리 워크북. 한국방송통신대학교출판문화원.

김정숙·박경숙·신동주·유경혜·윤옥현·이윤정(2018). 에센스 단체급식관리. 경기: 지구문화.

김혜영·이양순·고성희(2017). 최신 단체급식. 서울: 도서출판 효일.

대전광역시교육청(2017). SMART 학교급식 시설개선 매뉴얼.

박혜란·문혜경(2010). 단체급식 안전관리에 대한 영양사 인식 조사(I) - 사고 현황 및 위해 평가. 대한영양사협회 학술지. 16(4), 318-331.

서울특별시교육청학교보건진흥원(2021). 유치원 급식 위생·안전 관리 매뉴얼.

서울특별시교육청학교보건진흥원(2022). 학교급식 환경개선 매뉴얼.

식품의약품안전처(2019). 어린이집, 유치원 식중독 예방관리 매뉴얼(시설운영자용).

식품의약품안전처(2019). 음식 재사용 기준 및 뷔페음식점 위생 가이드라인.

식품의약품안전처(2019). 집단급식소 조리종사자 단계별 위생관리 매뉴얼.

식품의약품안전처(2020). 집단급식소·식품접객업소 생활방역 수칙 안내 가이드.

식품의약품안전처(2020). 기구등의 살균·소독제 현장 가이드라인.

식품의약품안전처(2021). 식품의약품통계연보.

식품의약품안전처(2021). 조리종사자 Quick 매뉴얼.

식품의약품안전처(2021). 집단급식소 급식안전관리 매뉴얼(집단급식소 급식안전관리 기준).

식품의약품안전처(2022). 2022년 하반기 학교급식관계자 교육자료(조리종사자).

식품의약품안전처(2022). 조리종사자 QUICK 매뉴얼(대체조리사 교육용).

식품의약품안전처(2022). 학교급식 환경개선 매뉴얼.

안전보건공단 산업안전보건연구원(2021). 학교 조리실 환기장치 실태조사 및 표준 환기방안 마련 연구.

양일선·이보숙·차진아·이진미·한경수·채인숙·이해영·박문경(2021). 단체급식. 경기: 교문사.

윤지현·권수연·김옥선·류시현·이영미·한규상·김미영·이기원(2019). 이해하기 쉬운 단체급식관리. 경기: 파워북.
윤지현·주나미·윤지영·류시현·배현주(2018). 급식경영. 경기: 파워북.
전희정·주나미·백재은·배현주·정현아(2018). 단체급식관리. 경기: 파워북.
주나미·정희선·전희정(1999). 노인복지시설 급식생산성 분석. 한국식품조리과학회지, 15(1), 8-15.
한국교육환경보호원(2020). 학교급식 식중독 예방을 위한 급식종사자 대상 위생 교육자료 개발.
한국산업안전보건공단(2012). 급식실 시설에 관한 안전지침.
한국산업안전보건공단 사업기획본부(2019). 학교 급식실 안전가이드.
허채옥·백희준·조우균·이혜란·어금희(2018). 영양사 직무능력 향상을 위한 단체급식 실습서. 경기: 파워북.

웹사이트

공공급식통합플랫폼. https://ns.eat.co.kr/NeaT/eats
농림수산식품교육문화정보원. https://www.epis.or.kr/main/view
대한영양사협회. https://www.dietitian.or.kr
법무부. www.moj.go.kr에서 「보호외국인 급식관리규정」 인출.
법무부. www.moj.go.kr에서 「수용자 급식관리위원회 운영지침」 인출.
법제처 국가법령정보센터 www.law.go.kr에서 「국민영양관리법」 인출.
법제처 국가법령정보센터 www.law.go.kr에서 「군입급식 규정」 인출.
법제처 국가법령정보센터 www.law.go.kr에서 「근로기준법」 인출.
법제처 국가법령정보센터 www.law.go.kr에서 「노인·장애인 등 사회복지시설의 급식안전 지원에 관한 법률」 인출.
법제처 국가법령정보센터 www.law.go.kr에서 「어린이 식생활안전관리 특별법」 인출.
법제처 국가법령정보센터 www.law.go.kr에서 「영유아보육법. 시행령·시행규칙」 인출.
법제처 국가법령정보센터 www.law.go.kr에서 「유아교육법」 인출.
법제처 국가법령정보센터 www.law.go.kr에서 「의료법 시행규칙」 인출.
법제처 국가법령정보센터 www.law.go.kr에서 「학교급식법. 시행령·시행규칙」 인출.
식품위생법. 시행령. 시행규칙. 법제처 국가법령정보센터 www.law.go.kr
신세계 푸드. http://www.shinsegaefood.com
아워홈. http://www.ourhome.co.kr
한국표준직업분류 7차 개정(통계청고시 제2017-191호). www.law.go.kr
현대그린푸드. https://www.hyundaigreenfood.com

• 저자 소개 •

김 미 혜

현) 호서대학교 식품영양학과 교수

서 계 순

현) 연성대학교 식품영양학과 교수

이 선 혜

현) 선문대학교 식품과학부 교수

단체급식

초판 1쇄 인쇄 2023년 2월 17일
초판 1쇄 발행 2023년 2월 24일

지 은 이 | 김미혜·서계순·이선혜
펴 낸 이 | 김기섭
편 집 인 | 이상희
펴 낸 곳 | 창지사 www.changjisa.com
08589 서울시 금천구 가산디지털 1로 83 파트너스타워 1차 9층
전화 (02)719-2211~3
팩스 (02)701-9386
등 록 | 1977년 4월 28일·제1-421호

ISBN 978-89-426-1855-2 (93590)

값 25,000원